线性代数及其
在物理学中的应用分析

冀慎统　著

西北工業大學出版社
西　安

【内容简介】 本书内容包括行列式及其运算、矩阵及其运算、矩阵的初等变换、向量空间及向量组的线性相关性、线性变换及其矩阵表示、相似矩阵及方阵的标准化以及行列式及矩阵在物理学中的应用分析等 7 章。

本书可作为普通高校物理学专业线性代数课程的辅助用书。

图书在版编目（CIP）数据

线性代数及其在物理学中的应用分析 / 冀慎统著
. — 西安 ：西北工业大学出版社, 2019.10
ISBN 978-7-5612-6585-7

Ⅰ. ①线… Ⅱ. ①冀… Ⅲ. ①线性代数 Ⅳ. ①O151.2

中国版本图书馆 CIP 数据核字(2019)第 222856 号

XIANXING DAISHU JIQI ZAI WULIXUE ZHONG DE YINGYONG FENXI
线性代数及其在物理学中的应用分析

责任编辑：王　静　　**策划编辑**：雷　鹏
责任校对：孙　倩　　**装帧设计**：吴志宇
出版发行：西北工业大学出版社
通信地址：西安市友谊西路 127 号　　**邮编**：710072
电　　话：（029）88493844　88491757
网　　址：www.nwpup.com
印 刷 者：广东虎彩云印刷有限公司
开　　本：710 mm×1 000 mm　1/16
印　　张：12
字　　数：209 千字
版　　次：2019 年 10 月第 1 版　　2019 年 10 月第 1 次印刷
定　　价：68.00 元

前　　言

线性代数作为本科院校物理学专业的一门必修课程，其内容丰富，知识体系完整，是后续专业课(量子力学、计算物理学等)的重要数学工具．经典线性代数教材同济大学数学系《线性代数》第六版及四川大学数学学院高等数学教研室《高等数学》(第三册)第三版“第一部分 线性代数”中定义、定理证明抽象，要掌握线性代数的知识，需要读者投入大量的时间去学习和思考．

根据物理学专业本科教学需求及课堂教学学时的压缩．笔者简化教学内容，删除了“线性代数”中较难的部分，注重初学者对基本概念的理解与基本运算的操作。另外，还增加了行列式和矩阵在物理学中的应用．这样能让初学者更有效地掌握本门课程的知识，形成一个精简而有效的知识体系及规范的数学表示，并且能解决相关的物理问题．本书的最后一节讲述了行列式及矩阵的 MATLAB 实现方法，MATLAB 作为重要的教学辅助工具，它的应用可以激发初学者的学习热情，提高学习效果．

本书的概念清晰，逻辑推导严谨，数学语言规范，实用性强，因而侧重讨论线性代数的基本概念理解和使用，这不仅可以加深读者对基本概念的理解，而且还具有其实用性．本书的期望效果是，读者阅读完本书后能够对行列式、矩阵的基本概念、知识框架、研究方法有明确的认知，形成一个完整的知识体系并能分析相关的问题，为后续课题的研究打下坚实的基础．

本书可作为普通高校物理学专业“线性代数”的辅助用书．

本书是笔者在多年线性代数课堂教学中逐渐撰写而成的，对其基本概念进行了深入的探讨，突出其应用性．感谢贵州师范学院王平瑞教授、罗月娥副教授、陆晨副教授、汪少祖副教授对本书的完成给予的帮助．本书的出版得到了贵州省教育厅项目“spin-1 玻色-爱因斯坦凝聚体的动力学行为的理论研究(黔教合 KY字[2018]058)”“2017 年贵州省一流课程建设项目‘理论物理’(黔教高发[2017]158号)”，贵州省科技厅项目“旋量玻色-爱因斯坦凝聚体中新奇量子态的动力学行为和相干性质的理论研究(黔科合基础[2017]1134)”“旋量玻色-爱因斯坦凝聚体中新奇量子态的动力学行为(黔科合基础[2018]1119)”“强激光在电子-正电子-离子等离子体中的传播特性(黔科合基础[2017]1132)”，国家自然科学基金项目“超强激光在等离子体中诱导的量子电动力学真空效应的理论研究(116655009)”“热等离子体空心化动态烧结高比强度二氧化硅空心微球形成过程的研究(11605031)”的资助.

写作本书曾参阅了相关文献资料，在此，向其作者深表谢意.

由于水平有限，书中不足之处在所难免，恳请读者批评指正.

著　者

2019 年 4 月

目　录

第一章　行列式及其运算

行列式作为线性代数的重要组成部分，它依赖于其内部元素的排列位置．行列式最早出现在线性方程组的求解问题中，是求解方程组的一种重要的运算工具．同时行列式也是研究矩阵特征值、特征向量，求解齐次线性方程组和非齐次线性方程组等问题的基础．本章从二元一次方程组的求解出发，引入二阶行列式的概念，进而引入三阶行列式、n 阶行列式的概念，从而给出行列式的定义，随后给出了行列式的性质和运算法则．本章主要内容包括逆序数计算方法、行列式的性质、行列式求值、行列式按行(列)展开以及余子式(代数余子式).

1.1　行列式的知识体系和基本概念

1.1.1 行列式的概念

1．二阶行列式

对于二元一次方程组(1.1)的求解，假设未知变量 x_1，x_2 前面的系数均不为零，对方程组采用消元法求解，具体如下：

$$\left.\begin{aligned} a_{11}x_1 + a_{12}x_2 = b_1 \\ a_{21}x_1 + a_{22}x_2 = b_2 \end{aligned}\right\} \tag{1.1}$$

首先消去 x_2，第一个等式两边同乘 a_{22}，第二个等式两边同乘 a_{12}，然后两个式子相减可得

$$(a_{11}a_{22} - a_{12}a_{21})x_1 = b_1a_{22} - b_2a_{12}$$

同理，消去 x_1 可得

$$(a_{11}a_{22} - a_{12}a_{21})x_2 = b_2a_{11} - b_1a_{21}$$

当 $a_{11}a_{22} - a_{12}a_{21} \neq 0$，可求得方程组的解为

$$\left.\begin{aligned} x_1 = \frac{b_1a_{22} - b_2a_{12}}{a_{11}a_{22} - a_{12}a_{21}} \\ x_2 = \frac{b_2a_{11} - b_1a_{21}}{a_{11}a_{22} - a_{12}a_{21}} \end{aligned}\right\} \tag{1.2}$$

这两个非常相似，为了方便，采用行列式符号表示式(1.2).

定义二阶行列式的表达式为

$$\begin{vmatrix} a_{11} & a_{12} \\ a_{21} & a_{22} \end{vmatrix} = a_{11}a_{22} - a_{12}a_{21} \tag{1.3}$$

二阶行列式有 2 行 2 列，$a_{ij}\left(i=1,2;j=1,2\right)$称为行列式第 i 行 j 列的元素，元素 a_{ij} 中 i 称为行标，j 称为列标．$a_{11}a_{22}-a_{12}a_{21}$ 称为二阶行列式的值，采用行列式的表达式改写式(1.2)，于是可以得到式(1.2)的行列式表示方法为

$$x_1 = \frac{\begin{vmatrix} b_1 & a_{12} \\ b_2 & a_{22} \end{vmatrix}}{\begin{vmatrix} a_{11} & a_{12} \\ a_{21} & a_{22} \end{vmatrix}}, \quad x_2 = \frac{\begin{vmatrix} a_{11} & b_1 \\ a_{21} & b_2 \end{vmatrix}}{\begin{vmatrix} a_{11} & a_{12} \\ a_{21} & a_{22} \end{vmatrix}} \tag{1.4}$$

2．三阶行列式

与二阶行列式相似，用 9 个元素组成一个 3 行 3 列的数表称为三阶行列式：

$$\begin{vmatrix} a_{11} & a_{12} & a_{13} \\ a_{21} & a_{22} & a_{23} \\ a_{31} & a_{32} & a_{33} \end{vmatrix} = a_{11}a_{22}a_{33} + a_{12}a_{23}a_{31} + a_{13}a_{21}a_{32} - a_{13}a_{22}a_{31} - a_{12}a_{21}a_{33} - a_{11}a_{23}a_{32} \tag{1.5}$$

二阶、三阶行列式的对角线法则：

由式(1.3)可以看出，二阶行列式由两个多项式构成，多项式的每一项 $a_{ij}a_{kl}$ 由两个元素构成，并且多项式 $a_{ij}a_{kl}$ 的行标(i，k)取值不能重复，列标(j，l)取值也不能重复，故二阶行列式里面的多项式共 2！=2 项．

同理，由式(1.5)可以看出，三阶行列式是由多项式组成的，它的每一项多项式 $a_{ij}a_{kl}a_{mn}$ 由三个元素构成，且 $a_{ij}a_{kl}a_{mn}$ 按行标(i，k，m)取值不能重复，列标(j，l，n)取值也不能重复的原则，故构成三阶行列式的多项式共 3！=6 项．

由式(1.3)和式(1.5)可以看出，行列式取值时其多项式前面有正号和负号，且正号负号项各占一半．二阶、三阶行列式里面的多项式正负号的判定方法：对角线法则，如图 1.1 和图 1.2 所示．

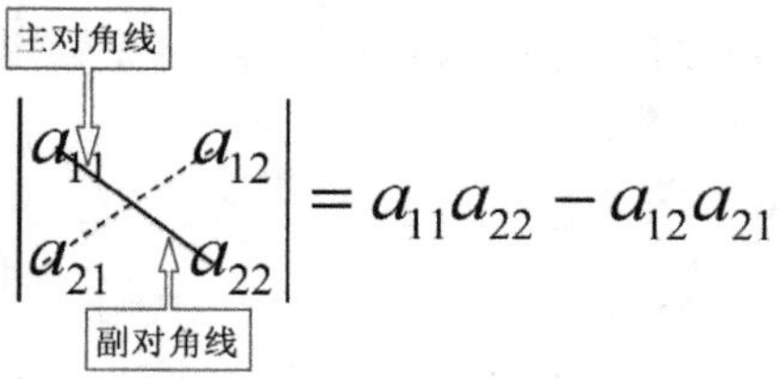

图 1.1　二阶行列式主对角线、副对角线示意图

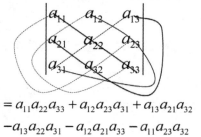

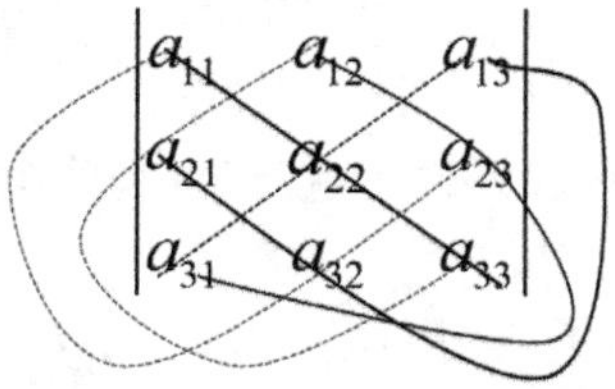

$$= a_{11}a_{22}a_{33} + a_{12}a_{23}a_{31} + a_{13}a_{21}a_{32}$$
$$- a_{13}a_{22}a_{31} - a_{12}a_{21}a_{33} - a_{11}a_{23}a_{32}$$

图 1.2　三阶行列式的主对角线、副对角线示意图

由图 1.1 可以看出，二阶行列式主对角线上元素的乘积取正号，即 $a_{11}a_{22}$；而副对角线上元素乘积取负号，即 $-a_{12}a_{21}$．同理，如图 1.2 所示，三阶行列式主对角线上的元素取正号，即 $a_{11}a_{22}a_{33}$，且平行于主对角线上的元素乘积也取正号，即 $a_{12}a_{23}a_{31}$，$a_{13}a_{21}a_{32}$；副对角线上元素的乘积取负号，即 $-a_{13}a_{22}a_{31}$，且平行于副对角线上的元素乘积也取负号即 $-a_{12}a_{21}a_{33}, -a_{11}a_{23}a_{32}$．

特别要注意的是，对角线法则只适用于二阶、三阶行列式，若是更高阶行列式需采用逆序数来判断多项式的正负．

3．n 阶行列式与逆序数

n 阶行列式的定义：由 n^2 个元素 a_{ij} 排成一个 n 行 n 列的数表，即

$$D = \begin{vmatrix} a_{11} & a_{12} & \cdots & a_{1n} \\ a_{21} & a_{22} & \cdots & a_{2n} \\ \vdots & \vdots & & \vdots \\ a_{ni} & a_{n2} & \cdots & a_{nn} \end{vmatrix} \tag{1.6}$$

为了计算方便，n 阶行列式的多项式统一标记为 $a_{1j_1}a_{2j_2}\cdots a_{nj_n}$ (元素的行标按自然数顺序排列)，其正负由列标的逆序数决定，即 $(-1)^{\tau(j_1j_2\cdots j_n)}$，其中 $\tau(j_1j_2\cdots j_n)$ 表示该多项式的逆序数．每个多项式 $a_{1j_1}a_{2j_2}\cdots a_{nj_n}$ 中元素的列标不能重复，故多项式数目 $P_n = n(n-1)\cdots 3\times 2\times 1 = n!$

上面的行列式的多项式其元素的行标按自然数顺序排列，同样也可假设让行

列式的多项式其元素的列标按自然数顺序排列，这不会影响行列式中多项式的数目及每个多项式的逆序数计算.

n 阶行列式的值可表示为

$$\begin{vmatrix} a_{11} & a_{12} & \cdots & a_{1n} \\ a_{21} & a_{22} & \cdots & a_{2n} \\ \vdots & \vdots & & \vdots \\ a_{ni} & a_{n2} & \cdots & a_{nn} \end{vmatrix} = \sum_{j_1 j_2 \cdots j_n} (-1)^{\tau(j_1 j_2 \cdots j_n)} a_{1j_1} a_{2j_2} \cdots a_{nj_n} \tag{1.7}$$

为方便用 $\det(a_{ij})$标记 n 阶行列式，r_i 标记行列式第 i 行，c_j 标记行列式第 j 列.

逆序数计算方法：

方法一：首先规定标准次序为由小到大，设 $j_1 j_2 \cdots j_n$ 为自然数的任一排列，考虑 j_i 如果它的前面有 t_i 个比其大的数，那么它的逆序数为 t_i，因此 $a_{1j_1} a_{2j_2} \cdots a_{nj_n}$ 项的逆序数为

$$\tau\left(j_1 j_2 \cdots j_n\right) = t_1 + t_2 + \cdots + t_n = \sum_{i=1}^{n} t_i \tag{1.8}$$

例如

$$\tau(12345) = 0+0+0+0+0 = 0$$
$$\tau(21354) = 0+1+0+0+1 = 2$$
$$\tau(31254) = 0+1+1+0+1 = 3$$

本书默认采用方法——计算逆序数.

方法二：首先规定标准次序为由小到大，设 $j_1 j_2 \cdots j_n$ 为自然数的任一排列，考虑 j_i 如果它的后面有 t_i 个比其小的数，那么它的逆序数为 t_i，因此 $a_{1j_1} a_{2j_2} \cdots a_{nj_n}$ 项的逆序数为

$$\tau\left(j_1 j_2 \cdots j_n\right) = t_1 + t_2 + \cdots + t_n = \sum_{i=1}^{n} t_i \tag{1.9}$$

例如

$$\tau(12345) = 0+0+0+0+0 = 0$$
$$\tau(21354) = 1+0+0+1+0 = 2$$
$$\tau(31254) = 2+0+0+1+0 = 3$$

逆序数为偶数的排列称作偶排列，逆序数为奇数的排列称作奇排列. 奇排列

对应的多项式取负号；偶排列对应的多项式取正号．对于任意一个 $n>1$ 的行列式，其奇排列的多项式数目与偶排列的多项式数目相同，且都是 $n!/2$ 个．

值得注意的是，不论选取哪种方式计算多项式的逆序数，其奇偶性不变．

定理　一个排列中任意两个元素对换，排列奇偶性改变．

证明：对换：任意两个元素对换，其余元素不变，如 $a_{11}a_{22}a_{33}$ 与 $-a_{12}a_{21}a_{33}$ 相邻对换，$a_{12}a_{23}a_{31}$ 与 $-a_{13}a_{22}a_{31}$ 不相邻对换．

(1) 证明相邻对换时排列奇偶性改变．设 $j_1j_2\cdots j_n$ 为自然数的任一排列，且该排列所对应的逆序数为

$$\tau\left(j_1j_2\cdots j_lj_m\cdots j_n\right)=t_1+t_2+\cdots t_l+t_m+\cdots+t_n=\sum_{i=1}^{n}t_i$$

任意相邻的两个元素 j_lj_m 互换，新排列所对应的逆序数中除了 t_l，t_m，其余尚未发生改变．用 t'_l，t'_m 标记新排列中 j_lj_m 所对应的逆序数．由于 $j_l\neq j_m$，故可分两种情况讨论：

1) $j_l>j_m$，此时 $j_1j_2\cdots j_mj_l\cdots j_n$ 的排列方式中 j_l 前面多了一个比其小的元素，故 $t'_l=t_l+1$；而 j_m 前面比其小的元素个数不变，故 $t'_m=t_m$；新排列的逆序数为

$$\begin{aligned}&\tau\left(j_1j_2\cdots j_mj_l\cdots j_n\right)\\&=t_1+t_2+\cdots+t'_m+t'_l+\cdots+t_n\\&=t_1+t_2+\cdots+t_m+\left(t_l+1\right)+\cdots+t_n\\&=\sum_{i=1}^{n}t_i+1\\&=\tau\left(j_1j_2\cdots j_lj_m\cdots j_n\right)+1\end{aligned}\tag{1.10}$$

2) $j_l<j_m$，此时 $j_1j_2\cdots j_mj_l\cdots j_n$ 的排列方式中 j_m 前面少了一个比其小的元素，故 $t'_m=t_m-1$；而 j_l 前面比其小的元素个数不变，故 $t'_l=t_l$；新排列的逆序数为

$$\begin{aligned}&\tau\left(j_1j_2\cdots j_mj_l\cdots j_n\right)\\&=t_1+t_2+\cdots+t'_m+t'_l+\cdots+t_n\\&=t_1+t_2+\cdots+\left(t_m-1\right)+t_l\cdots+t_n\\&=\sum_{i=1}^{n}t_i-1\\&=\tau\left(j_1j_2\cdots j_lj_m\cdots j_n\right)-1\end{aligned}\tag{1.11}$$

不论是哪种情况，相邻两个元素对换时，逆序数奇偶性发生改变.

(2) 证明不相邻对换时排列奇偶性改变．设任意两个元素 $j_k j_l$，它们间有 m 个元素，即它们在排列中显示为 $j_1 j_2 \cdots j_k \cdot \left(j_{k+1} j_{k+2} \cdots j_{k+m}\right) \cdot j_l \cdots j_n$，设该排列所对应的逆序数为

$$\tau\left(j_1 j_2 \cdots j_k \cdot \left(j_{k+1} j_{k+2} \cdots j_{k+m}\right) \cdot j_l \cdots j_n\right) = t_1 + t_2 + \cdots + t_k + \left(t_{k+1} + \cdots + t_{k+m}\right) + t_l \cdots + t_n$$

新排列方式为 $j_1 j_2 \cdots j_l \cdot \left(j_{k+1} j_{k+2} \cdots j_{k+m}\right) \cdot j_k \cdots j_n$．原排列到新排列，可分成以下两步：

1) 将排列变成 $j_1 j_2 \cdots j_k \cdot j_l \cdot \left(j_{k+1} j_{k+2} \cdots j_{k+m}\right) \cdots j_n$，此时相当于 j_l 与相邻的元素进行交换，交换次数为 m，每次交换逆序数奇偶性发生改变，故

$$\begin{aligned} &\tau\left(j_1 j_2 \cdots j_k \cdot j_l \cdot \left(j_{k+1} j_{k+2} \cdots j_{k+m}\right) \cdots j_n\right) \\ &= \tau\left(j_1 j_2 \cdots j_k \cdot \left(j_{k+1} j_{k+2} \cdots j_{k+m}\right) \cdot j_l \cdots j_n\right) + (-1)^m \end{aligned} \tag{1.12}$$

2) 排列 $j_1 j_2 \cdots j_k \cdot j_l \cdot \left(j_{k+1} j_{k+2} \cdots j_{k+m}\right) \cdots j_n$ 变成 $j_1 j_2 \cdots j_l \cdot \left(j_{k+1} j_{k+2} \cdots j_{k+m}\right) \cdot j_k \cdots j_n$，此时相当于 j_k 与相邻的元素进行交换，交换次数为 $m+1$，每次交换逆序数奇偶性发生改变，故

$$\begin{aligned} &\tau\left(j_1 j_2 \cdots j_l \cdot \left(j_{k+1} j_{k+2} \cdots j_{k+m}\right) \cdot j_k \cdots j_n\right) \\ &= \tau\left(j_1 j_2 \cdots j_k \cdot j_l \cdot \left(j_{k+1} j_{k+2} \cdots j_{k+m}\right) \cdots j_n\right) + (-1)^{m+1} \end{aligned} \tag{1.13}$$

按照 1)，2)步，将 $j_1 j_2 \cdots j_k \cdot \left(j_{k+1} j_{k+2} \cdots j_{k+m}\right) \cdot j_l \cdots j_n$ 经过 $2m+1$ 次交换可以变成 $j_1 j_2 \cdots j_l \cdot \left(j_{k+1} j_{k+2} \cdots j_{k+m}\right) \cdot j_k \cdots j_n$，由于 $(-1)^{2m+1} = -1$，因此任意互换两个元素，排列的奇偶性改变.

推论　标准排列逆序数为零，即其元素顺序从小到大．奇排列变成标准排列对换次数为奇数，偶排列变成标准排列对换次数为偶数.

1.1.2 行列式的性质的研究

行列式有很多性质，熟练掌握这些性质可帮助初学者更快学会行列式的求值及证明.

性质一　行列式转置后值不变，即

$$\begin{vmatrix} a_{11} & a_{12} & \cdots & a_{n1} \\ a_{21} & a_{22} & \cdots & a_{n2} \\ \vdots & \vdots & & \vdots \\ a_{n1} & a_{n2} & \cdots & a_{nn} \end{vmatrix} = \begin{vmatrix} a_{11} & a_{21} & \cdots & a_{n1} \\ a_{12} & a_{22} & \cdots & a_{n2} \\ \vdots & \vdots & & \vdots \\ a_{1n} & a_{2n} & \cdots & a_{nn} \end{vmatrix} \Leftrightarrow A = A^{\mathrm{T}} . \tag{1.14}$$

行列式的转置：即把任意一个元素 a_{ij} 的位置由第 i 行 j 列变到第 j 行 i 列，相当于行列式沿其主对角线反转 180° ．行列式 A 的转置行列式为 A^{T}，两次转置为其本身，即 $\left(A^{\mathrm{T}}\right)^{\mathrm{T}}=A$．

证明：根据行列式求值法则：行列式中多项式的任一项若行标按顺序排列 $a_{1j_1}a_{2j_2}\cdots a_{nj_n}$，其逆序数由列标决定，即 $\tau\left(j_1j_2\cdots j_n\right)$，见式(1.7)，假设行列式标记为 A，有

$$A=\begin{vmatrix} a_{11} & a_{12} & \cdots & a_{1n} \\ a_{21} & a_{22} & \cdots & a_{2n} \\ \vdots & \vdots & & \vdots \\ a_{ni} & a_{n2} & \cdots & a_{nn} \end{vmatrix}=\sum_{j_1j_2\cdots j_n}(-1)^{\tau(j_1j_2\cdots j_n)}a_{1j_1}a_{2j_2}\cdots a_{nj_n} \tag{1.15}$$

若行列式中多项式的任一项列标按顺序排列 $b_{j_11}b_{j_22}\cdots b_{j_nn}$，其逆序数由行标决定，即 $\tau\left(j_1j_2\cdots j_n\right)$．行列式的值为

$$D=\begin{vmatrix} b_{11} & b_{12} & \cdots & b_{1n} \\ b_{21} & b_{22} & \cdots & b_{2n} \\ \vdots & \vdots & & \vdots \\ b_{ni} & b_{n2} & \cdots & b_{nn} \end{vmatrix}=\sum_{j_1j_2\cdots j_n}(-1)^{\tau(j_1j_2\cdots j_n)}b_{j_11}b_{j_22}\cdots b_{j_nn} \tag{1.16}$$

对比式(1.15)与式(1.16)，若行列式 A 与 D 中任意元素 $b_{ij}=a_{ji}\left(i,j=1,2,\cdots,n\right)$，则 $A=D$；而行列式的转置法则下 $b_{ij}=a_{ji}\left(i,j=1,2,\cdots,n\right)$，故 $A^{\mathrm{T}}=A$．

行列式的转置法则证明在行列式中行与列的地位是平等的、对称的．行列式性质对行、列同时成立．

性质二　行列式对换两行(或两列)，行列式变号．

证明：将式(1.15)行列式 A 中第 s 行与第 t 行对换，得到行列式 B，有

$$B=\begin{vmatrix} a_{11} & a_{12} & \cdots & a_{1n} \\ \vdots & \vdots & & \vdots \\ a_{t1} & a_{t2} & \cdots & a_{tn} \\ \vdots & \vdots & & \vdots \\ a_{s1} & a_{s2} & \cdots & a_{sn} \\ \vdots & \vdots & & \vdots \\ a_{n1} & a_{n2} & \cdots & a_{nn} \end{vmatrix}=\begin{vmatrix} a_{11} & a_{12} & \cdots & a_{1n} \\ \vdots & \vdots & & \vdots \\ b_{s1} & b_{s2} & \cdots & b_{sn} \\ \vdots & \vdots & & \vdots \\ b_{t1} & b_{t2} & \cdots & b_{tn} \\ \vdots & \vdots & & \vdots \\ a_{n1} & a_{n2} & \cdots & a_{nn} \end{vmatrix}\begin{matrix} \\ \\ \leftarrow\text{第 } s \text{ 行} \\ \\ \leftarrow\text{第 } t \text{ 行} \\ \\ \\ \end{matrix} \tag{1.17}$$

行列式 B 中多项式按行标顺序排列，行列式 B 中任一项为

$$\left(-1\right)^{\tau(j_1\cdots j_s\cdots j_t\cdots j_n)}a_{1j_1}\cdot a_{2j_2}\cdots b_{sj_s}\cdots b_{tj_t}\cdots a_{nj_n} \tag{1.18}$$

在 s 与 t 行的对换情况下，$b_{sj_s}=a_{tj_s},b_{tj_t}=a_{sj_t}$，则有

$$a_{1j_1}\cdot a_{2j_2}\cdots b_{sj_s}\cdots b_{tj_t}\cdots a_{nj_n}=a_{1j_1}\cdot a_{2j_2}\cdots a_{tj_s}\cdots a_{sj_t}\cdots a_{nj_n} \tag{1.19}$$

该项按行标顺序排列为 $a_{1j_1}\cdot a_{2j_2}\cdots a_{sj_t}\cdots a_{tj_s}\cdots a_{nj_n}$，其逆序数为 $\tau(j_1\cdots j_t\cdots j_s\cdots j_n)$，与 $a_{1j_1}\cdot a_{2j_2}\cdots a_{sj_s}\cdots a_{tj_t}\cdots a_{nj_n}$ 项的逆序数相比较，等价于 $j_1\cdots j_t\cdots j_s\cdots j_n\Rightarrow j_1\cdots j_s\cdots j_t\cdots j_n$，即对换了 j_s,j_t 的位置，根据逆序数的定理：一个排列中任意两个元素对换，排列奇偶性改变．即

$$\begin{aligned}&(-1)^{\tau(j_1\cdots j_s\cdots j_t\cdots j_n)}a_{1j_1}\cdot a_{2j_2}\cdots b_{sj_s}\cdots b_{tj_t}\cdots a_{nj_n}\Leftarrow n\text{顺序排列，可确定逆序数}\\&=-(-1)^{\tau(***)}a_{1j_1}\cdot a_{2j_2}\cdots a_{tj_s}\cdots a_{sj_t}\cdots a_{nj_n}\Leftarrow n,j_n\text{非顺序排列，无法确定逆序数}\\&=-(-1)^{\tau(j_1\cdots j_t\cdots j_s\cdots j_n)}a_{1j_1}\cdot a_{2j_2}\cdots a_{sj_t}\cdots a_{tj_s}\cdots a_{nj_n}\Leftarrow n\text{顺序排列，可确定逆序数}\end{aligned} \tag{1.20}$$

故 $B=-A$，即行列式对换两行时，行列式变号．

推论：若行列式两行(或两列)完全相同则其值为零．

若行列式 D 有两行相同，根据行列式性质二，对换这两行则行列式变号，即 $D=-D\Rightarrow D=0$.

性质三 行列式某一行(列)所有元素都有公因子 k，则 k 可提到行列式外面，即

$$\begin{vmatrix}a_{11}&a_{12}&\cdots&a_{1n}\\\vdots&\vdots&&\vdots\\ka_{i1}&ka_{i2}&\cdots&ka_{in}\\\vdots&\vdots&&\vdots\\a_{n1}&a_{n2}&\cdots&a_{nn}\end{vmatrix}\overset{r_i\div k}{=\!=}\begin{vmatrix}a_{11}&a_{12}&\cdots&a_{1n}\\\vdots&\vdots&&\vdots\\a_{i1}&a_{i2}&\cdots&a_{in}\\\vdots&\vdots&&\vdots\\a_{n1}&a_{n2}&\cdots&a_{nn}\end{vmatrix}\cdot k \tag{1.21}$$

换言之，行列式乘以系数 k，等价于行列式某一行(列)的所有元素都乘以系数 k.

证明：

$$\begin{vmatrix}a_{11}&a_{12}&\cdots&a_{1n}\\\vdots&\vdots&&\vdots\\ka_{i1}&ka_{i2}&\cdots&ka_{in}\\\vdots&\vdots&&\vdots\\a_{n1}&a_{n2}&\cdots&a_{nn}\end{vmatrix}=\sum_{j_1j_2\cdots j_n}(-1)^{\tau(j_1j_2\cdots j_n)}a_{1j_1}a_{2j_2}\cdots ka_{ij_i}\cdots a_{nj_n}$$

$$=k\sum_{j_1j_2\cdots j_n}(-1)^{\tau(j_1j_2\cdots j_n)}a_{1j_1}a_{2j_2}\cdots a_{ij_i}\cdots a_{nj_n}$$

$$=\begin{vmatrix} a_{11} & a_{12} & \cdots & a_{1n} \\ \vdots & \vdots & & \vdots \\ a_{i1} & a_{i2} & \cdots & a_{in} \\ \vdots & \vdots & & \vdots \\ a_{n1} & a_{n2} & \cdots & a_{nn} \end{vmatrix}\cdot k$$

性质四　若行列式中某行(列)元均可表为两项之和，那么行列式可拆成两个行列式之和，对应的数学表达式为

$$\begin{vmatrix} a_{11} & a_{12} & \cdots & a_{1n} \\ \vdots & \vdots & & \vdots \\ b_{i1}+c_{i1} & b_{i2}+c_{i2} & \cdots & b_{in}+c_{in} \\ \vdots & \vdots & & \vdots \\ a_{n1} & a_{n2} & \cdots & a_{nn} \end{vmatrix}=\begin{vmatrix} a_{11} & a_{12} & \cdots & a_{1n} \\ \vdots & \vdots & & \vdots \\ b_{i1} & b_{i2} & \cdots & b_{in} \\ \vdots & \vdots & & \vdots \\ a_{n1} & a_{n2} & \cdots & a_{nn} \end{vmatrix}+\begin{vmatrix} a_{11} & a_{12} & \cdots & a_{1n} \\ \vdots & \vdots & & \vdots \\ c_{i1} & c_{i2} & \cdots & c_{in} \\ \vdots & \vdots & & \vdots \\ a_{n1} & a_{n2} & \cdots & a_{nn} \end{vmatrix} \tag{1.22}$$

证明：

$$A=\begin{vmatrix} a_{11} & a_{12} & \cdots & a_{1n} \\ \vdots & \vdots & & \vdots \\ b_{i1}+c_{i1} & b_{i2}+c_{i2} & \cdots & b_{in}+c_{in} \\ \vdots & \vdots & & \vdots \\ a_{n1} & a_{n2} & \cdots & a_{nn} \end{vmatrix}=\sum_{j_1j_2\cdots j_n}(-1)^{\tau(j_1j_2\cdots j_n)}a_{1j_1}a_{2j_2}\cdots\left(b_{ij_i}+c_{ij_i}\right)\cdots a_{nj_n}$$

$$B=\begin{vmatrix} a_{11} & a_{12} & \cdots & a_{1n} \\ \vdots & \vdots & & \vdots \\ b_{i1} & b_{i2} & \cdots & b_{in} \\ \vdots & \vdots & & \vdots \\ a_{n1} & a_{n2} & \cdots & a_{nn} \end{vmatrix}=\sum_{j_1j_2\cdots j_n}(-1)^{\tau(j_1j_2\cdots j_n)}a_{1j_1}a_{2j_2}\cdots b_{ij_i}\cdots a_{nj_n}$$

$$C=\begin{vmatrix} a_{11} & a_{12} & \cdots & a_{1n} \\ \vdots & \vdots & & \vdots \\ c_{i1} & c_{i2} & \cdots & c_{in} \\ \vdots & \vdots & & \vdots \\ a_{n1} & a_{n2} & \cdots & a_{nn} \end{vmatrix}=\sum_{j_1j_2\cdots j_n}(-1)^{\tau(j_1j_2\cdots j_n)}a_{1j_1}a_{2j_2}\cdots c_{ij_i}\cdots a_{nj_n}$$

由于 $A=B+C$，性质四证明完毕．当 $b_{in}=c_{in}$ 时 $A=2B$ 或 $A=2C$，该结果与性质三结论一致．

性质五 行列式的某行(列) λ 倍加到另一行(列)上，行列式的值不变；其对应的数学表达形式如下：

$$\begin{vmatrix} a_{11} & a_{12} & \cdots & a_{1n} \\ \vdots & \vdots & & \vdots \\ a_{i1} & a_{i2} & \cdots & a_{in} \\ \vdots & \vdots & & \vdots \\ a_{j1} & a_{j2} & \cdots & a_{jn} \\ \vdots & \vdots & & \vdots \\ a_{n1} & a_{n2} & \cdots & a_{nn} \end{vmatrix} \xlongequal{r_i+\lambda r_j} \begin{vmatrix} a_{11} & a_{12} & \cdots & a_{1n} \\ \vdots & \vdots & & \vdots \\ a_{i1}+\lambda a_{j1} & a_{i2}+\lambda a_{j2} & \cdots & a_{in}+\lambda a_{jn} \\ \vdots & \vdots & & \vdots \\ a_{j1} & a_{j2} & \cdots & a_{jn} \\ \vdots & \vdots & & \vdots \\ a_{n1} & a_{n2} & \cdots & a_{nn} \end{vmatrix} \tag{1.23}$$

证明：

$$\begin{vmatrix} a_{11} & a_{12} & \cdots & a_{1n} \\ \vdots & \vdots & & \vdots \\ a_{i1}+\lambda a_{j1} & a_{i2}+\lambda a_{j2} & \cdots & a_{in}+\lambda a_{jn} \\ \vdots & \vdots & & \vdots \\ a_{j1} & a_{j2} & \cdots & a_{jn} \\ \vdots & \vdots & & \vdots \\ a_{n1} & a_{n2} & \cdots & a_{nn} \end{vmatrix}$$

$$\xlongequal{\text{根据行列式性质四}} \begin{vmatrix} a_{11} & a_{12} & \cdots & a_{1n} \\ \vdots & \vdots & & \vdots \\ a_{i1} & a_{i2} & \cdots & a_{in} \\ \vdots & \vdots & & \vdots \\ a_{j1} & a_{j2} & \cdots & a_{jn} \\ \vdots & \vdots & & \vdots \\ a_{n1} & a_{n2} & \cdots & a_{nn} \end{vmatrix} + \begin{vmatrix} a_{11} & a_{12} & \cdots & a_{1n} \\ \vdots & \vdots & & \vdots \\ \lambda a_{j1} & \lambda a_{j2} & \cdots & \lambda a_{jn} \\ \vdots & \vdots & & \vdots \\ a_{j1} & a_{j2} & \cdots & a_{jn} \\ \vdots & \vdots & & \vdots \\ a_{n1} & a_{n2} & \cdots & a_{nn} \end{vmatrix}$$

$$\xlongequal{\text{根据行列式性质三}} \begin{vmatrix} a_{11} & a_{12} & \cdots & a_{1n} \\ \vdots & \vdots & & \vdots \\ a_{i1} & a_{i2} & \cdots & a_{in} \\ \vdots & \vdots & & \vdots \\ a_{j1} & a_{j2} & \cdots & a_{jn} \\ \vdots & \vdots & & \vdots \\ a_{n1} & a_{n2} & \cdots & a_{nn} \end{vmatrix} + \lambda \begin{vmatrix} a_{11} & a_{12} & \cdots & a_{1n} \\ \vdots & \vdots & & \vdots \\ a_{j1} & a_{j2} & \cdots & a_{jn} \\ \vdots & \vdots & & \vdots \\ a_{j1} & a_{j2} & \cdots & a_{jn} \\ \vdots & \vdots & & \vdots \\ a_{n1} & a_{n2} & \cdots & a_{nn} \end{vmatrix}$$

$$\xlongequal{\text{根据行列式性质二的推论}}\begin{vmatrix} a_{11} & a_{12} & \cdots & a_{1n} \\ \vdots & \vdots & & \vdots \\ a_{i1} & a_{i2} & \cdots & a_{in} \\ \vdots & \vdots & & \vdots \\ a_{j1} & a_{j2} & \cdots & a_{jn} \\ \vdots & \vdots & & \vdots \\ a_{n1} & a_{n2} & \cdots & a_{nn} \end{vmatrix}$$

对于一般的行列式求值方法，利用性质五，将行列式化简成上三角形行列式，然后求值，则有

$$\begin{vmatrix} a_{11} & a_{12} & \cdots & a_{1n} \\ a_{21} & a_{22} & \cdots & a_{2n} \\ \vdots & \vdots & & \vdots \\ a_{n1} & a_{n2} & \cdots & a_{nn} \end{vmatrix} \Rightarrow \begin{vmatrix} b_{11} & b_{12} & \cdots & b_{1n} \\ 0 & b_{22} & \cdots & b_{2n} \\ \vdots & \vdots & & \vdots \\ 0 & 0 & \cdots & b_{nn} \end{vmatrix} = \prod_{i=1}^{n} b_{ii}$$

化简矩阵 $\det(b_{ij})$的求值方法见 1.2 节习题 1.

性质六　行列式为零的条件：

(1) 行列式某一行(列)的所有元素全为零，可由 n 阶行列式的求值公式(1.7)来证明；

(2) 行列式的两行(列)完全相同，对应行列式的性质二；

(3) 行列式的两行(列)成比例，对应行列式的性质二与性质三；

(4) 行列式某一行(列)可用其他行(列)表示，对应行列式性质五.

1.1.3 行列式按行(列)展开

由二阶行列式计算公式(1.3)、三阶行列式计算公式(1.5)及 n 阶行列式计算公式(1.7)可知，阶数越低，越容易计算. 因此在计算高阶(n>3)行列式时，可考虑将 n 阶行列式转化成 $n-1$ 阶行列式来计算，即行列式按行(列)展开.

一般来说，低阶行列式比高阶行列式计算简便. 因此考虑把 n 阶行列式化成 $n-1$ 阶行列式的方法，即按一行(列)展开行列式. 为了方便，我们引入余子式与代数余子式的概念.

(1) 余子式：n 阶行列式 A，元素 a_{ij} 的余子式 M_{ij} 是将 a_{ij} 所在的行与列上所有元素划掉后的 $n-1$ 阶行列式，为了更形象解释，我们假设 n 阶行列式 A 第 i 行除了 $a_{ij}\neq 0$，其余元素都为零. 即

$$A=\begin{vmatrix} a_{11} & \cdots & a_{1,j-1} & a_{1,j} & a_{1,j+1} & \cdots & a_{1,n} \\ \vdots & & \vdots & \vdots & \vdots & & \vdots \\ a_{i-1,1} & \cdots & a_{i-1,j-1} & a_{i-1,j} & a_{i-1,j+1} & \cdots & a_{i-1,n} \\ 0 & 0 & 0 & a_{i,j} & 0 & 0 & 0 \\ a_{i+1,1} & \cdots & a_{i+1,j-1} & a_{i+1,j} & a_{i+1,j+1} & \cdots & a_{i+1,n} \\ \vdots & & \vdots & \vdots & \vdots & & \vdots \\ a_{n,1} & \cdots & a_{n,j-1} & a_{n,j} & a_{n,j+1} & \cdots & a_{n,n} \end{vmatrix}=a_{ij}(-1)^{i+j}M_{ij} \tag{1.24}$$

式(1.24)的证明方法是将元素 a_{ij} 的位置由第 i 行第 j 列换到第 1 行第 1 列的位置，详细证明见 1.2 节习题 2，在这里余子式 M_{ij} 所对应的行列式为

$$M_{ij}=\begin{vmatrix} a_{11} & \cdots & a_{1,j-1} & a_{1,j+1} & \cdots & a_{1n} \\ \vdots & & \vdots & \vdots & & \vdots \\ a_{i-1,1} & \cdots & a_{i-1,j-1} & a_{i-1,j+1} & \cdots & a_{i-1,n} \\ a_{i+1,1} & \cdots & a_{i+1,j-1} & a_{i+1,j+1} & \cdots & a_{i+1,n} \\ \vdots & & \vdots & \vdots & & \vdots \\ a_{n1} & \cdots & a_{n,j-1} & a_{n,j+1} & \cdots & a_{n,n} \end{vmatrix} \tag{1.25}$$

(2) 代数余子式 A_{ij}：为了更方便标记行列式的按行展开，定义代数余子式 $A_{ij}=(-1)^{i+j}M_{ij}$. 式(1.24)可改写为式(1.26)，将余子式的正负号归到代数余子式中，这样行列式 A 的值表达形式更对称也更方便.

$$A=\begin{vmatrix} a_{11} & \cdots & a_{1,j-1} & a_{1,j} & a_{1,j+1} & \cdots & a_{1,n} \\ \vdots & & \vdots & \vdots & \vdots & & \vdots \\ a_{i-1,1} & \cdots & a_{i-1,j-1} & a_{i-1,j} & a_{i-1,j+1} & \cdots & a_{i-1,n} \\ 0 & 0 & 0 & a_{i,j} & 0 & 0 & 0 \\ a_{i+1,1} & \cdots & a_{i+1,j-1} & a_{i+1,j} & a_{i+1,j+1} & \cdots & a_{i+1,n} \\ \vdots & & \vdots & \vdots & \vdots & & \vdots \\ a_{n,1} & \cdots & a_{n,j-1} & a_{n,j} & a_{n,j+1} & \cdots & a_{n,n} \end{vmatrix}=a_{ij}A_{ij} \tag{1.26}$$

推论 一个 n 阶行列式 A，若某一行中只有一个元素 $a_{ij}\neq 0$，其余元素全为零 $a_{kj}=0(k=1,2\cdots i-1,i+1,\cdots n)$，则 $A=a_{ij}A_{ij}$，此推论对列元素的情况同样适用.

性质一 n 阶行列式 A 等于任一行(列)元素与其代数余子式乘积之和，即

$$\left.\begin{aligned} A&=a_{i1}A_{i1}+a_{i2}A_{i2}+\cdots+a_{in}A_{in}=\sum_{j=1}^{n}a_{ij}A_{ij} \quad (i=1,2\cdots n) \\ A&=a_{1j}A_{1j}+a_{2j}A_{2j}+\cdots+a_{nj}A_{nj}=\sum_{i=1}^{n}a_{ij}A_{ij} \quad (j=1,2\cdots n) \end{aligned}\right\} \tag{1.27}$$

证明：根据行列式性质四，若将行列式某行元素可以表示为两项之和，那么可将此行列式拆成两个行列式之和．以此类推，还可以将新拆分的行列式继续拆分．由此可知，可将 n 阶行列式的某一行拆成 n 项之和，那么此行列式可拆分成 n 个行列式之和，

第 i 行元素差分如下：

$$
\begin{aligned}
a_{i1} &= a_{i1} + \underbrace{0+0+\cdots+0}_{n-1\text{个}} \\
a_{i2} &= \underbrace{0}_{1\text{个}} + a_{i2} + \underbrace{0+\cdots+0}_{n-2\text{个}} \\
&\vdots \\
a_{ik} &= \underbrace{0+0+\cdots+0}_{k-1\text{个}} + a_{ik} + \underbrace{0+\cdots+0}_{n-k\text{个}} \\
&\vdots \\
a_{in} &= \underbrace{0+0+\cdots+0}_{n-1\text{个}} + a_{in}
\end{aligned}
$$

n 阶行列式 A 按第 i 行拆分如下：

$$
A=\begin{vmatrix} a_{11} & a_{12} & \cdots & a_{1n} \\ \vdots & \vdots & & \vdots \\ a_{i1} & a_{i2} & \cdots & a_{in} \\ \vdots & \vdots & & \vdots \\ a_{n1} & a_{n2} & \cdots & a_{nn} \end{vmatrix}
$$

$$
=\begin{vmatrix} a_{11} & a_{12} & \cdots & a_{1n} \\ \vdots & \vdots & & \vdots \\ a_{i1} & 0 & \cdots & 0 \\ \vdots & \vdots & & \vdots \\ a_{n1} & a_{n2} & \cdots & a_{nn} \end{vmatrix} + \begin{vmatrix} a_{11} & a_{12} & \cdots & a_{1n} \\ \vdots & \vdots & & \vdots \\ 0 & a_{i2} & \cdots & 0 \\ \vdots & \vdots & & \vdots \\ a_{n1} & a_{n2} & \cdots & a_{nn} \end{vmatrix} + \cdots\cdots + \begin{vmatrix} a_{11} & a_{12} & \cdots & a_{1n} \\ \vdots & \vdots & & \vdots \\ 0 & 0 & \cdots & a_{in} \\ \vdots & \vdots & & \vdots \\ a_{n1} & a_{n2} & \cdots & a_{nn} \end{vmatrix}
$$

$$
= a_{i1}A_{i1} + a_{i2}A_{i2} + \cdots + a_{in}A_{in} = \sum_{j=1}^{n} a_{ij}A_{ij}
$$

证明结束，类似方法可导出行列式的按列展开法则．

性质二　n 阶行列式的任一行(列)的各元素与另一行(列)对应元素的代数余子式乘积之和为零，即

$$\left.\begin{aligned}0 &= a_{k1}A_{i1} + a_{k2}A_{i2} + \cdots + a_{kn}A_{in} = \sum_{j=1}^{n} a_{kj}A_{ij} \quad (k \neq i) \\ 0 &= a_{1k}A_{1j} + a_{2k}A_{2j} + \cdots + a_{nk}A_{nj} = \sum_{i=1}^{n} a_{ik}A_{ij} \quad (k \neq i)\end{aligned}\right\} \tag{1.28}$$

证明：与 n 阶行列式按 i 行展开式 $\sum_{j=1}^{n} a_{ij}A_{ij}$ 相比，$\sum_{j=1}^{n} a_{kj}A_{ij}(k \neq i)$ 所对应的行列式如下：

$$\sum_{j=1}^{n} a_{kj}A_{ij}(k \neq i) = \begin{vmatrix} a_{11} & a_{12} & \cdots & a_{1n} \\ \vdots & \vdots & & \vdots \\ a_{k1} & a_{k2} & \cdots & a_{kn} \\ \vdots & \vdots & & \vdots \\ a_{k1} & a_{k2} & \cdots & a_{kn} \\ \vdots & \vdots & & \vdots \\ a_{n1} & a_{n2} & \cdots & a_{nn} \end{vmatrix} \xlongequal[\text{满足行列式性质二的推论}]{\text{把第}i\text{行元素换成第}k\text{行元素}} 0$$

证明结束，类似方法可导出列元素的情况.

性质一和性质二可合并为

$$\left.\begin{aligned}\sum_{k=1}^{n} a_{jk}A_{ik} &= \begin{cases} |A|, j = i \\ 0, j \neq i \end{cases} \\ \sum_{k=1}^{n} a_{kj}A_{ki} &= \begin{cases} |A|, j = i \\ 0, j \neq i \end{cases}\end{aligned} \quad (i, j = 1, 2, \cdots, n)\right\} \tag{1.29}$$

克拉默法则　求解 n 个 n 元线性方程所组成一次线性方程组，方程组如下：

$$\begin{cases} a_{11}x_1 + a_{12}x_2 + \cdots + a_{1n}x_n = b_1 \\ a_{21}x_1 + a_{21}x_2 + \cdots + a_{2n}x_n = b_2 \\ \qquad\cdots \\ a_{n1}x_1 + a_{n2}x_2 + \cdots + a_{nn}x_n = b_n \end{cases} \tag{1.30}$$

定义系数行列式 A 为

$$A = \begin{vmatrix} a_{11} & a_{12} \cdots & a_{1n} \\ a_{21} & a_{22} \cdots & a_{2n} \\ \vdots & \vdots & \vdots \\ a_{n1} & a_{n2} \cdots & a_{nn} \end{vmatrix} \tag{1.31}$$

定义行列式 A_j：把系数行列式 A 中的第 j 列的元素替换为方程右端的常数项，即 $a_{ij} \xleftrightarrow{\text{交换}} b_i$，即

$$A_j = \begin{vmatrix} a_{11} & \cdots & a_{1,j-1} & b_1 & a_{1,j+1} & \cdots & a_{1n} \\ a_{21} & \cdots & a_{2,j-1} & b_2 & a_{2,j+1} & \cdots & a_{2n} \\ \vdots & & \vdots & \vdots & \vdots & & \vdots \\ a_{n1} & \cdots & a_{n,j-1} & b_n & a_{n,j+1} & \cdots & a_{nn} \end{vmatrix} \tag{1.32}$$

当 $A \neq 0$ 时，方程组(1.30)存在唯一解：

$$x_j = \frac{A_j}{A} = \frac{\begin{vmatrix} a_{11} & \cdots & a_{1,j-1} & b_1 & a_{1,j+1} & \cdots & a_{1n} \\ a_{21} & \cdots & a_{2,j-1} & b_2 & a_{2,j+1} & \cdots & a_{2n} \\ \vdots & & \vdots & \vdots & \vdots & & \vdots \\ a_{n1} & \cdots & a_{n,j-1} & b_n & a_{n,j+1} & \cdots & a_{nn} \end{vmatrix}}{\begin{vmatrix} a_{11} & a_{12} \cdots & a_{1n} \\ a_{21} & a_{22} \cdots & a_{2n} \\ \vdots & \vdots & \vdots \\ a_{n1} & a_{n2} \cdots & a_{nn} \end{vmatrix}} \Leftarrow \text{行列式形式} \tag{1.33}$$

$$= \frac{b_1 A_{1j} + b_2 A_{2j} + \cdots + b_n A_{nj}}{A} \Leftarrow \text{代数余子式形式}$$

克拉默法则证明方法见 2.1.2 节逆矩阵性质五式(2.21)和式(2.22).

行列式展开的拉普拉斯定理及其讨论：

n 阶行列式 A 除了式(1.27)所示的按照某一行或一列展开 $n-1$ 阶行列式计算外，还有更一般展开方式，将 n 阶行列式按照某 k 行 k 列展开，其中 $k<n$，这就是 n 阶行列式的拉普拉斯定理，在此我们仅讨论其应用，不予证明.

n 阶行列式 A 的 k 阶子式 M：n 阶行列式 A 中任取 k 行 k 列所组成的行列式 M；行列式 A 中除去 M 所在的行与列，剩余元素所构成的 $n-k$ 阶行列式 N 称为 M 的余子式；若构成 k 阶子式 M 是由行列式 A 中第 $i_1, i_2, \cdots, i_k\left(i_1 < i_2 < \cdots < i_k\right)$ 行和第 $j_1, j_2, \cdots, j_k\left(j_1 < j_2 < \cdots < j_k\right)$ 列构成，则定义 $\left(-1\right)^{(i_1+i_2+\cdots i_k)+(j_1+j_2+\cdots j_k)} N$ 称为 M 的代数余子式；这些定义方法与式(1.27)类似，不同的是，此处是按行列式展开给出相应的定义，而前面是按元素展开.

拉普拉斯定理　n 阶行列式 A 按照 k 行展开时，k 阶子式 M 有 C_n^k 个(选取 k 行后，元素的行标固定，但是元素列标的选取方法有 C_n^k 种)，任一 M_i 所对应的代

数余子式为 A_i，则行列式 A 的值为 $A=\sum_{i=1}^{C_n^k} M_i A_i$，此处只讨论行列式 A 按行展开，行列式的按列展开运算法则与按行展开相似．现在以四，五阶的两个行列式 A 求值进行具体讨论：

(1) 四阶行列式：

$$A=\begin{vmatrix}2 & 1 & 0 & 0\\ 1 & 2 & 1 & 0\\ 0 & 1 & 2 & 1\\ 0 & 0 & 1 & 2\end{vmatrix}$$

若按照其第一行和第二行展开，则其二阶子式 M 有 $C_n^2=6$ 种，即

$$\begin{cases} M_1=\begin{vmatrix}2 & 1\\ 1 & 2\end{vmatrix}=3, M_2=\begin{vmatrix}2 & 0\\ 1 & 1\end{vmatrix}=2, M_3=\begin{vmatrix}2 & 0\\ 1 & 0\end{vmatrix}=0 \\ M_4=\begin{vmatrix}1 & 0\\ 2 & 1\end{vmatrix}=1, M_5=\begin{vmatrix}1 & 0\\ 2 & 0\end{vmatrix}=0, M_6=\begin{vmatrix}0 & 0\\ 1 & 0\end{vmatrix}=0 \end{cases}$$

它们所对应的代数余子式为

$$\begin{cases} A_1=(-1)^{(1+2)+(1+2)}\begin{vmatrix}2 & 1\\ 1 & 2\end{vmatrix}=3, A_2=(-1)^{(1+2)+(1+3)}\begin{vmatrix}1 & 1\\ 0 & 2\end{vmatrix}=-2 \\ A_3=(-1)^{(1+2)+(1+4)}\begin{vmatrix}1 & 2\\ 0 & 1\end{vmatrix}=1, A_4=(-1)^{(1+2)+(2+3)}\begin{vmatrix}0 & 1\\ 0 & 2\end{vmatrix}=0 \\ A_5=(-1)^{(1+2)+(2+4)}\begin{vmatrix}0 & 2\\ 0 & 1\end{vmatrix}=0, A_6=(-1)^{(1+2)+(3+4)}\begin{vmatrix}0 & 1\\ 0 & 0\end{vmatrix}=0 \end{cases}$$

二阶子式 M 中元素的行标分别对应行列式 A 的第一行与第二行，而 M 的列标则对应 A 的不同两列．因此行列式 A 的拉普拉斯展开式为

$$\begin{aligned} A&=M_1A_1+M_2A_2+M_3A_3+M_4A_4+M_5A_5+M_6A_6\\ &=3\times 3+2\times(-2)+0\times 1+1\times 0+0\times 0+0\times 0=5 \end{aligned}$$

其实在此处由于 $M_3=0, M_5=0, M_6=0$，所以可不必计算 A_3, A_5, A_6 的值．

(2) 五阶行列式：

$$A=\begin{vmatrix}1 & 1 & 1 & 0 & 0\\ 1 & 2 & 3 & 0 & 0\\ 0 & 1 & 1 & 1 & 1\\ 0 & x_1 & x_2 & x_3 & x_4\\ 0 & x_1^2 & x_2^2 & x_3^2 & x_4^2\end{vmatrix}$$

按照第一行和第二行展开，则二阶子式 M 有 $\mathrm{C}_n^2=6$ 种，即其中只有 3 个不为零，$M_1=\begin{vmatrix}1&1\\1&2\end{vmatrix}=1, M_2=\begin{vmatrix}1&1\\1&3\end{vmatrix}=2, M_3=\begin{vmatrix}1&1\\2&3\end{vmatrix}=1$，它们所对应的代数余子式为

$$A_1=(-1)^{(1+2)+(1+2)}\begin{vmatrix}1&1&1\\x_2&x_3&x_4\\x_2^2&x_3^2&x_4^2\end{vmatrix}\overset{\text{范德蒙行列式}}{=\!=\!=}(x_3-x_2)(x_4-x_2)(x_4-x_3)$$

$$A_2=(-1)^{(1+2)+(1+3)}\begin{vmatrix}1&1&1\\x_1&x_3&x_4\\x_1^2&x_3^2&x_4^2\end{vmatrix}=-(x_3-x_1)(x_4-x_1)(x_4-x_3)$$

$$A_3=(-1)^{(1+2)+(2+3)}\begin{vmatrix}0&1&1\\0&x_3&x_4\\0&x_3^2&x_4^2\end{vmatrix}=0$$

因此行列式 A 的拉普拉斯展开式为

$$\begin{aligned}A&=M_1A_1+M_2A_2+M_3A_3\\&=(x_3-x_2)(x_4-x_2)(x_4-x_3)-2(x_3-x_1)(x_4-x_1)(x_4-x_3)\end{aligned}$$

拉普拉斯定理的推论：

$$(1)\quad A=\begin{vmatrix}a_{11}&a_{12}&\cdots&a_{1n}&0&0&\cdots&0\\a_{21}&a_{22}&\cdots&a_{2n}&0&0&\cdots&0\\\vdots&\vdots&&\vdots&\vdots&\vdots&&\vdots\\a_{n1}&a_{n2}&\cdots&a_{nn}&0&0&\cdots&0\\-1&0&\cdots&0&b_{11}&b_{12}&\cdots&b_{1m}\\0&-1&\cdots&0&b_{21}&b_{22}&\cdots&b_{2m}\\\vdots&\vdots&&\vdots&\vdots&\vdots&&\vdots\\0&0&\cdots&-1&b_{m1}&b_{m2}&\cdots&b_{mm}\end{vmatrix}$$

$$=\begin{vmatrix}a_{11}&a_{12}&\cdots&a_{1n}\\a_{21}&a_{22}&\cdots&a_{2n}\\\vdots&\vdots&&\vdots\\a_{n1}&a_{n2}&\cdots&a_{nn}\end{vmatrix}\begin{vmatrix}b_{11}&b_{12}&\cdots&b_{1m}\\b_{21}&b_{22}&\cdots&b_{2m}\\\vdots&\vdots&&\vdots\\b_{m1}&b_{m2}&\cdots&b_{mm}\end{vmatrix}$$

证明：A按前n行展开，n阶子式M只有一项不为零，即

$$A=(-1)^{(1+2+\cdots+n)+(1+2+\cdots+n)}\begin{vmatrix}a_{11}&a_{12}&\cdots&a_{1n}\\a_{21}&a_{22}&\cdots&a_{2n}\\\vdots&\vdots&&\vdots\\a_{n1}&a_{n2}&\cdots&a_{nn}\end{vmatrix}\begin{vmatrix}b_{11}&b_{12}&\cdots&b_{1m}\\b_{21}&b_{22}&\cdots&b_{2m}\\\vdots&\vdots&&\vdots\\b_{m1}&b_{m2}&\cdots&b_{mm}\end{vmatrix}$$

$(-1)^{(1+2+\cdots+n)+(1+2+\cdots+n)}$ 中幂指数对应 n 阶子式 M 所在的行与列，且 $(-1)^{(1+2+\cdots+n)+(1+2+\cdots+n)}=(-1)^{(1+n)n}=1$，因此结论(1)成立.

(2) $$B=\begin{vmatrix}0&0&\cdots&0&a_{11}&a_{12}&\cdots&a_{1n}\\0&0&\cdots&0&a_{21}&a_{22}&\cdots&a_{2n}\\\vdots&\vdots&&\vdots&\vdots&\vdots&&\vdots\\0&0&\cdots&0&a_{n1}&a_{n2}&\cdots&a_{nn}\\b_{11}&b_{12}&\cdots&b_{1m}&-1&0&\cdots&0\\b_{21}&b_{22}&\cdots&b_{2m}&0&-1&\cdots&0\\\vdots&\vdots&&\vdots&\vdots&\vdots&&\vdots\\b_{m1}&b_{m2}&\cdots&b_{mm}&0&0&\cdots&-1\end{vmatrix}$$

$$=(-1)^{mn}\begin{vmatrix}a_{11}&a_{12}&\cdots&a_{1n}\\a_{21}&a_{22}&\cdots&a_{2n}\\\vdots&\vdots&&\vdots\\a_{n1}&a_{n2}&\cdots&a_{nn}\end{vmatrix}\begin{vmatrix}b_{11}&b_{12}&\cdots&b_{1m}\\b_{21}&b_{22}&\cdots&b_{2m}\\\vdots&\vdots&&\vdots\\b_{m1}&b_{m2}&\cdots&b_{mm}\end{vmatrix}$$

证明：按B的前n行展开n阶子式M只有一项不为零，即

$$B=(-1)^{(1+2+\cdots+n)+((m+1)+(m+2)+\cdots(m+n))}\begin{vmatrix}a_{11}&a_{12}&\cdots&a_{1n}\\a_{21}&a_{22}&\cdots&a_{2n}\\\vdots&\vdots&&\vdots\\a_{n1}&a_{n2}&\cdots&a_{nn}\end{vmatrix}\begin{vmatrix}b_{11}&b_{12}&\cdots&b_{1m}\\b_{21}&b_{22}&\cdots&b_{2m}\\\vdots&\vdots&&\vdots\\b_{m1}&b_{m2}&\cdots&b_{mm}\end{vmatrix}$$

$(-1)^{(1+2+\cdots n)+((m+1)+(m+2)+\cdots(m+m))}=(-1)^{mn+n(1+n)}=(-1)^{mn}$ 中幂指数对应 n 阶子式 M 所在的行与列．特别注意，a_{11}所在的列为m+1，而非第 1 列，因此结论(2)成立.

(3) $$C=\begin{vmatrix} 0 & 0 & \cdots & 0 & a_{11} & a_{12} & \cdots & a_{1n} \\ 0 & 0 & \cdots & 0 & a_{21} & a_{22} & \cdots & a_{2n} \\ \vdots & \vdots & & \vdots & \vdots & \vdots & & \vdots \\ 0 & 0 & \cdots & 0 & a_{n1} & a_{n2} & \cdots & a_{nn} \\ -1 & 0 & \cdots & 0 & -1 & 0 & \cdots & 0 \\ 0 & -1 & \cdots & 0 & 0 & -1 & \cdots & 0 \\ \vdots & \vdots & & \vdots & \vdots & \vdots & & \vdots \\ 0 & 0 & \cdots & -1 & 0 & 0 & \cdots & -1 \end{vmatrix}=\begin{vmatrix} a_{11} & a_{12} & \cdots & a_{1n} \\ a_{21} & a_{22} & \cdots & a_{2n} \\ \vdots & \vdots & & \vdots \\ a_{n1} & a_{n2} & \cdots & a_{nn} \end{vmatrix}$$

证明： 当推论(2)$m=n$，且

$$\begin{vmatrix} b_{11} & b_{12} & \cdots & b_{1n} \\ b_{21} & b_{22} & \cdots & b_{2n} \\ \vdots & \vdots & & \vdots \\ b_{n1} & b_{n2} & \cdots & b_{nn} \end{vmatrix}=\begin{vmatrix} -1 & 0 & \cdots & 0 \\ 0 & -1 & \cdots & 0 \\ \vdots & \vdots & & \vdots \\ 0 & 0 & \cdots & -1 \end{vmatrix}_{n\times n}$$

时，$B=C$，可得

$$C=(-1)^{n^2}\begin{vmatrix} a_{11} & a_{12} & \cdots & a_{1n} \\ a_{21} & a_{22} & \cdots & a_{2n} \\ \vdots & \vdots & & \vdots \\ a_{n1} & a_{n2} & \cdots & a_{nn} \end{vmatrix}\begin{vmatrix} -1 & 0 & \cdots & 0 \\ 0 & -1 & \cdots & 0 \\ \vdots & \vdots & & \vdots \\ 0 & 0 & \cdots & -1 \end{vmatrix}$$

$$=(-1)^{n^2}\begin{vmatrix} a_{11} & a_{12} & \cdots & a_{1n} \\ a_{21} & a_{22} & \cdots & a_{2n} \\ \vdots & \vdots & & \vdots \\ a_{n1} & a_{n2} & \cdots & a_{nn} \end{vmatrix}\cdot(-1)^n=(-1)^{(n+1)n}\begin{vmatrix} a_{11} & a_{12} & \cdots & a_{1n} \\ a_{21} & a_{22} & \cdots & a_{2n} \\ \vdots & \vdots & & \vdots \\ a_{n1} & a_{n2} & \cdots & a_{nn} \end{vmatrix}$$

$$=\begin{vmatrix} a_{11} & a_{12} & \cdots & a_{1n} \\ a_{21} & a_{22} & \cdots & a_{2n} \\ \vdots & \vdots & & \vdots \\ a_{n1} & a_{n2} & \cdots & a_{nn} \end{vmatrix}$$

因此结论(3)正确.

(4) $$A=\begin{vmatrix} a_{11} & a_{12} & \cdots & a_{1n} & 0 & 0 & \cdots & 0 \\ a_{21} & a_{22} & \cdots & a_{2n} & 0 & 0 & \cdots & 0 \\ \vdots & \vdots & & \vdots & \vdots & \vdots & & \vdots \\ a_{n1} & a_{n2} & \cdots & a_{nn} & 0 & 0 & \cdots & 0 \\ -1 & 0 & \cdots & 0 & b_{11} & b_{12} & \cdots & b_{1n} \\ 0 & -1 & \cdots & 0 & b_{21} & b_{22} & \cdots & b_{2n} \\ \vdots & \vdots & & \vdots & \vdots & \vdots & & \vdots \\ 0 & 0 & \cdots & -1 & b_{n1} & b_{n2} & \cdots & b_{nn} \end{vmatrix}$$

$$=\begin{vmatrix} a_{11}b_{11}+\cdots+a_{1n}b_{n1} & a_{11}b_{12}+\cdots+a_{1n}b_{n2} & \cdots & a_{11}b_{1n}+\cdots+a_{1n}b_{nn} \\ a_{21}b_{11}+\cdots+a_{2n}b_{n1} & a_{21}b_{12}+\cdots+a_{2n}b_{n2} & \cdots & a_{21}b_{1n}+\cdots+a_{2n}b_{nn} \\ \vdots & \vdots & & \vdots \\ a_{n1}b_{11}+\cdots+a_{nn}b_{n1} & a_{n1}b_{12}+\cdots+a_{nn}b_{n2} & \cdots & a_{n1}b_{1n}+\cdots+a_{nn}b_{nn} \end{vmatrix}$$

证明：

$$A=\begin{vmatrix} a_{11} & a_{12} & \cdots & a_{1n} & 0 & 0 & \cdots & 0 \\ a_{21} & a_{22} & \cdots & a_{2n} & 0 & 0 & \cdots & 0 \\ \vdots & \vdots & & \vdots & \vdots & \vdots & & \vdots \\ a_{n1} & a_{n2} & \cdots & a_{nn} & 0 & 0 & \cdots & 0 \\ -1 & 0 & \cdots & 0 & b_{11} & b_{12} & \cdots & b_{1n} \\ 0 & -1 & \cdots & 0 & b_{21} & b_{22} & \cdots & b_{2n} \\ \vdots & \vdots & & \vdots & \vdots & \vdots & & \vdots \\ 0 & 0 & \cdots & -1 & b_{n1} & b_{n2} & \cdots & b_{nn} \end{vmatrix} \xlongequal{r_n+a_{n1}\cdot r_{n+1}+\cdots+a_{nn}\cdot r_{n+n}}$$

$$=\begin{vmatrix} a_{11} & a_{12} & \cdots & a_{1n} & 0 & 0 & \cdots & 0 \\ a_{21} & a_{22} & \cdots & a_{2n} & 0 & 0 & \cdots & 0 \\ \vdots & \vdots & & \vdots & \vdots & \vdots & & \vdots \\ 0 & 0 & \cdots & 0 & a_{n1}b_{11}+\cdots+a_{nn}b_{n1} & a_{n1}b_{12}+\cdots+a_{nn}b_{n2} & \cdots & a_{n1}b_{1n}+\cdots+a_{nn}b_{nn} \\ -1 & 0 & \cdots & 0 & b_{11} & b_{12} & \cdots & b_{1n} \\ 0 & -1 & \cdots & 0 & b_{21} & b_{22} & \cdots & b_{2n} \\ \vdots & \vdots & & \vdots & \vdots & \vdots & & \vdots \\ 0 & 0 & \cdots & -1 & b_{n1} & b_{n2} & \cdots & b_{nn} \end{vmatrix}$$

…(以此类推)

$$=\begin{vmatrix} 0 & 0 & \cdots & 0 & a_{11}b_{11}+\cdots+a_{1n}b_{n1} & a_{11}b_{12}+\cdots+a_{1n}b_{n2} & \cdots & a_{11}b_{1n}+\cdots+a_{1n}b_{nn} \\ 0 & 0 & \cdots & 0 & a_{21}b_{11}+\cdots+a_{2n}b_{n1} & a_{21}b_{12}+\cdots+a_{2n}b_{n2} & \cdots & a_{21}b_{1n}+\cdots+a_{2n}b_{nn} \\ \vdots & \vdots & & \vdots & \vdots & \vdots & & \vdots \\ 0 & 0 & \cdots & 0 & a_{n1}b_{11}+\cdots+a_{nn}b_{n1} & a_{n1}b_{12}+\cdots+a_{nn}b_{n2} & \cdots & a_{n1}b_{1n}+\cdots+a_{nn}b_{nn} \\ -1 & 0 & \cdots & 0 & b_{11} & b_{12} & \cdots & b_{1n} \\ 0 & -1 & \cdots & 0 & b_{21} & b_{22} & \cdots & b_{2n} \\ \vdots & \vdots & & \vdots & \vdots & \vdots & & \vdots \\ 0 & 0 & \cdots & -1 & b_{n1} & b_{n2} & \cdots & b_{nn} \end{vmatrix}$$

根据推论(3)可得

$$上式=\begin{vmatrix} a_{11}b_{11}+\cdots+a_{1n}b_{n1} & a_{11}b_{12}+\cdots+a_{1n}b_{n2} & \cdots & a_{11}b_{1n}+\cdots+a_{1n}b_{nn} \\ a_{21}b_{11}+\cdots+a_{2n}b_{n1} & a_{21}b_{12}+\cdots+a_{2n}b_{n2} & \cdots & a_{21}b_{1n}+\cdots+a_{2n}b_{nn} \\ \vdots & \vdots & & \vdots \\ a_{n1}b_{11}+\cdots+a_{nn}b_{n1} & a_{n1}b_{12}+\cdots+a_{nn}b_{n2} & \cdots & a_{n1}b_{1n}+\cdots+a_{nn}b_{nn} \end{vmatrix}$$

因此结论(4)正确.

1.2　行列式典型习题分析

1.2.1 行列式典型证明题分析

行列式的证明题主要分为逆序数证明题、行列式性质证明题和行列式展开证明题三种类型.

1．逆序数证明题

二阶、三阶行列式求值可采用对角线法则，然而这条对角线法则在对更高阶的行列式求值时不一定成立.

习题 1(同济大学数学系编《线性代数(第六版)》例 5)　证明下面对角行列式、反对角行列式、上三角行列式、下三角行列式求值成立.

$$\begin{vmatrix} a_{11} & 0 & 0 & \cdots & 0 \\ 0 & a_{22} & 0 & \cdots & 0 \\ 0 & 0 & a_{33} & \cdots & 0 \\ \vdots & \vdots & \vdots & & \vdots \\ 0 & 0 & 0 & \cdots & a_{nn} \end{vmatrix} = a_{11}a_{22}a_{33}\cdots a_{nn} \qquad ①$$

$$\begin{vmatrix} 0 & 0 & \cdots & 0 & a_{1,n} \\ 0 & 0 & \cdots & a_{2,n-1} & 0 \\ \vdots & \vdots & & \vdots & \vdots \\ 0 & a_{n-1,2} & \cdots & 0 & 0 \\ a_{n,1} & 0 & \cdots & 0 & 0 \end{vmatrix} = (-1)^{n(n-1)/2} a_{1,n}a_{2,n-1}a_{3,n-2}\cdots a_{n,1} \qquad ②$$

证明：行列式①中 $a_{ij}=0(i\neq j)$，而根据 n 阶行列式求值公式(1.7)可知，第一行不为零的元素只能取 a_{11}，第二行只能取 a_{22}，以此类推，行列式①的多项式只有1项，即 $(-1)^{\tau(12\cdots n)}a_{11}a_{22}\cdots a_{nn}$，其余项为零，且此项逆序数为行列式的顺序排列，故 $(-1)^{\tau(12\cdots n)}=1$，因此式①成立．即对角行列式的值等于行列式对角线元素之积．

行列式②也采用行列式求值公式(1.7)计算，行列式行标按自然数的顺序排列，则多项式 $a_{1j_1}a_{2j_2}\cdots a_{nj_n}$ 中列标必须按倒序排列，否则为零．即求值多项式只有一项 $a_{1,n}a_{2,n-1}\cdots a_{n,1}\neq 0$，且该项的逆序数为

$$\tau(n,n-1,\cdots,1)=0+1+\cdots+n-1=n(n-1)/2$$

当 n=3，副对角线元素乘积取负号，而 n=4 副对角线元素乘积取正号．因此行列式的对角线法则在高阶行列式求值时不一定成立．

等式②证明方法二：利用行列式的对换性质，将其变成上三角形式，具体过程如下：

$$\begin{vmatrix} 0 & 0 & \cdots & 0 & a_{1,n} \\ 0 & 0 & \cdots & a_{2,n-1} & 0 \\ \vdots & \vdots & & \vdots & \vdots \\ 0 & a_{n-1,2} & \cdots & 0 & 0 \\ a_{n,1} & 0 & \cdots & 0 & 0 \end{vmatrix}$$

$$\xlongequal[c_n\leftrightarrow c_{n-1},\ c_{n-1}\leftrightarrow c_{n-2}\cdots,\ c_2\leftrightarrow c_1]{a_{1n}\text{所在的列与邻列对换}} (-1)^{n-1}\begin{vmatrix} a_{1,n} & 0 & 0 & \cdots & 0 \\ 0 & 0 & 0 & \cdots & a_{2,n-1} \\ \vdots & \vdots & \vdots & & \vdots \\ 0 & 0 & a_{n-1,2} & \cdots & 0 \\ 0 & a_{n,1} & 0 & \cdots & 0 \end{vmatrix}$$

$$\xlongequal[i=1,2,\cdots,n]{a_{i,n+1-i}\text{所在的列与邻列对换}} (-1)^{n-1}(-1)^{n-2}\cdots(-1)^{0}\begin{vmatrix} a_{1,n} & 0 & \cdots & 0 & 0 \\ 0 & a_{2,n-1} & \cdots & 0 & 0 \\ \vdots & \vdots & & \vdots & \vdots \\ 0 & 0 & \cdots & a_{n-1,2} & 0 \\ 0 & 0 & \cdots & 0 & a_{n,1} \end{vmatrix}$$

$$=(-1)^{n(n-1)/2}\begin{vmatrix} a_{1,n} & 0 & \cdots & 0 & 0 \\ 0 & a_{2,n-1} & \cdots & 0 & 0 \\ \vdots & \vdots & & \vdots & \vdots \\ 0 & 0 & \cdots & a_{n-1,2} & 0 \\ 0 & 0 & \cdots & 0 & a_{n,1} \end{vmatrix}=(-1)^{n(n-1)/2}a_{1,n}a_{2,n-1}a_{3,n-2}\cdots a_{n1}$$

推广：其他类型的三角行列式③~⑥求值公式成立.

$$\begin{vmatrix} a_{11} & a_{12} & a_{13} & \cdots & a_{1n} \\ 0 & a_{22} & a_{23} & \cdots & a_{2n} \\ 0 & 0 & a_{33} & \cdots & a_{3n} \\ \vdots & \vdots & \vdots & & \vdots \\ 0 & 0 & 0 & \cdots & a_{nn} \end{vmatrix}=a_{11}a_{22}a_{33}\cdots a_{nn} \qquad ③$$

$$\begin{vmatrix} a_{11} & 0 & 0 & \cdots & 0 \\ a_{21} & a_{22} & 0 & \cdots & 0 \\ a_{31} & a_{32} & a_{33} & \cdots & 0 \\ \vdots & \vdots & \vdots & & \vdots \\ a_{n1} & a_{n2} & a_{n3} & \cdots & a_{nn} \end{vmatrix}=a_{11}a_{22}a_{33}\cdots a_{nn} \qquad ④$$

$$\begin{vmatrix} a_{11} & a_{12} & \cdots & a_{1,n-1} & a_{1,n} \\ a_{21} & a_{22} & \cdots & a_{2,n-1} & 0 \\ \vdots & \vdots & & \vdots & \vdots \\ a_{n,1} & 0 & \cdots & 0 & 0 \end{vmatrix}=(-1)^{n(n-1)/2}a_{1n}a_{2,n-1}a_{3,n-2}\cdots a_{n1} \qquad ⑤$$

$$\begin{vmatrix} 0 & 0 & \cdots & 0 & a_{1,n} \\ 0 & 0 & \cdots & a_{2,n-1} & a_{2,n} \\ \vdots & \vdots & & \vdots & \vdots \\ a_{n,1} & a_{n,2} & \cdots & a_{n,n-1} & a_{n,n} \end{vmatrix}=(-1)^{n(n-1)/2}a_{1n}a_{2,n-1}a_{3,n-2}\cdots a_{n1} \qquad ⑥$$

习题 2(四川大学数学学院高等数学教研室编《高等数学第三册(第三版)》第一章第一节例 3)　行列式一行(列)中只有一个非零元素，行列式值满足式⑦或式⑧.

$$D=\begin{vmatrix} a_{11} & 0 & 0 & \cdots & 0 \\ a_{21} & a_{22} & a_{23} & \cdots & a_{2n} \\ a_{31} & a_{32} & a_{33} & \cdots & a_{3n} \\ \vdots & \vdots & \vdots & & \vdots \\ a_{n1} & a_{n2} & a_{n3} & \cdots & a_{nn} \end{vmatrix}=a_{11}\begin{vmatrix} a_{22} & a_{23} & \cdots & a_{2n} \\ a_{32} & a_{33} & \cdots & a_{3n} \\ \vdots & \vdots & & \vdots \\ a_{n2} & a_{n3} & \cdots & a_{nn} \end{vmatrix} \qquad ⑦$$

$$A=\begin{vmatrix} a_{11} & \cdots & a_{1,j-1} & a_{1,j} & a_{1,j+1} & \cdots & a_{1,n} \\ \vdots & & \vdots & \vdots & \vdots & & \vdots \\ a_{i-1,1} & \cdots & a_{i-1,j-1} & a_{i-1,j} & a_{i-1,j+1} & \cdots & a_{i-1,n} \\ 0 & 0 & 0 & a_{i,j} & 0 & 0 & 0 \\ a_{i+1,1} & \cdots & a_{i+1,j-1} & a_{i+1,j} & a_{i+1,j+1} & \cdots & a_{i+1,n} \\ \vdots & & \vdots & \vdots & \vdots & & \vdots \\ a_{n,1} & \cdots & a_{n,j-1} & a_{n,j} & a_{n,j+1} & \cdots & a_{n,n} \end{vmatrix}=a_{ij}A_{ij} \quad ⑧$$

证明：根据行列式求值公式(1.7)可知式⑦左端 D 满足

$$D=\sum_{j_1j_2\cdots j_n}(-1)^{\tau(j_1j_2\cdots j_n)}a_{1j_1}a_{2j_2}\cdots a_{nj_n}$$

$$\overset{\text{只有}a_{11}\neq 0}{\underset{\text{故}j_1=1}{=\!=\!=}}\sum_{1j_2\cdots j_n}(-1)^{\tau(1j_2\cdots j_n)}a_{11}a_{2j_2}\cdots a_{nj_n}$$

$$\overset{\text{1为自然数最小值不影响逆序数}}{\underset{a_{11}\text{为公因子项可提出}}{=\!=\!=\!=\!=\!=}}a_{11}\sum_{j_2\cdots j_n}(-1)^{\tau(j_2\cdots j_n)}a_{2j_2}\cdots a_{nj_n}$$

$$=a_{11}\begin{vmatrix} a_{22} & a_{23} & \cdots & a_{2n} \\ a_{32} & a_{33} & \cdots & a_{3n} \\ \vdots & \vdots & & \vdots \\ a_{n2} & a_{n3} & \cdots & a_{nn} \end{vmatrix}$$

当 a_{11} 提出后，后面的求和项正是 a_{11} 的余子式 M_{11}，公式⑦证毕，即行列式 A 的第一行（列）元素中若只有 $a_{11}\neq 0$，那么行列式 A 的值满足 $A=a_{11}A_{11}=a_{11}(-1)^{1+1}M_{11}=a_{11}M_{11}$，现在将其推广到一般情况即式⑧.

$$A=\begin{vmatrix} a_{11} & \cdots & a_{1,j-1} & a_{1,j} & a_{1,j+1} & \cdots & a_{1,n} \\ \vdots & & \vdots & \vdots & \vdots & & \vdots \\ a_{i-1,1} & \cdots & a_{i-1,j-1} & a_{i-1,j} & a_{i-1,j+1} & \cdots & a_{i-1,n} \\ 0 & 0 & 0 & a_{i,j} & 0 & 0 & 0 \\ a_{i+1,1} & \cdots & a_{i+1,j-1} & a_{i+1,j} & a_{i+1,j+1} & \cdots & a_{i+1,n} \\ \vdots & & \vdots & \vdots & \vdots & & \vdots \\ a_{n,1} & \cdots & a_{n,j-1} & a_{n,j} & a_{n,j+1} & \cdots & a_{n,n} \end{vmatrix}$$

$$\xlongequal[i-1\text{次对换可变到第1行}]{a_{ij}\text{所在的行与邻行对换}}\begin{vmatrix} 0 & \cdots & 0 & a_{i,j} & 0 & 0 & 0 \\ a_{11} & \cdots & a_{1,j-1} & a_{1,j} & a_{1,j+1} & \cdots & a_{1,n} \\ \vdots & & \vdots & \vdots & \vdots & & \vdots \\ a_{i-1,1} & \cdots & a_{i-1,j-1} & a_{i-1,j} & a_{i-1,j+1} & \cdots & a_{i-1,n} \\ a_{i+1,1} & \cdots & a_{i+1,j-1} & a_{i+1,j} & a_{i+1,j+1} & \cdots & a_{i+1,n} \\ \vdots & & \vdots & \vdots & \vdots & & \vdots \\ a_{n,1} & \cdots & a_{n,j-1} & a_{n,j} & a_{n,j+1} & \cdots & a_{n,n} \end{vmatrix}\cdot(-1)^{i-1}$$

$$\xlongequal[j-1\text{次对换可变到第1列}]{a_{ij}\text{所在的列与邻列对换}}\begin{vmatrix} a_{i,j} & 0 & 0 & 0 & 0 & 0 & 0 \\ a_{1,j} & a_{11} & \cdots & a_{1,j-1} & a_{1,j+1} & \cdots & a_{1,n} \\ \vdots & \vdots & & \vdots & \vdots & & \vdots \\ a_{i-1,j} & a_{i-1,1} & \cdots & a_{i-1,j-1} & a_{i-1,j+1} & \cdots & a_{i-1,n} \\ a_{i+1,j} & a_{i+1,1} & \cdots & a_{i+1,j-1} & a_{i+1,j+1} & \cdots & a_{i+1,n} \\ \vdots & \vdots & & \vdots & \vdots & & \vdots \\ a_{n,j} & a_{n,1} & \cdots & a_{n,j-1} & a_{n,j+1} & \cdots & a_{n,n} \end{vmatrix}\cdot(-1)^{j-1}\cdot(-1)^{i-1}$$

$$=a_{ij}(-1)^{i+j}\begin{vmatrix} a_{11} & \cdots & a_{1,j-1} & a_{1,j+1} & \cdots & a_{1n} \\ \vdots & & \vdots & \vdots & & \vdots \\ a_{i-1,1} & \cdots & a_{i-1,j-1} & a_{i-1,j+1} & \cdots & a_{i-1,n} \\ a_{i+1,1} & \cdots & a_{i+1,j-1} & a_{i+1,j+1} & \cdots & a_{i+1,n} \\ \vdots & & \vdots & \vdots & & \vdots \\ a_{n1} & \cdots & a_{n,j-1} & a_{n,j+1} & \cdots & a_{n,n} \end{vmatrix}=a_{ij}A_{ij}$$

式⑧证毕；即行列式 A 的第 i 行(或 j 列)元素中若只有 $a_{ij}\neq 0$，那么行列式 A 的值满足 $A=a_{ij}A_{ij}=a_{11}(-1)^{i+j}M_{ij}$，该条性质在行列式中应用广泛，特别是行列式按行或者按列展开时的依据就是式⑧.

习题 3(同济大学数学系编《线性代数(第六版)》第一章例 12)　范德蒙行列式的证明，即证明下面范德蒙行列式成立.

$$V(x_1,x_2,\ldots,x_n)=\begin{vmatrix} 1 & 1 & 1 & \cdots & 1 \\ x_1 & x_2 & x_3 & \cdots & x_n \\ x_1^2 & x_2^2 & x_3^2 & \cdots & x_n^2 \\ \vdots & \vdots & \vdots & & \vdots \\ x_1^{n-1} & x_2^{n-1} & x_3^{n-1} & \cdots & x_n^{n-1} \end{vmatrix}=\prod_{1\leqslant j<i\leqslant n}(x_i-x_j) \qquad ⑨$$

证明：数学归纳法证明(若 k=2 成立，假设 k=n−1 时成立，只需证明 k=n 成立即可).

n=2 时，$V(x_1,x_2)=\begin{vmatrix}1 & 1\\ x_1 & x_2\end{vmatrix}=x_2-x_1$；

假设 n−1 阶范德蒙行列式成立，即

$$V(x_2,\cdots,x_n)=\begin{vmatrix}1 & 1 & \cdots & 1\\ x_2 & x_3 & \cdots & x_n\\ \vdots & \vdots & & \vdots\\ x_2^{n-2} & x_3^{n-2} & \cdots & x_n^{n-2}\end{vmatrix}=\prod_{2\leqslant j\leqslant i\leqslant n}(x_i-x_j)$$

而 n 阶范德蒙行列式为

$$V(x_1,x_2,\cdots,x_n)=\begin{vmatrix}1 & 1 & 1 & \cdots & 1\\ x_1 & x_2 & x_3 & \cdots & x_n\\ x_1^2 & x_2^2 & x_3^2 & \cdots & x_n^2\\ \vdots & \vdots & \vdots & & \vdots\\ x_1^{n-1} & x_2^{n-1} & x_3^{n-1} & \cdots & x_n^{n-1}\end{vmatrix}$$

$$\xlongequal[i=n,n-1\cdots 2]{r_i-x_1\cdot r_{i-1}}\begin{vmatrix}1 & 1 & 1 & \cdots & 1\\ 0 & (x_2-x_1) & (x_3-x_1) & \cdots & (x_n-x_1)\\ 0 & x_2(x_2-x_1) & x_3(x_3-x_1) & \cdots & x_n(x_n-x_1)\\ \vdots & \vdots & \vdots & & \vdots\\ 0 & x_2^{n-2}(x_2-x_1) & x_3^{n-2}(x_3-x_1) & \cdots & x_n^{n-2}(x_n-x_1)\end{vmatrix}$$

$$\xlongequal{\text{按第一列展开}}\begin{vmatrix}(x_2-x_1) & (x_3-x_1) & \cdots & (x_n-x_1)\\ x_2(x_2-x_1) & x_3(x_3-x_1) & \cdots & x_n(x_n-x_1)\\ \vdots & \vdots & & \vdots\\ x_2^{n-2}(x_2-x_1) & x_3^{n-2}(x_3-x_1) & \cdots & x_n^{n-2}(x_n-x_1)\end{vmatrix}$$

$$\xlongequal{\text{提出公因子项}}\prod_{1<k\leqslant n}(x_k-x_1)\begin{vmatrix}1 & 1 & \cdots & 1\\ x_2 & x_3 & \cdots & x_n\\ \vdots & \vdots & & \vdots\\ x_2^{n-2} & x_3^{n-2} & \cdots & x_n^{n-2}\end{vmatrix}$$

$$\xlongequal{\text{将}n-1\text{阶范德蒙行列式结论代入}}\prod_{1<k\leqslant n}(x_k-x_1)\prod_{2\leqslant j<i\leqslant n}(x_i-x_j)=\prod_{1\leqslant j<i\leqslant n}(x_i-x_j)$$

即 n 阶范德蒙行列式也成立，所以公式⑨正确.

1.2.2 行列式典型求值习题分析

习题 4(四川大学数学学院高等数学教研室编《高等数学第三册(第三版)》第一章第二节例 3)　主对角线对称($D^{\mathrm{T}}=D$)的 n 阶行列式求值.

$$D=\begin{vmatrix} a & b & b & \cdots & b \\ b & a & b & \cdots & b \\ b & b & a & \cdots & b \\ \vdots & \vdots & \vdots & & \vdots \\ b & b & b & \cdots & a \end{vmatrix}$$

解析：n 行列式很有规律，除了对角线元素为 a 外，其余元素都是 b，每行(列)所有元素之和为 $a+(n-1)b$．另外，行列式 D 的任意两行(或两列)只有两个元素位置不同，其余的都相同，所以最简便的求解方法有两种.

解法一：行列式 D 的每一行(列)元素之和相同，且都是 $a+(n-1)b$，因此根据行列式的性质五，可得

$$D\xlongequal[i=2,\cdots,n]{c_1+c_i}\begin{vmatrix} a+(n-1)b & b & b & \cdots & b \\ a+(n-1)b & a & b & \cdots & b \\ a+(n-1)b & b & a & \cdots & b \\ \vdots & \vdots & \vdots & & \vdots \\ a+(n-1)b & b & b & \cdots & a \end{vmatrix}$$

$$\xlongequal{c_1\div(a+(n-1)b)}\left[a+(n-1)b\right]\cdot\begin{vmatrix} 1 & b & b & \cdots & b \\ 1 & a & b & \cdots & b \\ 1 & b & a & \cdots & b \\ \vdots & \vdots & \vdots & & \vdots \\ 1 & b & b & \cdots & a \end{vmatrix}$$

(注：此行列式的任意两行除了某一列标上所对应的元素不同，其余列标位置上对应元素全部相同，因此可将任一行与第一行相减)

$$D\xlongequal[i=2\cdots n]{r_i-r_1}\left[a+(n-1)b\right]\cdot\begin{vmatrix} 1 & b & b & \cdots & b \\ 0 & a-b & 0 & \cdots & 0 \\ 0 & 0 & a-b & \cdots & 0 \\ \vdots & \vdots & \vdots & & \vdots \\ 0 & 0 & 0 & \cdots & a-b \end{vmatrix}$$

$$=\left[a+(n-1)b\right]\cdot(a-b)^{n-1}$$

解法二：任意的两行相比，除了两个位置所对应的元素不同，其余位置上的元素，相同. 因此根据行列式的性质五，用下面的行与第一行相减，可得

$$D\xlongequal[i=2,\cdots,n]{r_i-r_1}\begin{vmatrix} a & b & b & \cdots & b \\ b-a & a-b & 0 & \cdots & 0 \\ b-a & 0 & a-b & \cdots & 0 \\ \vdots & \vdots & \vdots & & \vdots \\ b-a & 0 & 0 & \cdots & a-b \end{vmatrix}$$

(注：此行列式除第一行外，其余行上所有元素之和为 0，因此可将第一列与其余列相加)

$$D\xlongequal[i=2,\cdots,n]{c_1+c_i}\begin{vmatrix} a+(n-1)b & b & b & \cdots & b \\ 0 & a-b & 0 & \cdots & 0 \\ 0 & 0 & a-b & \cdots & 0 \\ \vdots & \vdots & \vdots & & \vdots \\ 0 & 0 & 0 & \cdots & a-b \end{vmatrix}$$

$$=\left[a+(n-1)b\right]\cdot(a-b)^{n-1}$$

习题 5(四川大学数学学院高等数学教研室编《高等数学第三册(第三版)》第一章第三节例 2) 副对角线对称的 n 阶行列式求值.

$$D_n=\begin{vmatrix} a & c & c & \cdots & c \\ b & a & c & \cdots & c \\ b & b & a & \cdots & c \\ \vdots & \vdots & \vdots & & \vdots \\ b & b & b & \cdots & a \end{vmatrix}$$

解析：n 阶行列式 D_n 的规律为对角线元素为 a，主对角线上面元素都是 c，主对角线下面元素全是 b，行列式转置后相当于 b 与 c 元素位置互换. 而行列式转置的值不变，可充分利用此点来求 D_n 的值.

解：通过观察可以看出行列式 D_n 关于副对角线对称，且任意相邻的两行除了两个元素不同外，其余元素全部相同，因此对此行列式求值，可采用相邻两行相减方法求值.

$$D_n \xlongequal[i=n\cdots 2]{r_i - r_{i-1}} \begin{vmatrix} a-b & c-a & 0 & \cdots & 0 & 0 \\ 0 & a-b & c-a & \cdots & 0 & 0 \\ 0 & 0 & a-b & \cdots & 0 & 0 \\ \vdots & \vdots & \vdots & & \vdots & \vdots \\ 0 & 0 & 0 & \cdots & a-b & c-a \\ b & b & b & \cdots & b & a \end{vmatrix}$$

(此行列式 D_n 第一行只有 a_{11},a_{12} 两个元素不为零，可按第一行展开 $D_n = a_{11}A_{11} + a_{12}A_{12}$)

$$D_n = (a-b)\begin{vmatrix} a-b & c-a & \cdots & 0 & 0 \\ 0 & a-b & \cdots & 0 & 0 \\ \vdots & \vdots & & \vdots & \vdots \\ 0 & 0 & \cdots & a-b & c-a \\ b & b & \cdots & b & a \end{vmatrix}$$

$$+b(-1)^{n+1}\begin{vmatrix} c-a & 0 & \cdots & 0 & 0 \\ a-b & c-a & \cdots & 0 & 0 \\ 0 & a-b & \cdots & 0 & 0 \\ \vdots & \vdots & & \vdots & \vdots \\ 0 & 0 & \cdots & a-b & c-a \end{vmatrix} \quad ⑩$$

$$=(a-b)D_{n-1} + b(-1)^{n+1}(c-a)^{n-1}$$

$$=(a-b)D_{n-1} + b(a-c)^{n-1}$$

[D_n 的展开行列式第一项对应 D_{n-1}，第二项下三角行列式值为 $b(-1)^{n+1}(c-a)^{n-1}$]

采用类似的方法，可以求出 D_n^{T} (D_n^{T} 的结果相当于把 D 结论里面的 b 换成 c)，

$$D_n^{\mathrm{T}} = (a-c)D_{n-1}^{\mathrm{T}} + c(-1)^{n+1}(b-a)^{n-1}$$

根据行列式转置性质 $D_n = D_n^{\mathrm{T}}$，上式等价于

$$D_n = (a-c)D_{n-1} + c(a-b)^{n-1} \quad ⑪$$

由式⑩和式⑪消去 D_{n-1}^{T}，可得

$$D_n = \frac{b(a-c)^n - c(a-b)^n}{b-c} \quad (b \neq c)$$

当 $b=c$ 时，D_n 的求解方法见本章习题 4.

习题 6 (四川大学数学学院高等数学教研室编《高等数学第三册(第三版)》第一章习题 11)　行列式化简求值.

$$D=\begin{vmatrix} a & b & c & d \\ a & a+b & a+b+c & a+b+c+d \\ a & 2a+b & 3a+2b+c & 4a+3b+2c+d \\ a & 3a+b & 6a+3b+c & 10a+6b+3c+d \end{vmatrix}$$

解析：行列式 D 的规律每列都有相同的元素，所以可采用所有行与第一行相减(r_i-r_1)，也可以用下面的行减去上面的相邻行(r_i-r_{i-1})，此后按第一列展开. 另外 D 的第一列元素相同，因此可以提出，然后每列可减去相同元素.

解法一：对行列式 D 的行进行操作，下面行分别与第一行相减，即

$$D\xlongequal[i=2,3,4]{r_i-r_1}\begin{vmatrix} a & b & c & d \\ 0 & a & a+b & a+b+c \\ 0 & 2a & 3a+2b & 4a+3b+2c \\ 0 & 3a & 6a+3b & 10a+6b+3c \end{vmatrix}$$

$$\xlongequal[r_3-2r_2]{r_4-3r_2}\begin{vmatrix} a & b & c & d \\ 0 & a & a+b & a+b+c \\ 0 & 0 & a & 2a+b \\ 0 & 0 & 3a & 7a+3b \end{vmatrix}$$

$$\xlongequal{r_4-3r_3}\begin{vmatrix} a & b & c & d \\ 0 & a & a+b & a+b+c \\ 0 & 0 & a & 2a+b \\ 0 & 0 & 0 & a \end{vmatrix}=a^4$$

解法二：对行列式 D 行进行操作，下面行与上面的相邻行相减，即

$$D\xlongequal[i=2,3,4]{r_i-r_{i-1}}\begin{vmatrix} a & b & c & d \\ 0 & a & a+b & a+b+c \\ 0 & a & 2a+b & 3a+2b+c \\ 0 & a & 3a+b & 6a+3b+c \end{vmatrix}$$

$$\xrightarrow[r_3-r_2]{r_4-r_3}\begin{vmatrix} a & b & c & d \\ 0 & a & a+b & a+b+c \\ 0 & 0 & a & 2a+b \\ 0 & 0 & a & 3a+b \end{vmatrix}$$

$$\xrightarrow{r_4-r_3}\begin{vmatrix} a & b & c & d \\ 0 & a & a+b & a+b+c \\ 0 & 0 & a & 2a+b \\ 0 & 0 & 0 & a \end{vmatrix}=a^4$$

解法三：对行列式D的列进行操作，将a提出，后面列与前面列相减，即

$$D\xrightarrow{c_1\div a}a\begin{vmatrix} 1 & b & c & d \\ 1 & a+b & a+b+c & a+b+c+d \\ 1 & 2a+b & 3a+2b+c & 4a+3b+2c+d \\ 1 & 3a+b & 6a+3b+c & 10a+6b+3c+d \end{vmatrix}$$

$$\xrightarrow[c_4-d\cdot c_1]{\substack{c_2-b\cdot c_1\\ c_3-c\cdot c_1}}a\begin{vmatrix} 1 & 0 & 0 & 0 \\ 1 & a & a+b & a+b+c \\ 1 & 2a & 3a+2b & 4a+3b+2c \\ 1 & 3a & 6a+3b & 10a+6b+3c \end{vmatrix}\xrightarrow{c_2\div a}a^2\begin{vmatrix} 1 & 0 & 0 & 0 \\ 1 & 1 & a+b & a+b+c \\ 1 & 2 & 3a+2b & 4a+3b+2c \\ 1 & 3 & 6a+3b & 10a+6b+3c \end{vmatrix}$$

$$\xrightarrow[c_4-c\cdot c_2]{c_3-b\cdot c_2}a^2\begin{vmatrix} 1 & 0 & 0 & 0 \\ 1 & 1 & a & a+b \\ 1 & 2 & 3a & 4a+3b \\ 1 & 3 & 6a & 10a+6b \end{vmatrix}\xrightarrow{c_3\div a}a^3\begin{vmatrix} 1 & 0 & 0 & 0 \\ 1 & 1 & 1 & a+b \\ 1 & 2 & 3 & 4a+3b \\ 1 & 3 & 6 & 10a+6b \end{vmatrix}$$

$$\xrightarrow{c_4-b\cdot c_3}a^3\begin{vmatrix} 1 & 0 & 0 & 0 \\ 1 & 1 & 1 & a \\ 1 & 2 & 3 & 4a \\ 1 & 3 & 6 & 10a \end{vmatrix}\xrightarrow{c_4\div a}a^4\begin{vmatrix} 1 & 0 & 0 & 0 \\ 1 & 1 & 1 & 1 \\ 1 & 2 & 3 & 4 \\ 1 & 3 & 6 & 10 \end{vmatrix}$$

$$\xrightarrow[c_3-c_2]{c_4-c_3}a^4\begin{vmatrix} 1 & 0 & 0 & 0 \\ 1 & 1 & 0 & 0 \\ 1 & 2 & 1 & 1 \\ 1 & 3 & 3 & 4 \end{vmatrix}\xrightarrow{c_4-c_3}a^4\begin{vmatrix} 1 & 0 & 0 & 0 \\ 1 & 1 & 0 & 0 \\ 1 & 2 & 1 & 0 \\ 1 & 3 & 3 & 1 \end{vmatrix}=a^4$$

与行操作相比，列操作稍微复杂一些，但是行列式的值不变.

习题 7(四川大学数学学院高等数学教研室编《高等数学第三册(第三版)》第一章第二节例 1)　行列式求值.

$$D=\begin{vmatrix}3 & 1 & -1 & 2\\ -5 & 1 & 3 & -4\\ 2 & 0 & 1 & -1\\ 1 & -5 & 3 & -3\end{vmatrix}$$

解：此行列式的元素没有任何规律，一般解法让行列式 $D=\det\left(a_{ij}\right)$ 中 a_{11} 取值为 1，方便将第一行(列)其他元素变成 0．以此类推，将行列式 D 变成上三角形式.

$$D\xlongequal{c_1\leftrightarrow c_2}-\begin{vmatrix}1 & 3 & -1 & 2\\ 1 & -5 & 3 & -4\\ 0 & 2 & 1 & -1\\ -5 & 1 & 3 & -3\end{vmatrix}\xlongequal[r_4+5r_1]{r_2-r1}-\begin{vmatrix}1 & 3 & -1 & 2\\ 0 & -8 & 4 & -6\\ 0 & 2 & 1 & -1\\ 0 & 16 & -2 & 7\end{vmatrix}$$

$$\xlongequal{r_2\leftrightarrow r_3}\begin{vmatrix}1 & 3 & -1 & 2\\ 0 & 2 & 1 & -1\\ 0 & -8 & 4 & 6\\ 0 & 16 & -2 & 7\end{vmatrix}\xlongequal[r_4+8r_2]{r_3+4r_2}\begin{vmatrix}1 & 3 & -1 & 2\\ 0 & 2 & 1 & -1\\ 0 & 0 & 8 & -10\\ 0 & 0 & -10 & 15\end{vmatrix}$$

$$\xlongequal{r_4+\frac{5}{4}\cdot r_3}\begin{vmatrix}1 & 3 & -1 & 2\\ 0 & 2 & 1 & -1\\ 0 & 0 & 8 & -10\\ 0 & 0 & 0 & \frac{5}{2}\end{vmatrix}=1\times 2\times 8\times\frac{5}{2}=40$$

(注：为了方便计算，一般让 $a_{11}=1$，这样方便行列式的行或者列的化简，我们可以让第一行与第四行互换 $r_1\leftrightarrow r_4$，或第一列与第二列交换 $c_1\leftrightarrow c_2$．)

习题 8(四川大学数学学院高等数学教研室编《高等数学第三册(第三版)》第一章第二节例 2)　行列式求值.

$$D=\begin{vmatrix}a & b & c & d\\ a & d & c & b\\ c & d & a & b\\ c & b & a & d\end{vmatrix}$$

解析：行列式D邻行比较相似，隔列也比较相似，这分别对应解法一和解法二；另外行列式每行元素之和相同，这对应解法三．

解法一：一二行(三四行)相比较都是有两个元素位置相同，另外两个元素位置相反．故第一行与第二行相减，第三行与第四行相减，即

$$D\xlongequal[r_3-r_4]{r_1-r_2}\begin{vmatrix}0 & b-d & 0 & d-b\\ a & d & c & b\\ 0 & d-b & 0 & b-d\\ c & b & c & d\end{vmatrix}\xlongequal[r_1=-r_3\text{，满足行列式性质六}]{r_1,r_3\text{提出公因子}(b-d)\text{后两行相同}}0$$

解法二：一三列(二四列)相比较，元素之和一样．故第一列与第三列相加，第二列与第四列相加，可得

$$D\xlongequal[r_2+r_4]{r_1+r_3}\begin{vmatrix}a+c & b+d & c & d\\ a+c & b+d & c & b\\ a+c & b+d & a & b\\ a+c & b+d & a & d\end{vmatrix}\xlongequal{c_1\text{与}c_2\text{成比例，满足行列式性质六}}0$$

解法三：此行列式的每行元素之和相同，但是列标位置不同，所以可将其余列都加到第一列上，即

$$D\xlongequal{r_1+r_2+r_3+r_4}\begin{vmatrix}a+b+c+d & b & c & d\\ a+b+c+d & d & c & b\\ a+b+c+d & d & a & b\\ a+b+c+d & b & a & d\end{vmatrix}$$

$$\xlongequal{c_1\div(a+b+c+d)}(a+b+c+d)\begin{vmatrix}1 & b & c & d\\ 1 & d & c & b\\ 1 & d & a & b\\ 1 & b & a & d\end{vmatrix}$$

$$\xlongequal[r_3-r_4]{r_1-r_2}(a+b+c+d)\begin{vmatrix}0 & b-d & 0 & d-b\\ 1 & d & c & b\\ 0 & d-b & 0 & b-d\\ 1 & b & a & d\end{vmatrix}\xlongequal{r_1\text{与}r_3\text{成比例}}0$$

习题 9(四川大学数学学院高等数学教研室编《高等数学第三册(第三版)》第一章习题 13)　范德蒙行列式求值．

$$D_n=\begin{vmatrix} a_1^n & a_1^{n-1}b_1 & a_1^{n-2}b_1^2 & \cdots & a_1b_1^{n-1} & b_1^n \\ a_2^n & a_2^{n-1}b_2 & a_2^{n-2}b_2^2 & \cdots & a_2b_2^{n-1} & b_2^n \\ \vdots & \vdots & \vdots & & \vdots & \vdots \\ a_{n+1}^n & a_{n+1}^{n-1}b_{n+1} & a_{n+1}^{n-2}b_{n+1}^2 & \cdots & a_{n+1}b_{n+1}^{n-1} & b_{n+1}^n \end{vmatrix} \qquad \left(任意a_i\neq 0\right)$$

解析：此题看似与范德蒙行列式没关系，但是仔细观察发现每一行 a 的幂指数由高到低，而 b 的幂指数由低到高．D_n 中任一项 a 与 b 的幂指数之和为 n．若任意的 $a_i=1$ 或 $b_i=1$，则 D_n^{T} 正是范德蒙行列式．

解：可以先对 D_n 的每行进行操作，D_n 的任意 i 行提出 a_i^n，即

$$D_n\overset{r_i\div a_i^n}{=\!=\!=}\left(a_1^na_2^n\cdots a_{n+1}^n\right)\begin{vmatrix} 1 & b_1/a_1 & \left(b_1/a_1\right)^2 & \cdots & \left(b_1/a_1\right)^{n-1} & \left(b_1/a_1\right)^n \\ 1 & b_2/a_2 & \left(b_2/a_2\right)^2 & \cdots & \left(b_2/a_2\right)^{n-1} & \left(b_2/a_2\right)^n \\ \vdots & \vdots & \vdots & & \vdots & \vdots \\ 1 & b_{n+1}/a_{n+1} & \left(b_{n+1}/a_{n+1}\right)^2 & \cdots & \left(b_{n+1}/a_{n+1}\right)^{n-1} & \left(b_{n+1}/a_{n+1}\right)^n \end{vmatrix}$$

经过变换后的 D_n 正是范德蒙行列式的转置形式．由于 $D_n=D_n^{\mathrm{T}}$；所以上式 D_n 的值为

$$D_n=\left(a_1^na_2^n\cdots a_{n+1}^n\right)\prod_{1\leqslant j<i\leqslant n+1}\left(b_i/a_i-b_j/a_j\right)=\prod_{1\leqslant j<i\leqslant n+1}\left(a_jb_i-a_ib_j\right)$$

习题 10(四川大学数学学院高等数学教研室编《高等数学第三册(第三版)》第一章习题 14)　若 $x_1+x_2+x_3+x_4=1$，求行列式 D 的值．

$$D=\begin{vmatrix} 1 & 1 & 1 & 1 \\ x_1 & x_2 & x_3 & x_4 \\ x_1^2 & x_2^2 & x_3^2 & x_4^2 \\ x_1^4 & x_2^4 & x_3^4 & x_4^4 \end{vmatrix}$$

解析：此题看似与范德蒙行列式很相似，所以可将行列式 D 进行扩展，这对应解法一；另外行列式 D 每列元素形式比较相似，所以可对 D 的列进行操作，这对应解法二．

解法一：D 中若 $x_i^4\Rightarrow x_i^3$，则 D 是 4 阶范德蒙行列式．我们可以将 D 补成 5 阶行列，即

$$D_5=\begin{vmatrix} 1 & 1 & 1 & 1 & 1 \\ x_1 & x_2 & x_3 & x_4 & y \\ x_1^2 & x_2^2 & x_3^2 & x_4^2 & y^2 \\ x_1^3 & x_2^3 & x_3^3 & x_4^3 & y^3 \\ x_1^4 & x_2^4 & x_3^4 & x_4^4 & y^4 \end{vmatrix}=\prod_{1\leqslant k\leqslant 4}\left(y-x_k\right)\prod_{1\leqslant j<i\leqslant 4}\left(x_i-x_j\right)$$

将 D_5 按第 5 列展开，可得

$$D_5 = 1\cdot A_{15} + y\cdot A_{25} + y^2\cdot A_{35} + y^3\cdot A_{45} + y^4\cdot A_{55}$$
$$= 1\cdot(-1)^{1+5}\cdot M_{15} + y\cdot(-1)^{2+5}\cdot M_{25} + y^2\cdot(-1)^{3+5}\cdot M_{35} + \cdots$$
$$+ y^3\cdot(-1)^{4+5}\cdot M_{45} + y^4\cdot(-1)^{5+5}\cdot M_{55}$$

其中要求的 $D = M_{45}$，即 y^3 所对应的系数．D_5 按 y 的多项式展开形式如下：

$$D_5 = (y-x_1)(y-x_2)(y-x_3)(y-x_4)\prod_{1\leqslant j<i\leqslant 4}(x_i - x_j)$$
$$= \begin{bmatrix} y^4 - (x_1+x_2+x_3+x_4)y^3 + (x_1x_2+x_1x_3+x_1x_4+x_2x_3+x_2x_4+x_3x_4)y^2 + \cdots \\ -(x_1x_2x_3+x_1x_2x_4+x_1x_3x_4+x_2x_3x_4)y + x_1x_2x_3x_4 \end{bmatrix}\cdot$$
$$\prod_{1\leqslant j<i\leqslant 4}(x_i - x_j)$$

$$D = M_{45} = (x_1+x_2+x_3+x_4)\cdot\prod_{1\leqslant j<i\leqslant 4}(x_i - x_j) \Leftarrow (x_1+x_2+x_3+x_4=1)$$
$$= (x_2-x_1)\cdot(x_3-x_1)\cdot(x_4-x_1)\cdot(x_3-x_2)\cdot(x_4-x_2)\cdot(x_4-x_3)$$
$$= (x_1-x_2)\cdot(x_1-x_3)\cdot(x_1-x_4)\cdot(x_2-x_3)\cdot(x_2-x_4)\cdot(x_3-x_4)$$

解法二： 直接求解 D，利用行列式性质，具体过程如下：

$$D = \begin{vmatrix} 1 & 1 & 1 & 1 \\ x_1 & x_2 & x_3 & x_4 \\ x_1^2 & x_2^2 & x_3^2 & x_4^2 \\ x_1^4 & x_2^4 & x_3^4 & x_4^4 \end{vmatrix} \xlongequal[i=2,3,4]{c_i - c_1} \begin{vmatrix} 1 & 0 & 0 & 0 \\ x_1 & x_2-x_1 & x_3-x_1 & x_4-x_1 \\ x_1^2 & x_2^2-x_1^2 & x_3^2-x_1^2 & x_4^2-x_1^2 \\ x_1^4 & x_2^4-x_1^4 & x_3^4-x_1^4 & x_4^4-x_1^4 \end{vmatrix}$$

$$\xlongequal{\text{按}r_1\text{进行展开}} 1\cdot\begin{vmatrix} x_2-x_1 & x_3-x_1 & x_4-x_1 \\ x_2^2-x_1^2 & x_3^2-x_1^2 & x_4^2-x_1^2 \\ x_2^4-x_1^4 & x_3^4-x_1^4 & x_4^4-x_1^4 \end{vmatrix}$$

$$\xlongequal{\text{每行提出公因子}} (x_2-x_1)\cdot(x_3-x_1)\cdot(x_4-x_1)\cdot\begin{vmatrix} 1 & 1 & 1 \\ x_2+x_1 & x_3+x_1 & x_4+x_1 \\ \dfrac{x_2^4-x_1^4}{x_2-x_1} & \dfrac{x_3^4-x_1^4}{x_3-x_1} & \dfrac{x_4^4-x_1^4}{x_4-x_1} \end{vmatrix}$$

$$\xlongequal[i=2,3]{c_i-c_1}(x_2-x_1)\cdot(x_3-x_1)\cdot(x_4-x_1)\cdot\begin{vmatrix}1 & 0 & 0\\ x_2+x_1 & x_3-x_2 & x_4-x_2\\ \dfrac{x_2^4-x_1^4}{x_2-x_1} & \dfrac{x_3^4-x_1^4}{x_3-x_1}-\dfrac{x_2^4-x_1^4}{x_2-x_1} & \dfrac{x_4^4-x_1^4}{x_4-x_1}-\dfrac{x_2^4-x_1^4}{x_2-x_1}\end{vmatrix}$$

$$\xlongequal{按r_1展开}(x_2-x_1)\cdot(x_3-x_1)\cdot(x_4-x_1)\begin{vmatrix}x_3-x_2 & x_4-x_2\\ \dfrac{x_3^4-x_1^4}{x_3-x_1}-\dfrac{x_2^4-x_1^4}{x_2-x_1} & \dfrac{x_4^4-x_1^4}{x_4-x_1}-\dfrac{x_2^4-x_1^4}{x_2-x_1}\end{vmatrix}$$

$$设B=\begin{vmatrix}x_3-x_2 & x_4-x_2\\ \dfrac{x_3^4-x_1^4}{x_3-x_1}-\dfrac{x_2^4-x_1^4}{x_2-x_1} & \dfrac{x_4^4-x_1^4}{x_4-x_1}-\dfrac{x_2^4-x_1^4}{x_2-x_1}\end{vmatrix}$$

$$=(x_3-x_2)\cdot\left(\frac{x_4^4-x_1^4}{x_4-x_1}-\frac{x_2^4-x_1^4}{x_2-x_1}\right)-(x_4-x_2)\cdot\left(\frac{x_3^4-x_1^4}{x_3-x_1}-\frac{x_2^4-x_1^4}{x_2-x_1}\right)$$

B 中这两个多项式将 $x_3 \Leftrightarrow x_4$ 对换，则它们完全相同，因此只化简一个多项式即可，有

$$(x_3-x_2)\cdot\left(\frac{x_4^4-x_1^4}{x_4-x_1}-\frac{x_2^4-x_1^4}{x_2-x_1}\right)\Leftarrow a^4-b^4=(a-b)(a^3+a^2b+ab^2+b^3)$$

$$=(x_3-x_2)\cdot\left[(x_1^3+x_1^2x_4+x_1x_4^2+x_4^3)-(x_1^3+x_1^2x_2+x_1x_2^2+x_2^3)\right]$$

$$=(x_3-x_2)\cdot\left[x_1^2x_4-x_1^2x_2+x_1x_4^2-x_1x_2^2+x_4^3-x_2^3\right]$$

$$=(x_3-x_2)\cdot\left[x_1^2(x_4-x_2)+x_1(x_4^2-x_2^2)+x_4^3-x_2^3\right]$$

$$=(x_3-x_2)\cdot(x_4-x_2)\left[x_1^2+x_1x_4+x_1x_2+x_2^2+x_2x_4+x_4^2\right]$$

同理，有

$$(x_4-x_2)\cdot\left(\frac{x_3^4-x_1^4}{x_3-x_1}-\frac{x_2^4-x_1^4}{x_2-x_1}\right)$$

$$=(x_3-x_2)\cdot(x_4-x_2)\left[x_1^2+x_1x_3+x_1x_2+x_2^2+x_2x_3+x_3^2\right]$$

将上面两式的计算结果代入 B 中，得

$$B=(x_3-x_2)\cdot(x_4-x_2)\left[x_1^2+x_1x_4+x_1x_2+x_2^2+x_2x_4+x_4^2\right]$$
$$-(x_3-x_2)\cdot(x_4-x_2)\left[x_1^2+x_1x_3+x_1x_2+x_2^2+x_2x_3+x_3^2\right]$$
$$=(x_3-x_2)\cdot(x_4-x_2)\left[x_1x_4+x_2x_4+x_4^2-x_1x_3-x_2x_3-x_3^2\right]$$
$$=(x_3-x_2)\cdot(x_4-x_2)\cdot(x_4-x_3)\cdot(x_1+x_2+x_3+x_4)\Leftarrow x_1+x_2+x_3+x_4=1$$
$$=(x_3-x_2)\cdot(x_4-x_2)\cdot(x_4-x_3)$$

因此

$$D=(x_2-x_1)\cdot(x_3-x_1)\cdot(x_4-x_1)\cdot(x_3-x_2)\cdot(x_4-x_2)\cdot(x_4-x_3)$$
$$=(x_1-x_2)\cdot(x_1-x_3)\cdot(x_1-x_4)\cdot(x_2-x_3)\cdot(x_2-x_4)\cdot(x_3-x_4)$$

两种方式都能计算出 D 的值，解法一易操作，但是方法不容易想到；相比而言，解法二具有普遍性，但是实际操作有些复杂，多项式化简比较麻烦.

习题 11(范德蒙行列式类型习题)　求行列式的值.

$$D=\begin{vmatrix}1+x_1 & 1+x_1^2 & \cdots & 1+x_1^n\\ 1+x_2 & 1+x_2^2 & \cdots & 1+x_2^n\\ \vdots & \vdots & & \vdots\\ 1+x_n & 1+x_n^2 & \cdots & 1+x_n^n\end{vmatrix}$$

解析：此题看上去需要采用上下相减提出公因子的方法求值，但是提出公因子时会跟习题 10 相似变得非常麻烦，第 10 题中 4 阶矩阵计算量尚且很大，本题是 n 阶行列式，计算量变得非常大，所以需要另寻他法. 若此题中没有 1，那么 D 是范德蒙行列式，若 x=0，则 D=0，因而可将 D 拆分或者简化. 对此题而言将 D 矩阵扩大是简单方法.

解：$$A=\begin{vmatrix}1 & 1 & 1 & \cdots & 1\\ 0 & 1+x_1 & 1+x_1^2 & \cdots & 1+x_1^n\\ 0 & 1+x_2 & 1+x_2^2 & \cdots & 1+x_2^n\\ \vdots & \vdots & \vdots & & \vdots\\ 0 & 1+x_n & 1+x_n^2 & \cdots & 1+x_n^n\end{vmatrix}\xlongequal[i=1,2,\cdots,n]{r_i-r_1}\begin{vmatrix}1 & 1 & 1 & \cdots & 1\\ -1 & x_1 & x_1^2 & \cdots & x_1^n\\ -1 & x_2 & x_2^2 & \cdots & x_2^n\\ \vdots & \vdots & \vdots & & \vdots\\ -1 & x_n & x_n^2 & \cdots & x_n^n\end{vmatrix}$$

$$\xlongequal[\text{对}c_1\text{操作让}c_1=1]{r_1=(1^0,1^1\cdots,1^n)}\begin{vmatrix}2 & 1 & 1 & \cdots & 1\\ 0 & x_1 & x_1^2 & \cdots & x_1^n\\ 0 & x_2 & x_2^2 & \cdots & x_2^n\\ \vdots & \vdots & \vdots & & \vdots\\ 0 & x_n & x_n^2 & \cdots & x_n^n\end{vmatrix}-\begin{vmatrix}1 & 1 & 1 & \cdots & 1\\ 1 & x_1 & x_1^2 & \cdots & x_1^n\\ 1 & x_2 & x_2^2 & \cdots & x_2^n\\ \vdots & \vdots & \vdots & & \vdots\\ 1 & x_n & x_n^2 & \cdots & x_n^n\end{vmatrix}$$

A 的这两项分别满足

$$\begin{vmatrix} 2 & 1 & 1 & \cdots & 1 \\ 0 & x_1 & x_1^2 & \cdots & x_1^n \\ 0 & x_2 & x_2^2 & \cdots & x_2^n \\ \vdots & \vdots & \vdots & & \vdots \\ 0 & x_n & x_n^2 & \cdots & x_n^n \end{vmatrix} = 2\begin{vmatrix} x_1 & x_1^2 & \cdots & x_1^n \\ x_2 & x_2^2 & \cdots & x_2^n \\ \vdots & \vdots & & \vdots \\ x_n & x_n^2 & \cdots & x_n^n \end{vmatrix} = 2x_1\cdots x_n \begin{vmatrix} 1 & x_1 & x_1^2 & \cdots & x_1^{n-1} \\ 1 & x_2 & x_2^2 & \cdots & x_2^{n-1} \\ \vdots & \vdots & \vdots & & \vdots \\ 1 & x_n & x_n^2 & \cdots & x_n^{n-1} \end{vmatrix}$$

$$= 2x_1\cdots x_n \prod_{1\leqslant i<j\leqslant n}(x_j - x_i)$$

$$\begin{vmatrix} 1 & 1 & 1 & \cdots & 1 \\ 1 & x_1 & x_1^2 & \cdots & x_1^n \\ 1 & x_2 & x_2^2 & \cdots & x_2^n \\ \vdots & \vdots & \vdots & & \vdots \\ 1 & x_n & x_n^2 & \cdots & x_n^n \end{vmatrix} = (x_1 - 1)\cdots(x_n - 1)\prod_{1\leqslant i<j\leqslant n}(x_j - x_i)$$

故

$$A = \left(2x_1\cdots x_n - (x_1 - 1)\cdots(x_n - 1)\right)\prod_{1\leqslant i<j\leqslant n}(x_j - x_i)$$

习题 12　范德蒙行列式求值.

$$B = \begin{vmatrix} a & b & c \\ a^2 & b^2 & c^2 \\ b+c & a+c & a+b \end{vmatrix}, D = \begin{vmatrix} a & b & c \\ a^2 & b^2 & c^2 \\ bc & ac & ab \end{vmatrix} (a,b,c>0)$$

解析: B 与 D 表达形式非常类似，不同点在于其最后一行一个是乘积形式．一个是和的形式，它们都有规律，特别是与第一行作用后可提出公因子，此后 B，D 变成了范德蒙行列式形式.

解: $$B = \begin{vmatrix} a & b & c \\ a^2 & b^2 & c^2 \\ b+c & a+c & a+b \end{vmatrix} \xlongequal{r_3+r_1} \begin{vmatrix} a & b & c \\ a^2 & b^2 & c^2 \\ a+b+c & a+b+c & a+b+c \end{vmatrix}$$

$$\xlongequal{r_3\div(a+b+c)} (a+b+c)\cdot\begin{vmatrix} a & b & c \\ a^2 & b^2 & c^2 \\ 1 & 1 & 1 \end{vmatrix} \xlongequal[r_2\leftrightarrow r_1]{r_3\leftrightarrow r_2} (a+b+c)\cdot\begin{vmatrix} 1 & 1 & 1 \\ a & b & c \\ a^2 & b^2 & c^2 \end{vmatrix}$$

$$= (a+b+c)\cdot(b-a)(c-a)(b-a)$$

$$D=\begin{vmatrix} a & b & c \\ a^2 & b^2 & c^2 \\ bc & ac & ab \end{vmatrix}$$

$$\xlongequal{r_3+r_1(a+b+c)}\begin{vmatrix} a & b & c \\ a^2 & b^2 & c^2 \\ a^2+ab+bc+ac & b^2+ab+bc+ac & c^2+ab+bc+ac \end{vmatrix}$$

$$\xlongequal{r_3-r_2}\begin{vmatrix} a & b & c \\ a^2 & b^2 & c^2 \\ ab+bc+ac & ab+bc+ac & ab+bc+ac \end{vmatrix}$$

$$\xlongequal{r_3\div(ab+bc+ac)}(ab+bc+ac)\cdot\begin{vmatrix} a & b & c \\ a^2 & b^2 & c^2 \\ 1 & 1 & 1 \end{vmatrix}\xlongequal[r_2\leftrightarrow r_1]{r_3\leftrightarrow r_2}(ab+bc+ac)\cdot\begin{vmatrix} 1 & 1 & 1 \\ a & b & c \\ a^2 & b^2 & c^2 \end{vmatrix}$$

$$=(ab+bc+ac)\cdot(b-a)(c-a)(b-a)$$

习题 13(四川大学数学学院高等数学教研室编《高等数学第三册(第三版)》第一章习题 9)　行列式在平面几何中的应用证明题，见下图.

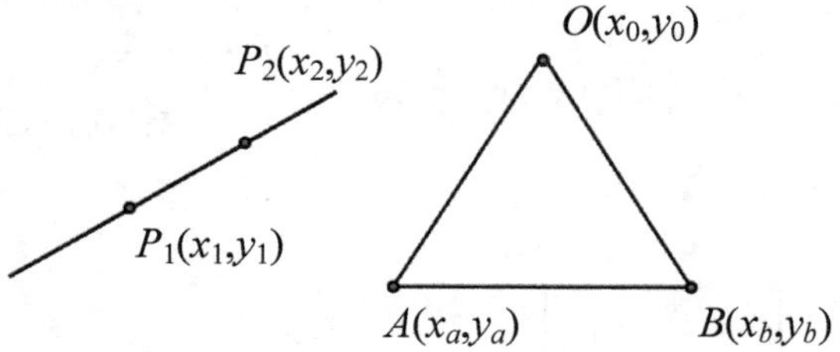

(1) 证明过 $P_1(x_1,y_1),P_2(x_2,y_2)$ 的直线满足 $\begin{vmatrix} x & y & 1 \\ x_1 & y_1 & 1 \\ x_2 & y_2 & 1 \end{vmatrix}=0$；

(2) 证明任意三角形面积 $S_{OAB}=\dfrac{1}{2}\begin{vmatrix} x_0 & y_0 & 1 \\ x_a & y_a & 1 \\ x_b & y_b & 1 \end{vmatrix}$；

(3) 二维平面上三条不同的直线 l_1,l_2,l_3 相交于一点的充要条件是

$a+b+c=0$，其中 l_1,l_2,l_3 的表达式为 $l_1:ax+by+c=0$，$l_2:bx+cy+a=0$，$l_3:cx+ay+b=0$.

证明：(1)过 $P_1(x_1,y_1),P_2(x_2,y_2)$ 的直线斜率 $k=\dfrac{y_2-y_1}{x_2-x_1}$，直线方程为

$$y-y_1=k(x-x_1)=\frac{y_2-y_1}{x_2-x_1}(x-x_1)$$

$$\Rightarrow (y-y_1)(x_2-x_1)=(y_2-y_1)(x-x_1) \tag{12}$$

$$\Rightarrow -y(x_1-x_2)+x(y_1-y_2)+(x_1y_2-x_2y_1)=0$$

$$\begin{vmatrix} x & y & 1 \\ x_1 & y_1 & 1 \\ x_2 & y_2 & 1 \end{vmatrix}=x(y_1-y_2)-y(x_1-x_2)+(x_1y_2-x_2y_1) \tag{13}$$

由于两式相等，即⑫=⑬，则有

过 $P_1(x_1,y_1),P_2(x_2,y_2)$ 的直线满足

$$\begin{vmatrix} x & y & 1 \\ x_1 & y_1 & 1 \\ x_2 & y_2 & 1 \end{vmatrix}=0 \tag{14}$$

当 $x_1=x_2$ 时，过 $P_1(x_1,y_1),P_2(x_2,y_2)$ 的方程为 $\begin{cases} x=x_1=x_2 \\ y=ky_1\text{或}y=\lambda y_2 \end{cases}$，其中 k,λ 为常数，此时

$$\begin{vmatrix} x & y & 1 \\ x_1 & y_1 & 1 \\ x_2 & y_2 & 1 \end{vmatrix}=\begin{vmatrix} x_1 & ky_1 & 1 \\ x_1 & y_1 & 1 \\ x_1 & y_2 & 1 \end{vmatrix}\xlongequal{\text{行列式两列相同值为0}}0$$

所以式⑭是普遍成立的.

(2)首先对面积行列式化简：

$$S_{OAB}=\frac{1}{2}\begin{vmatrix} x_0 & y_0 & 1 \\ x_a & y_a & 1 \\ x_b & y_b & 1 \end{vmatrix}=\frac{1}{2}\begin{vmatrix} x_0 & y_0 & 1 \\ x_a-x_0 & y_a-y_0 & 0 \\ x_b-x_0 & y_b-y_0 & 0 \end{vmatrix} \tag{15}$$

$$=\frac{1}{2}\left((x_a-x_0)(y_b-y_0)-(x_b-x_0)(y_a-y_0)\right)$$

根据三角形面积公式$S_{OAB}=\frac{1}{2}\left|\overrightarrow{OA}\right|\cdot\left|\overrightarrow{OB}\right|\sin(\angle O)$计算.

$$\overrightarrow{OA}=(x_a-x_0,y_a-y_0),\overrightarrow{OB}=(x_b-x_0,y_b-y_0),\cos(\angle O)=\frac{\overrightarrow{OA}\cdot\overrightarrow{OB}}{\left|\overrightarrow{OA}\right|\cdot\left|\overrightarrow{OB}\right|}$$

$$\sin(\angle O)=\sqrt{1-(\cos(\angle O))^2}=\frac{\sqrt{\left|\overrightarrow{OA}\right|^2\cdot\left|\overrightarrow{OB}\right|^2-\left(\overrightarrow{OA}\cdot\overrightarrow{OB}\right)^2}}{\left|\overrightarrow{OA}\right|\cdot\left|\overrightarrow{OB}\right|}$$

$$S_{OAB}=\frac{1}{2}\left|\overrightarrow{OA}\right|\cdot\left|\overrightarrow{OB}\right|\sin(\angle O)=\frac{1}{2}\left|\overrightarrow{OA}\right|\cdot\left|\overrightarrow{OB}\right|\frac{\sqrt{\left|\overrightarrow{OA}\right|^2\cdot\left|\overrightarrow{OB}\right|^2-\left(\overrightarrow{OA}\cdot\overrightarrow{OB}\right)^2}}{\left|\overrightarrow{OA}\right|\cdot\left|\overrightarrow{OB}\right|}$$
$$=\frac{1}{2}\sqrt{\left|\overrightarrow{OA}\right|^2\cdot\left|\overrightarrow{OB}\right|^2-\left(\overrightarrow{OA}\cdot\overrightarrow{OB}\right)^2}$$

为方便计算，简化表示方式，设$x_{a0}=x_a-x_0,y_{a0}=y_a-y_0$，$x_{b0}=x_b-x_0$，$y_{b0}=y_b-y_0$.

$$\left|\overrightarrow{OA}\right|^2\cdot\left|\overrightarrow{OB}\right|^2-\left(\overrightarrow{OA}\cdot\overrightarrow{OB}\right)^2=\left(x_{a0}^2+y_{a0}^2\right)\cdot\left(x_{b0}^2+y_{b0}^2\right)-\left(x_{a0}x_{b0}+y_{a0}y_{b0}\right)^2$$
$$=\left(x_{a0}y_{b0}-x_{b0}y_{a0}\right)^2$$

将其代入三角形面积公式，可得

$$S_{OAB}=\frac{1}{2}\sqrt{\left|\overrightarrow{OA}\right|^2\cdot\left|\overrightarrow{OB}\right|^2-\left(\overrightarrow{OA}\cdot\overrightarrow{OB}\right)^2}=\frac{1}{2}\left(x_{a0}y_{b0}-x_{b0}y_{a0}\right)$$
$$=\frac{1}{2}\left((x_a-x_0)(y_b-y_0)-(x_b-x_0)(y_a-y_0)\right) \qquad ⑯$$

从⑮⑯可以看出两式相等，所以任意三角形面积为

$$S_{OAB}=\frac{1}{2}\begin{vmatrix}x_0 & y_0 & 1\\ x_a & y_a & 1\\ x_b & y_b & 1\end{vmatrix}$$

(3)首先证明必要性，即l_1,l_2,l_3相交于一点，则$a+b+c=0$.
假设l_1,l_2,l_3相交于(x_0,y_0)点，则(x_0,y_0)是方程

$$\begin{cases}ax_0+by_0+c=0\\ bx_0+cy_0+a=0\\ cx_0+ay_0+b=0\end{cases}$$

的解．若可以把方程看作三参数的线性方程组

$$\begin{cases} ax+by+cz=0 \\ bx+cy+az=0 \\ cx+ay+bz=0 \end{cases}$$

其非零解$(x_0,y_0,1)$．根据克拉默法则可知方程组的系数行列式为

$$\begin{vmatrix} a & b & c \\ b & c & a \\ c & a & b \end{vmatrix}=0 \Rightarrow a+b+c=0$$

具体证明如下：

$$\begin{vmatrix} a & b & c \\ b & c & a \\ c & a & b \end{vmatrix} \xlongequal[c_1\div(a+b+c)]{c_1+c_2+c_3} (a+b+c)\begin{vmatrix} 1 & b & c \\ 1 & c & a \\ 1 & a & b \end{vmatrix} \xlongequal[r_3-r_1]{r_2-r_1} (a+b+c)\begin{vmatrix} 1 & b & c \\ 0 & c-b & a-c \\ 0 & a-b & b-c \end{vmatrix}$$

$$=(a+b+c)\big((c-b)(b-c)-(a-c)(a-b)\big)=(a+b+c)(-a^2-b^2-c^2+ab+bc+ac)$$

$$=(a+b+c)\left[-\frac{1}{2}\left((a-b)^2+(b-c)^2+(c-a)^2\right)\right]$$

上式为零的条件 $a+b+c=0$（满足 l_1,l_2,l_3 是三条不同的直线）；$a=b=c$（l_1,l_2,l_3是三条相同的直线，与题目不符），故l_1,l_2,l_3不同时$a+b+c=0$．

其次证明充分性，即$a+b+c=0$，则l_1,l_2,l_3相交于一点．设三条直线相交于(x_0,y_0)点，且(x_0,y_0)是方程

$$\begin{cases} ax_0+by_0+c=0 \\ bx_0+cy_0+a=0 \\ cx_0+ay_0+b=0 \end{cases}$$

唯一的解，由于$a+b+c=0$，可知直线l_3的表达式可用直线l_1,l_2构成．若

$x_0=y_0=0 \Rightarrow a=b=c=0$，此时三条直线 l_1,l_2,l_3 重合．因此 $\begin{cases} ax_0+by_0+c=0 \\ bx_0+cy_0+a=0 \end{cases}$ 有唯一解，根据克拉默法则可知方程的系数不为零，即

$$\begin{vmatrix} a & b \\ b & c \end{vmatrix} = ac-b^2 \xlongequal{a+b+c=0} a(-a-b)-b^2 = -\frac{1}{2}[a^2+(a+b)^2+b^2] \neq 0$$

由于 $a=b=c=0$ 条件不成立，所以 $\begin{vmatrix} a & b \\ b & c \end{vmatrix} \neq 0$ 恒成立，因此方程有唯一解.

第二章　矩阵及其运算

矩阵是线性代数的核心部分，它不仅可以用来求解线性方程组，还有广泛的应用性，比如矩阵方法求最佳规划问题中的优解、矩阵方法计算产品的投入及产出等．本章中主要讨论矩阵的概念、基本运算及逆矩阵求解．

2.1　矩阵的知识体系和基本概念

2.1.1 矩阵的概念及基本运算

由克拉默法则可知 n 个 n 元线性方程所组成的方程组，当系数行列式不为零时，方程有唯一解．若方程的数目为 m，且 $m<n$，此时如何判断方程是否有解，若有解如何给出方程的解，为此我们引入了矩阵．设 m 个 n 元方程所组成的线性方程组为

$$\left.\begin{array}{c} a_{11}x_1+a_{12}x_2+\cdots+a_{1n}x_n=b_1 \\ a_{21}x_1+a_{22}x_2+\cdots+a_{2n}x_n=b_2 \\ \cdots\cdots \\ a_{m1}x_1+a_{m2}x_2+\cdots+a_{mn}x_n=b_m \end{array}\right\} \tag{2.1}$$

1．矩阵定义

$m\times n$ 个元素 a_{ij} 排成 m 行 n 列的数表，见式(2.2)，通常用大写字母 $\boldsymbol{A}$，$\boldsymbol{B}$，… 表示，a_{ij} 称为矩阵元，位于矩阵中第 i 行 j 列：

$$\boldsymbol{A}=\begin{pmatrix} a_{11} & a_{12} & \cdots & a_{1n} \\ a_{21} & a_{22} & \cdots & a_{2n} \\ \vdots & \vdots & & \vdots \\ a_{m1} & a_{m2} & \cdots & a_{mn} \end{pmatrix} \tag{2.2}$$

矩阵式(2.2)是线性方程组式(2.1)的**系数矩阵**，它的其他标记方式 $\boldsymbol{A}_{m\times n}$ 或者 $(a_{ij})_{m\times n}$ 以及 (a_{ij})．

线性方程组(2.1)的右端常数项 b_i 可以构成一个 m 行 1 列(即 $m\times1$)的矩阵，即式(2.3)，此矩阵称为**常数项矩阵**．

$$\boldsymbol{b}=\begin{pmatrix} b_1 \\ b_2 \\ \vdots \\ b_m \end{pmatrix} \tag{2.3}$$

若将系数矩阵 $\boldsymbol{A}$ 与常数项矩阵 $\boldsymbol{b}$ 放置在一块，可构成**增广矩阵 $\boldsymbol{B}$**，即式(2.4). 增广矩阵的每一行可以看作一个等式，因此可以用 $\boldsymbol{B}$ 矩阵表示线性方程组(2.1)：

$$\boldsymbol{B}=\begin{pmatrix} a_{11} & a_{12} & \cdots & a_{1n} & b_1 \\ a_{21} & a_{22} & \cdots & a_{2n} & b_2 \\ \vdots & \vdots & & \vdots & \vdots \\ a_{m1} & a_{m2} & \cdots & a_{mn} & b_m \end{pmatrix} \tag{2.4}$$

为了更好地研究矩阵，需要对**矩阵分类**：①根据矩阵中元素 a_{ij} 的类型，可以分成**实数矩阵**(任意 a_{ij} 都是实数)、**复数矩阵**(任意 a_{ij} 都是复数). ②按矩阵行与列的阶数划分：行数 m 等于列数 n 的矩阵称为**方阵**($m=n$ 的 n 阶方阵/矩阵)；列数 $n=1$ 的矩阵称为**列矩阵**(列向量)；行数 $m=1$ 的矩阵称为**行矩阵**(行向量). ③按矩阵元素的取值划分：**零矩阵 $\boldsymbol{O}$**(矩阵 $\boldsymbol{A}$ 的所有元素 a_{ij} 取值都为零)；**对角矩阵 $\boldsymbol{\Lambda}$** (n 阶方阵上除对角线以外的其余元素都为 0)；**单位矩阵 $\boldsymbol{E}$**(n 阶方阵的对角线元素为 1 其余元素都为 0)，公式(2.5)所示分别为 $\boldsymbol{O}$ 矩阵、单位矩阵和对角矩阵.

$$\boldsymbol{O}=\boldsymbol{O}_{m\times n}=\begin{pmatrix} 0 & 0 & \cdots & 0 \\ 0 & 0 & \cdots & 0 \\ \vdots & \vdots & & \vdots \\ 0 & 0 & \cdots & 0 \end{pmatrix}_{mn}, \quad \boldsymbol{E}=\begin{pmatrix} 1 & 0 & \cdots & 0 \\ 0 & 1 & \cdots & 0 \\ \vdots & \vdots & & \vdots \\ 0 & 0 & \cdots & 1 \end{pmatrix}$$

$$\boldsymbol{\Lambda}=\begin{pmatrix} \lambda_1 & 0 & \cdots & 0 \\ 0 & \lambda_2 & \cdots & 0 \\ \vdots & \vdots & & \vdots \\ 0 & 0 & \cdots & \lambda_n \end{pmatrix}=\begin{pmatrix} \lambda_1 & & & \\ & \lambda_2 & & \\ & & \ddots & \\ & & & \lambda_n \end{pmatrix}=\mathrm{diag}\left(\lambda_1,\lambda_2\cdots\lambda_n\right) \tag{2.5}$$

可将式(2.2)的矩阵 $\boldsymbol{A}$ 写成式(2.6)的形式：

$$\boldsymbol{A}=\begin{pmatrix} a_{11} & a_{12} & \cdots & a_{1n} \\ a_{21} & a_{22} & \cdots & a_{2n} \\ \vdots & \vdots & & \vdots \\ a_{m1} & a_{m2} & \cdots & a_{mn} \end{pmatrix}=\begin{pmatrix} \boldsymbol{a}_1 \\ \boldsymbol{a}_2 \\ \vdots \\ \boldsymbol{a}_m \end{pmatrix}=\begin{pmatrix} \boldsymbol{\beta}_1 & \boldsymbol{\beta}_2 & \cdots & \boldsymbol{\beta}_n \end{pmatrix} \tag{2.6}$$

其中 $\boldsymbol{a}_i$ 为行向量， $\boldsymbol{\beta}_j$ 是列向量，它们的表达式为

$$\boldsymbol{\alpha}_i = \begin{pmatrix} a_{i1} & a_{i2} & \cdots & a_{in} \end{pmatrix}, \quad \boldsymbol{\beta}_j = \begin{pmatrix} a_{1j} \\ a_{2j} \\ \vdots \\ a_{mj} \end{pmatrix} \tag{2.7}$$

矩阵的基本运算包括矩阵加法、矩阵减法、数乘运算、矩阵乘法等，不同的运算对矩阵的要求不同，下面将对此进行深入讨论与研究.

同型矩阵：若矩阵 $\boldsymbol{A}$ 与 $\boldsymbol{B}$ 行数和列数都相同，那么 $\boldsymbol{A}$ 与 $\boldsymbol{B}$ 称为同型矩阵.

矩阵相等：同型矩阵 $\boldsymbol{A}=\left(a_{ij}\right)_{m\times n}$，$\boldsymbol{B}=\left(b_{ij}\right)_{m\times n}$，若对应的元素都相等，即 $a_{ij}=b_{ij}$，则 $\boldsymbol{A}=\boldsymbol{B}$.

矩阵加法：两个同型矩阵 $\boldsymbol{A}=\left(a_{ij}\right)_{m\times n}$，$\boldsymbol{B}=\left(b_{ij}\right)_{m\times n}$ 相加得同型矩阵 $\boldsymbol{C}$，即 $\boldsymbol{C}=\boldsymbol{A}+\boldsymbol{B}$ 等价于 $\left(a_{ij}+b_{ij}\right)_{m\times n}=\left(a_{ij}\right)_{m\times n}+\left(b_{ij}\right)_{m\times n}$. 矩阵加法只适用于同型矩阵，例如式(2.8).

矩阵减法：两个同型矩阵 $\boldsymbol{A}=\left(a_{ij}\right)_{m\times n}$，$\boldsymbol{B}=\left(b_{ij}\right)_{m\times n}$ 相减得同型矩阵 $\boldsymbol{C}$，即 $\boldsymbol{C}=\boldsymbol{A}-\boldsymbol{B}$ 等价于 $\left(a_{ij}-b_{ij}\right)_{m\times n}=\left(a_{ij}\right)_{m\times n}-\left(b_{ij}\right)_{m\times n}$.

负矩阵：满足 $\boldsymbol{A}+\boldsymbol{B}=\boldsymbol{O}$，此时 $\boldsymbol{B}=-\boldsymbol{A}$ 称作 $\boldsymbol{A}$ 矩阵的负矩阵. 由此可以看出 $-\boldsymbol{A}_{m\times n}=\left(-a_{ij}\right)_{m\times n}$.

矩阵数乘：数 λ 与 $\boldsymbol{A}=\left(a_{ij}\right)_{m\times n}$ 的相乘，即 $\boldsymbol{A}\lambda=\lambda\boldsymbol{A}=\lambda\left(a_{ij}\right)_{m\times n}=\left(\lambda a_{ij}\right)_{m\times n}$，例如式(2.8)：

$$\begin{aligned}
&\boldsymbol{A}=\begin{pmatrix} 1 \\ 2 \end{pmatrix}, \boldsymbol{B}=\begin{pmatrix} -3 & 0 & 4 \\ 5 & -1 & 2 \end{pmatrix}, \boldsymbol{C}=\begin{pmatrix} 3 & 1 & 2 \\ -5 & 5 & -1 \end{pmatrix} \\
&\boldsymbol{A}+\boldsymbol{B}\text{无意义} \leftarrow \boldsymbol{A}\text{与}\boldsymbol{B}\text{为非同型矩阵} \\
&\boldsymbol{B}+\boldsymbol{C}=\begin{pmatrix} -3 & 0 & 4 \\ 5 & -1 & 2 \end{pmatrix}+\begin{pmatrix} 3 & 1 & 2 \\ -5 & 5 & -1 \end{pmatrix} \\
&\qquad=\begin{pmatrix} -3+3 & 0+1 & 4+2 \\ 5-5 & -1+5 & 2-1 \end{pmatrix}=\begin{pmatrix} 0 & 1 & 6 \\ 0 & 4 & 1 \end{pmatrix} \\
&3\boldsymbol{B}=\begin{pmatrix} -9 & 0 & 12 \\ 15 & -3 & 6 \end{pmatrix}
\end{aligned} \tag{2.8}$$

2. 矩阵的线性运算

矩阵的加减法与数乘的统称. 满足性质：

(1) 加法交换律 $\boldsymbol{A}+\boldsymbol{B}=\boldsymbol{B}+\boldsymbol{A}$.

(2) 加法结合律 $\boldsymbol{A}+(\boldsymbol{B}+\boldsymbol{C})=(\boldsymbol{A}+\boldsymbol{B})+\boldsymbol{C}$.

(3) 数乘的分配律 $\lambda(\boldsymbol{A}+\boldsymbol{B})=\lambda\boldsymbol{A}+\lambda\boldsymbol{B}$，$(\lambda+\upsilon)\boldsymbol{A}=\lambda\boldsymbol{A}+\upsilon\boldsymbol{A}$.

(4) 数乘结合律 $\lambda(\upsilon \boldsymbol{A})=\lambda(\upsilon \boldsymbol{A})$.

(5) 与单位矩阵 $\boldsymbol{E}$ 相乘不变 $\boldsymbol{EA}=\boldsymbol{AE}=\boldsymbol{A}$.

3．矩阵的组合

m 个同型矩阵 $\boldsymbol{A}_i(i=1,2,\cdots,m)$ 数乘之和为 $\boldsymbol{B}$；或 $\boldsymbol{B}$ 可用同型矩阵 $\boldsymbol{A}_i(i=1,2,\cdots,m)$ 的线性表示出来，矩阵 $\boldsymbol{B}$ 称为 $\boldsymbol{A}_i(i=1,2,\cdots,m)$ 的线性组合，即满足式(2.9)：

$$\lambda_1\boldsymbol{A}_1+\lambda_2\boldsymbol{A}_2+\cdots+\lambda_M\boldsymbol{A}_{\mathrm{m}}=\sum_{j=1}^{m}\lambda_j\boldsymbol{A}_j=\boldsymbol{B} \tag{2.9}$$

可将线性方程组(2.1)写成矩阵组合的形式，即

$$\begin{pmatrix} b_1 \\ b_2 \\ \vdots \\ b_m \end{pmatrix}=x_1\begin{pmatrix} a_{11} \\ a_{21} \\ \vdots \\ a_{m1} \end{pmatrix}+x_2\begin{pmatrix} a_{12} \\ a_{22} \\ \vdots \\ a_{m2} \end{pmatrix}+\cdots+x_n\begin{pmatrix} a_{1n} \\ a_{2n} \\ \vdots \\ a_{mn} \end{pmatrix}=\sum_{j=1}^{n}x_j\begin{pmatrix} a_{1j} \\ a_{2j} \\ \vdots \\ a_{mj} \end{pmatrix} \tag{2.10}$$

$$\Leftrightarrow \boldsymbol{b}=x_1\boldsymbol{\beta}_1+x_2\boldsymbol{\beta}_2+\cdots x_n\boldsymbol{\beta}_n$$

该式表明方程组(2.1)是否有解等价于常数列向量能否用系数列向量来线性表示.

4．矩阵与列向量的乘法

首先把线性方程组(2.1)写成矩阵相等的形式，即

$$\begin{pmatrix} a_{11}x_1+a_{12}x_2+\cdots+a_{1n}x_n \\ a_{21}x_1+a_{21}x_2+\cdots+a_{2n}x_n \\ \vdots \\ a_{m1}x_1+a_{m1}x_2+\cdots+a_{mn}x_n \end{pmatrix}=\begin{pmatrix} b_1 \\ b_2 \\ \vdots \\ b_m \end{pmatrix} \tag{2.11}$$

$$\Leftrightarrow \boldsymbol{AX}=\boldsymbol{b}$$

将 AX 项写成 A 与 X 相乘的形式，即矩阵与列向量的乘积，其法则见式(2.12)：

$$\begin{pmatrix} a_{11}x_1+a_{12}x_2+\cdots+a_{1n}x_n \\ a_{21}x_1+a_{21}x_2+\cdots+a_{2n}x_n \\ \vdots \\ a_{m1}x_1+a_{m1}x_2+\cdots+a_{mn}x_n \end{pmatrix}=\begin{pmatrix} a_{11} & a_{12}\cdots & a_{1n} \\ a_{21} & a_{22}\cdots & a_{2n} \\ \vdots & \vdots & \vdots \\ a_{m1} & a_{m2}\cdots & a_{mn} \end{pmatrix}\begin{pmatrix} x_1 \\ x_2 \\ \vdots \\ x_n \end{pmatrix} \tag{2.12}$$

由式(2.12)可以看出矩阵的乘法$(\boldsymbol{AX})_{m\times1}=\boldsymbol{A}_{m\times n}\boldsymbol{X}_{n\times1}$，乘积矩阵$\boldsymbol{AX}$的行与$\boldsymbol{A}$的行相同，矩阵$\boldsymbol{AX}$的列与$\boldsymbol{X}$相同，换言之，矩阵乘法是前面矩阵的行数决定乘积矩阵的行数，后面矩阵的列数决定乘积矩阵的列数．另外，矩阵乘法$\boldsymbol{A}$矩阵的行向量中矩阵元的数目与$\boldsymbol{X}$矩阵的列向量中矩阵元数目相同，而且对应的矩阵元乘积之和为乘积矩阵中元素的值．简单来讲，$\boldsymbol{AX}$中第i行j列的元素是由$\boldsymbol{A}$矩阵中第i行的矩阵元与$\boldsymbol{X}$矩阵中第j列的矩阵元乘积之和．

那么线性方程组(2.1)的矩阵表示方式为

$$\begin{pmatrix} a_{11} & a_{12}\cdots & a_{1n} \\ a_{21} & a_{22}\cdots & a_{2n} \\ \vdots & \vdots & \vdots \\ a_{m1} & a_{m2}\cdots & a_{mn} \end{pmatrix}\begin{pmatrix} x_1 \\ x_2 \\ \vdots \\ x_n \end{pmatrix}=\begin{pmatrix} b_1 \\ b_2 \\ \vdots \\ b_m \end{pmatrix} \tag{2.13}$$

5．矩阵与矩阵乘法

矩阵$\boldsymbol{A}=(a_{ij})_{m\times n}$与$\boldsymbol{B}=(b_{ij})_{n\times s}$相乘得$\boldsymbol{AB}=\boldsymbol{D}$，即满足：

$$\boldsymbol{D}=\boldsymbol{AB}=\begin{pmatrix} a_{11} & a_{12}\cdots & a_{1n} \\ a_{21} & a_{22}\cdots & a_{2n} \\ \vdots & \vdots & \vdots \\ a_{m1} & a_{m2}\cdots & a_{mn} \end{pmatrix}_{m\times n}\begin{pmatrix} b_{11} & b_{12}\cdots & b_{1s} \\ b_{21} & b_{22}\cdots & b_{2s} \\ \vdots & \vdots & \vdots \\ b_{n1} & b_{n2}\cdots & b_{ns} \end{pmatrix}_{n\times s}$$

$$=\begin{pmatrix} \sum_{k=1}^{n}a_{1k}b_{k1} & \sum_{k=1}^{n}a_{1k}b_{k2} & \cdots & \sum_{k=1}^{n}a_{1k}b_{ks} \\ \sum_{k=1}^{n}a_{2k}b_{k1} & \sum_{k=1}^{n}a_{2k}b_{k2} & \cdots & \sum_{k=1}^{n}a_{2k}b_{ks} \\ \vdots & \vdots & & \vdots \\ \sum_{k=1}^{n}a_{mk}b_{k1} & \sum_{k=1}^{n}a_{mk}b_{k2} & & \sum_{k=1}^{n}a_{mk}b_{ks} \end{pmatrix}_{m\times s} \tag{2.14}$$

从矩阵乘法可以看出，①矩阵$\boldsymbol{A}$的列数等于矩阵$\boldsymbol{B}$的行数．②乘积矩阵$\boldsymbol{D}$的行数等于$\boldsymbol{A}$矩阵的行数，乘积矩阵$\boldsymbol{D}$的列数等于$\boldsymbol{B}$矩阵的列数；换言之，前面矩阵$\boldsymbol{A}$的行数决定乘积矩阵$\boldsymbol{D}$的行数，后面矩阵$\boldsymbol{B}$的列数决定乘积矩阵$\boldsymbol{D}$的列数．③乘积矩阵$\boldsymbol{D}$第i行j列的元素$d_{ij}=\sum\limits_{k=1}^{n}a_{ik}b_{kj}$，即$\boldsymbol{A}$矩阵中第$i$行的矩阵元与$\boldsymbol{B}$矩阵中第$j$列的矩阵元乘积之和．④$\boldsymbol{AB}\neq\boldsymbol{BA}$，$\boldsymbol{AB}$有意义，而$\boldsymbol{BA}$不一定有意义．当式(2.14)中$m\neq s$时，$\boldsymbol{BA}$无法相乘，例如下面$\boldsymbol{AB}$的乘积．

$$A=\begin{pmatrix}3&0\\-1&2\end{pmatrix},\quad B=\begin{pmatrix}3&1&2\\2&0&1\end{pmatrix}$$

$$AB=\begin{pmatrix}3&0\\-1&2\end{pmatrix}\begin{pmatrix}3&1&2\\2&0&1\end{pmatrix}=\begin{pmatrix}9&3&6\\1&-1&0\end{pmatrix}$$

而 $\boldsymbol{BA}$ 无意义.

矩阵的乘法性质：

(1) 结合律 $(\boldsymbol{AB})\boldsymbol{C}=\boldsymbol{A}(\boldsymbol{BC})$.

(2) 分配律 $\boldsymbol{A}(\boldsymbol{B}+\boldsymbol{C})=\boldsymbol{AB}+\boldsymbol{AC}$ 或 $(\boldsymbol{A}+\boldsymbol{B})\boldsymbol{C}=\boldsymbol{AC}+\boldsymbol{BC}$.

(3) 数乘 $\lambda(\boldsymbol{AB})=\boldsymbol{A}(\lambda\boldsymbol{B})$.

与单位矩阵 $\boldsymbol{E}$ 的乘法 $\boldsymbol{EA}=\boldsymbol{AE}=\boldsymbol{A}$，即

$$\begin{pmatrix}1&0&\cdots&0\\0&1&\cdots&0\\\vdots&\vdots&&\vdots\\0&0&\cdots&1\end{pmatrix}_{m\times m}\begin{pmatrix}a_{11}&a_{12}\cdots&a_{1n}\\a_{21}&a_{22}\cdots&a_{2n}\\\vdots&\vdots&\vdots\\a_{m1}&a_{m2}\cdots&a_{mn}\end{pmatrix}=\begin{pmatrix}a_{11}&a_{12}\cdots&a_{1n}\\a_{21}&a_{22}\cdots&a_{2n}\\\vdots&\vdots&\vdots\\a_{m1}&a_{m2}\cdots&a_{mn}\end{pmatrix}\begin{pmatrix}1&0&\cdots&0\\0&1&\cdots&0\\\vdots&\vdots&&\vdots\\0&0&\cdots&1\end{pmatrix}_{n\times n}$$

$$=\begin{pmatrix}a_{11}&a_{12}\cdots&a_{1n}\\a_{21}&a_{22}\cdots&a_{2n}\\\vdots&\vdots&\vdots\\a_{m1}&a_{m2}\cdots&a_{mn}\end{pmatrix}$$

6．转置矩阵

与行列式可以转置规则一致，矩阵也可以转置．所有的矩阵都可以转置，比如行(列)矩阵转置后变成列(行)矩阵．矩阵转置后矩阵元素 a_{ij} 位置由第 i 行 j 列，变成了 j 行 i 列，例如

$$\boldsymbol{A}=\begin{pmatrix}a_{11}&a_{12}&\cdots&a_{1n}\\a_{21}&a_{22}&\cdots&a_{2n}\\\vdots&\vdots&&\vdots\\a_{m1}&a_{m2}&\cdots&a_{mn}\end{pmatrix},\quad \boldsymbol{A}^{\mathrm{T}}=\begin{pmatrix}a_{11}&a_{21}&\cdots&a_{m1}\\a_{12}&a_{22}&\cdots&a_{m2}\\\vdots&\vdots&&\vdots\\a_{1n}&a_{2n}&\cdots&a_{mn}\end{pmatrix}\tag{2.15}$$

转置矩阵的性质：

(1) $\left(\boldsymbol{A}^{\mathrm{T}}\right)^{\mathrm{T}}=\boldsymbol{A}$，矩阵两次转置即本身.

(2) $(\boldsymbol{A}\pm\boldsymbol{B})^{\mathrm{T}}=\boldsymbol{A}^{\mathrm{T}}\pm\boldsymbol{B}^{\mathrm{T}}$，矩阵和(差)的转置等于转置矩阵的和(差).

(3) $(\lambda \boldsymbol{A})^{\mathrm{T}}=\lambda \boldsymbol{A}^{\mathrm{T}}$，其中$\lambda$为常数.

(4) $(\boldsymbol{AB})^{\mathrm{T}}=\boldsymbol{B}^{\mathrm{T}}\boldsymbol{A}^{\mathrm{T}}$

(5) $(\boldsymbol{A}^{\mathrm{T}})^{-1}=(\boldsymbol{A}^{-1})^{\mathrm{T}}$，转置矩阵的逆即逆矩阵的转置.

性质(4)特别重要，现给出简单证明：

设$\boldsymbol{A}=(a_{ij})_{m\times n}$，$\boldsymbol{B}=(b_{ij})_{n\times p}$，则$\boldsymbol{AB}=(c_{ij})_{m\times p}=(\sum_{k=1}^{n}a_{ik}b_{kj})_{m\times p}$．那么$\boldsymbol{AB}$的转置矩阵为$(\boldsymbol{AB})^{\mathrm{T}}=(c_{ji})_{p\times m}=(\sum_{k=1}^{n}b_{jk}a_{ki})_{p\times m}$，且$\boldsymbol{B}^{\mathrm{T}}\boldsymbol{A}^{\mathrm{T}}=(e_{ji})_{p\times m}=(\sum_{k=1}^{n}b_{kj}a_{ik})_{p\times m}$，故$(\boldsymbol{AB})^{\mathrm{T}}=\boldsymbol{B}^{\mathrm{T}}\boldsymbol{A}^{\mathrm{T}}$.

常见特殊转置方阵：①对称矩阵：方阵$\boldsymbol{A}$满足$\boldsymbol{A}^{\mathrm{T}}=\boldsymbol{A}$，例如单位矩阵、对角矩阵、$(\boldsymbol{AA}^{\mathrm{T}})^{\mathrm{T}}=\boldsymbol{AA}^{\mathrm{T}}$等. ②反称矩阵：方阵$\boldsymbol{A}$满足条件$\boldsymbol{A}^{\mathrm{T}}=-\boldsymbol{A}$，奇数阶反称矩阵其行列式值为 0；$\boldsymbol{A}^{\mathrm{T}}=-\boldsymbol{A}\Rightarrow|\boldsymbol{A}|=|\boldsymbol{A}^{\mathrm{T}}|=|-\boldsymbol{A}|=(-1)^{n}|\boldsymbol{A}|$.③对角矩阵$\boldsymbol{\Lambda}$：除主对角线以外的元素取值为 0. 对角矩阵$\boldsymbol{\Lambda}_1=\mathrm{diag}(\lambda_1,\lambda_2,\cdots,\lambda_n)$、$\boldsymbol{\Lambda}_2=\mathrm{diag}(\gamma_1,\gamma_2,\cdots,\gamma_n)$，乘法$\boldsymbol{\Lambda}_1\boldsymbol{\Lambda}_2=\boldsymbol{\Lambda}_2\boldsymbol{\Lambda}_1=\mathrm{diag}(\lambda_1\gamma_1,\lambda_2\gamma_2\cdots\lambda_n\gamma_n)$，$\boldsymbol{\Lambda}_1^{-1}=diag(\lambda_1^{-1},\lambda_2^{-1},\cdots,\lambda_n^{-1})$(其中$\lambda_i\neq 0$)．⑤正交矩阵：$n$阶方阵$\boldsymbol{A}$满足$\boldsymbol{A}^{\mathrm{T}}\boldsymbol{A}=\boldsymbol{E}$，满足$\boldsymbol{A}^{\mathrm{T}}=\boldsymbol{A}^{-1}$，$|\boldsymbol{A}|=\pm 1$.

2.1.2 逆矩阵的分析

若存在矩阵$\boldsymbol{B}$使得矩阵$\boldsymbol{A}$满足$\boldsymbol{A}_{m\times n}\boldsymbol{B}_{n\times m}=\boldsymbol{B}_{n\times m}\boldsymbol{A}_{m\times n}=\boldsymbol{E}_{m\times m}$，那么称$\boldsymbol{A}$存在可逆矩阵. 从$\boldsymbol{AB}$满足的关系上可以看出，若矩阵是可逆的，那么矩阵必须是方阵，另外，矩阵$\boldsymbol{A}$的行列式值不能为零，即$|\boldsymbol{A}|\neq 0$．为此我们先引入方阵行列式的概念及性质.

1．方阵的行列式

由n阶方阵的元素所构成的行列式，元素的位置不变，标记为det($\boldsymbol{A}$)或$|\boldsymbol{A}|$，其求值方法与行列式求值一样．$\boldsymbol{A}$，$\boldsymbol{B}$为n阶方阵，λ为常数，其性质如下：

(1) $|\boldsymbol{A}^{\mathrm{T}}|=|\boldsymbol{A}|$(此条对应的行列式的性质一：转置行列式值不变).

(2) $|\lambda\boldsymbol{A}|=\lambda^{n}|\boldsymbol{A}|$.

(3) $|\boldsymbol{AB}|=|\boldsymbol{A}||\boldsymbol{B}|$.

性质(2) $|\lambda\boldsymbol{A}| = \lambda^n |\boldsymbol{A}|$ 证明如下：

根据矩阵的数乘运算法则，$\boldsymbol{A}$ 及 $\lambda\boldsymbol{A}$ 所对应的矩阵如式(2.16)，则

$$\boldsymbol{A}=\begin{pmatrix} a_{11} & a_{12}\cdots & a_{1n} \\ a_{21} & a_{22}\cdots & a_{2n} \\ & \vdots & \vdots \\ a_{n1} & a_{n2}\cdots & a_{nn} \end{pmatrix},\quad \lambda\boldsymbol{A}=\begin{pmatrix} \lambda a_{11} & \lambda a_{12}\cdots & \lambda a_{1n} \\ \lambda a_{21} & \lambda a_{22}\cdots & \lambda a_{2n} \\ & \vdots & \vdots \\ \lambda a_{n1} & \lambda a_{n2}\cdots & \lambda a_{nn} \end{pmatrix} \tag{2.16}$$

$$|\lambda\boldsymbol{A}|=\begin{vmatrix} \lambda a_{11} & \lambda a_{12}\cdots & \lambda a_{1n} \\ \lambda a_{21} & \lambda a_{22}\cdots & \lambda a_{2n} \\ & \vdots & \vdots \\ \lambda a_{n1} & \lambda a_{n2}\cdots & \lambda a_{nn} \end{vmatrix} \xlongequal[i=1,2\cdots n]{r_i \div \lambda} \lambda^n \begin{vmatrix} a_{11} & a_{12}\cdots & a_{1n} \\ a_{21} & a_{22}\cdots & a_{2n} \\ & \vdots & \vdots \\ a_{n1} & a_{n2}\cdots & a_{nn} \end{vmatrix}，\text{即} |\lambda\boldsymbol{A}| = \lambda^n |\boldsymbol{A}|.$$

性质(3) $|\boldsymbol{AB}| = |\boldsymbol{A}||\boldsymbol{B}|$ 证明如下：

$$\boldsymbol{AB}=\begin{pmatrix} a_{11} & a_{12}\cdots & a_{1n} \\ a_{21} & a_{22}\cdots & a_{2n} \\ \vdots & \vdots & \vdots \\ a_{n1} & a_{n2}\cdots & a_{nn} \end{pmatrix}\begin{pmatrix} b_{11} & b_{12}\cdots & b_{1n} \\ b_{21} & b_{22}\cdots & b_{2n} \\ \vdots & \vdots & \vdots \\ b_{n1} & b_{n2}\cdots & b_{nn} \end{pmatrix}$$

$$=\begin{pmatrix} \sum\limits_{p_1=1}^{n} a_{1p_1}b_{p_1 1} & \sum\limits_{p_2=1}^{n} a_{1p_2}b_{p_2 2} & \cdots & \sum\limits_{p_n=1}^{n} a_{1p_n}b_{p_n n} \\ \sum\limits_{p_1=1}^{n} a_{2p_1}b_{p_1 1} & \sum\limits_{p_2=1}^{n} a_{2p_2}b_{p_2 2} & \cdots & \sum\limits_{p_n=1}^{n} a_{2p_n}b_{p_n n} \\ \vdots & \vdots & & \vdots \\ \sum\limits_{p_1=1}^{n} a_{np_1}b_{p_1 1} & \sum\limits_{p_2=1}^{n} a_{np_2}b_{p_2 2} & \cdots & \sum\limits_{p_n=1}^{n} a_{np_n}b_{p_n n} \end{pmatrix}$$

$$|\boldsymbol{AB}|=\begin{vmatrix} \sum\limits_{p_1=1}^{n} a_{1p_1}b_{p_1 1} & \sum\limits_{p_2=1}^{n} a_{1p_2}b_{p_2 2} & \cdots & \sum\limits_{p_n=1}^{n} a_{1p_n}b_{p_n n} \\ \sum\limits_{p_1=1}^{n} a_{2p_1}b_{p_1 1} & \sum\limits_{p_2=1}^{n} a_{2p_2}b_{p_2 2} & \cdots & \sum\limits_{p_n=1}^{n} a_{2p_n}b_{p_n n} \\ \vdots & \vdots & & \vdots \\ \sum\limits_{p_1=1}^{n} a_{np_1}b_{p_1 1} & \sum\limits_{p_2=1}^{n} a_{np_2}b_{p_2 2} & \cdots & \sum\limits_{p_n=1}^{n} a_{np_n}b_{p_n n} \end{vmatrix}$$

$$\xlongequal[\text{按第一列拆分}]{\text{行列式的拆分法则}} \sum_{p_1=1}^{n} \begin{vmatrix} a_{1p_1}b_{p_11} & \sum_{p_2=1}^{n} a_{1p_2}b_{p_22} & \cdots & \sum_{p_n=1}^{n} a_{1p_n}b_{p_nn} \\ a_{2p_1}b_{p_11} & \sum_{p_2=1}^{n} a_{2p_2}b_{p_22} & \cdots & \sum_{p_n=1}^{n} a_{2p_n}b_{p_nn} \\ \vdots & \vdots & & \vdots \\ a_{np_1}b_{p_11} & \sum_{p_2=1}^{n} a_{np_2}b_{p_22} & \cdots & \sum_{p_n=1}^{n} a_{np_n}b_{p_nn} \end{vmatrix}$$

$$\xlongequal{\text{重复上一步}} \sum_{p_1=1}^{n}\sum_{p_2=1}^{n}\cdots\sum_{p_n=1}^{n} \begin{vmatrix} a_{1p_1}b_{p_11} & a_{1p_2}b_{p_22} & \cdots & a_{1p_n}b_{p_nn} \\ a_{2p_1}b_{p_11} & a_{2p_2}b_{p_22} & \cdots & a_{2p_n}b_{p_nn} \\ \vdots & \vdots & & \vdots \\ a_{np_1}b_{p_11} & a_{np_2}b_{p_22} & \cdots & a_{np_n}b_{p_nn} \end{vmatrix}$$

$$\xlongequal{\text{提出公因子项}} \sum_{p_1=1}^{n}\sum_{p_2=1}^{n}\cdots\sum_{p_n=1}^{n} \begin{vmatrix} a_{1p_1} & a_{1p_2} & \cdots & a_{1p_n} \\ a_{2p_1} & a_{2p_2} & \cdots & a_{2p_n} \\ \vdots & \vdots & & \vdots \\ a_{np_1} & a_{np_2} & \cdots & a_{np_n} \end{vmatrix} b_{p_11}b_{p_22}\cdots b_{p_nn}$$

根据行列式的运算法则可知$p_1, p_2, \cdots p_n$完全不等．$|\boldsymbol{AB}|$的多项式共$n!$项，

而非n^n项，因此$\sum_{p_1=1}^{n}\sum_{p_2=1}^{n}\cdots\sum_{p_n=1}^{n} \xlongequal[\text{即}p_1p_2\cdots p_n\text{全排列}]{\text{实际的排列共}n!\text{种}} \sum_{p_1p_2\cdots p_n}$．

$$|\boldsymbol{AB}| = \sum_{p_1p_2\cdots p_n} \begin{vmatrix} a_{1p_1} & a_{1p_2} & \cdots & a_{1p_n} \\ a_{2p_1} & a_{2p_2} & \cdots & a_{2p_n} \\ \vdots & \vdots & & \\ a_{np_1} & a_{np_2} & \cdots & a_{np_n} \end{vmatrix} b_{p_11}b_{p_22}\cdots b_{p_nn}$$

$$= \sum_{p_1p_2\cdots p_n} (-1)^{\tau(p_1p_2\cdots p_n)} \begin{vmatrix} a_{1p_1} & a_{1p_2} & \cdots & a_{1p_n} \\ a_{2p_1} & a_{2p_2} & \cdots & a_{2p_n} \\ \vdots & \vdots & & \vdots \\ a_{np_1} & a_{np_2} & \cdots & a_{np_n} \end{vmatrix} b_{p_11}b_{p_22}\cdots b_{p_nn}$$

$$\xlongequal{\boldsymbol{AB}\text{行列式逆序数相同}} |\boldsymbol{A}| \sum_{p_1p_2\cdots p_n} (-1)^{\tau(p_1p_2\cdots p_n)} b_{p_11}b_{p_22}\cdots b_{p_nn} = |\boldsymbol{A}||\boldsymbol{B}|$$

即$|\boldsymbol{AB}|=|\boldsymbol{A}||\boldsymbol{B}|$.

注：在此题的证明过程中，行列式的任一多项式中每一行(列)元素a_{ij} b_{ij}只出现过一次，不能重复，所以$|\boldsymbol{AB}|$行列式中多项式的数目有$n!$个．此题还可以采用分块矩阵法证明，详细讨论参考习题19.

2．方阵的$\boldsymbol{A}$逆矩阵$\boldsymbol{A}^{-1}$

n阶矩阵$\boldsymbol{A}$和$\boldsymbol{B}$，满足$\boldsymbol{AB}=\boldsymbol{BA}=\boldsymbol{E}$，则$\boldsymbol{A}(\boldsymbol{B})$是可逆矩阵，$\boldsymbol{B}(\boldsymbol{A})$是$\boldsymbol{A}(\boldsymbol{B})$的逆矩阵，标记为$\boldsymbol{A}=\boldsymbol{B}^{-1}\left(\boldsymbol{B}=\boldsymbol{A}^{-1}\right)$．这个与倒数$a\dfrac{1}{a}=1(a\neq 0)$有些类似，不同的点在于此处是矩阵，是数组的运算．下面讨论逆矩阵求解方法和性质．

性质一　唯一性，若$\boldsymbol{A}$是可逆矩阵，则$\boldsymbol{A}^{-1}$是唯一的．

反证法证明：假设逆矩阵不唯一，即设$\boldsymbol{B}$，$\boldsymbol{C}$都是$\boldsymbol{A}$的逆矩阵．那么它们满足

$$\boldsymbol{AB}=\boldsymbol{BA}=\boldsymbol{E},\quad \boldsymbol{AC}=\boldsymbol{CA}=\boldsymbol{E}$$

则有

$$\boldsymbol{B}=\boldsymbol{BE}=\boldsymbol{B}(\boldsymbol{AC})\xlongequal{\text{矩阵结合律}}(\boldsymbol{BA})\boldsymbol{C}=\boldsymbol{EC}=\boldsymbol{C}\Rightarrow \boldsymbol{B}=\boldsymbol{C}$$

故假设不成立，因此矩阵$\boldsymbol{A}$的逆矩阵是唯一的．

性质二　若矩阵$\boldsymbol{A}$可逆，那么其对应的行列式$|\boldsymbol{A}|\neq 0$，且$|\boldsymbol{A}|\neq 0$则$\boldsymbol{A}$可逆．换言之，$|\boldsymbol{A}|\neq 0$是$\boldsymbol{A}$可逆的充分必要条件．

证明：①必要性($\boldsymbol{A}$可逆，则$|\boldsymbol{A}|\neq 0$).

矩阵$\boldsymbol{A}$是可逆的，那么它存在逆矩阵$\boldsymbol{A}^{-1}$，使

$$\boldsymbol{A}^{-1}\boldsymbol{A}=\boldsymbol{AA}^{-1}=\boldsymbol{E}\xrightarrow[|\boldsymbol{AB}|=|\boldsymbol{A}||\boldsymbol{B}|]{\text{求矩阵行列式的值}}|\boldsymbol{A}||\boldsymbol{A}^{-1}|=1$$

故$|\boldsymbol{A}|\neq 0$.

②充分性($|\boldsymbol{A}|\neq 0$，则$\boldsymbol{A}$可逆)，为证明充分性我们引入伴随矩阵．

3．方阵$\boldsymbol{A}$的伴随矩阵$\boldsymbol{A}^*$

$$\boldsymbol{A}=\begin{pmatrix} a_{11} & a_{12}\cdots & a_{1n} \\ a_{21} & a_{22}\cdots & a_{2n} \\ \vdots & \vdots & \vdots \\ a_{n1} & a_{n2}\cdots & a_{nn} \end{pmatrix},\quad \boldsymbol{A}^*=\begin{pmatrix} A_{11} & A_{21}\cdots & A_{1n} \\ A_{12} & A_{22}\cdots & A_{2n} \\ \vdots & \vdots & \vdots \\ A_{1n} & A_{2n}\cdots & A_{nn} \end{pmatrix} \tag{2.17}$$

由式(1.28)、式(1.29)可知

$$\left.\begin{aligned}|\boldsymbol{A}|=a_{i1}A_{i1}+a_{i2}A_{i2}+\cdots+a_{in}A_{in}=\sum_{j=1}^{n}a_{ij}A_{ij}\left(i=1,2,\cdots,n\right)\\0=a_{k1}A_{i1}+a_{k2}A_{i2}+\cdots+a_{kn}A_{in}=\sum_{j=1}^{n}a_{kj}A_{ij}\left(k\neq i\right)\end{aligned}\right\}$$

(2.18)

$$\boldsymbol{A}=\begin{pmatrix}a_{11} & a_{12}\cdots & a_{1n}\\a_{21} & a_{22}\cdots & a_{2n}\\\vdots & \vdots & \vdots\\a_{n1} & a_{n2}\cdots & a_{nn}\end{pmatrix},\quad \boldsymbol{A}^{*}=\begin{pmatrix}A_{11} & A_{21}\cdots & A_{n1}\\A_{12} & A_{22}\cdots & A_{n2}\\\vdots & \vdots & \vdots\\A_{1n} & A_{2n}\cdots & A_{nn}\end{pmatrix}$$

$$\boldsymbol{A}\boldsymbol{A}^{*}=\begin{pmatrix}\sum_{j=1}^{n}a_{1j}A_{1j} & \sum_{j=1}^{n}a_{1j}A_{2j}\cdots & \sum_{j=1}^{n}a_{1j}A_{nj}\\\sum_{j=1}^{n}a_{2j}A_{1j} & \sum_{j=1}^{n}a_{2j}A_{2j}\cdots & \sum_{j=1}^{n}a_{2j}A_{nj}\\\vdots & \vdots & \vdots\\\sum_{j=1}^{n}a_{nj}A_{1j} & \sum_{j=1}^{n}a_{nj}A_{2j}\cdots & \sum_{j=1}^{n}a_{nj}A_{nj}\end{pmatrix}\overset{\text{根据式(2.18)}}{=\!=\!=}\begin{pmatrix}|\boldsymbol{A}| & 0\cdots & 0\\0 & |\boldsymbol{A}|\cdots & 0\\\vdots & \vdots & \vdots\\0 & 0\cdots & |\boldsymbol{A}|\end{pmatrix}$$

$$=|\boldsymbol{A}|\begin{pmatrix}1 & 0\cdots & 0\\0 & 1\cdots & 0\\\vdots & \vdots & \vdots\\0 & 0\cdots & 1\end{pmatrix}=|\boldsymbol{A}|\boldsymbol{E}$$

即

$$\boldsymbol{A}\boldsymbol{A}^{*}=|\boldsymbol{A}|\boldsymbol{E}\xrightarrow{|A|\neq 0}\boldsymbol{A}\left(\frac{\boldsymbol{A}^{*}}{|\boldsymbol{A}|}\right)=\boldsymbol{E}$$

满足逆矩阵的定义，所以逆矩阵 $\boldsymbol{A}^{-1}$ 存在，且

$$\boldsymbol{A}^{-1}=\frac{\boldsymbol{A}^{*}}{|\boldsymbol{A}|}\text{(伴随矩阵方法求方阵 }\boldsymbol{A}\text{ 的逆矩阵 }\boldsymbol{A}^{-1}\text{)} \tag{2.19}$$

性质三 n 阶方阵 $\boldsymbol{A}$，$\boldsymbol{B}$ 均为可逆矩阵，那么 $\boldsymbol{AB}$ 同样是 n 阶可逆矩阵，且 $(\boldsymbol{AB})^{-1}=\boldsymbol{B}^{-1}\boldsymbol{A}^{-1}$.

证明：$\boldsymbol{A}$，$\boldsymbol{B}$ 是可逆矩阵，则 $\boldsymbol{A}\cdot\boldsymbol{A}^{-1}=\boldsymbol{E},\boldsymbol{B}\cdot\boldsymbol{B}^{-1}=\boldsymbol{E}$，则

$$(\boldsymbol{AB})\left(\boldsymbol{B}^{-1}\boldsymbol{A}^{-1}\right)\overset{\text{矩阵结合律}}{=\!=\!=\!=}\boldsymbol{A}\left(\boldsymbol{BB}^{-1}\right)\boldsymbol{A}^{-1}=\boldsymbol{AEA}^{-1}=\boldsymbol{AA}^{-1}=\boldsymbol{E}$$

推论：n 阶可逆矩阵 $\boldsymbol{A}_1,\boldsymbol{A}_2,\cdots,\boldsymbol{A}_m$，它们乘积的逆矩阵

$\left(\boldsymbol{A}_1\boldsymbol{A}_2\cdots\boldsymbol{A}_m\right)^{-1}=\boldsymbol{A}_m^{-1}\cdots\boldsymbol{A}_2^{-1}\boldsymbol{A}_1^{-1}$

即矩阵乘积的逆矩阵为逆序的矩阵逆的乘积.

性质四：n 阶可逆方阵 $\boldsymbol{A}$，对于任意 n 行矩阵 $\boldsymbol{B}$，满足 $\boldsymbol{AX}=\boldsymbol{B}$ 方程的解 $\boldsymbol{X}=\boldsymbol{A}^{-1}\boldsymbol{B}$ (其证明 $\boldsymbol{A}^{-1}(\boldsymbol{AX})=\left(\boldsymbol{A}^{-1}\boldsymbol{B}\right)$)并且是唯一解；若 n 列矩阵 $\boldsymbol{B}$，满足 $\boldsymbol{XA}=\boldsymbol{B}$，则有唯一解 $\boldsymbol{X}=\boldsymbol{BA}^{-1}$.

性质五　克拉默法则求解 n 元线性方程组：

$$\begin{cases}a_{11}x_1+a_{12}x_2+\ldots+a_{1n}x_n=b_1\\a_{21}x_1+a_{22}x_2+\ldots+a_{2n}x_n=b_2\\\qquad\qquad\ldots\ldots\\a_{n1}x_1+a_{n2}x_2+\ldots+a_{nn}x_n=b_n\end{cases}\Rightarrow\begin{pmatrix}a_{11}&a_{12}&\cdots&a_{1n}\\a_{21}&a_{22}&\cdots&a_{2n}\\\vdots&\vdots&&\vdots\\a_{n1}&a_{n2}&\cdots&a_{nn}\end{pmatrix}\begin{pmatrix}x_1\\x_2\\\vdots\\x_n\end{pmatrix}=\begin{pmatrix}b_1\\b_2\\\vdots\\b_n\end{pmatrix}\tag{2.20}$$

$$\xrightarrow{\text{等价于}}\boldsymbol{AX}=\boldsymbol{b}$$

由于 $\boldsymbol{A}$ 可逆，即 $|\boldsymbol{A}|\neq 0$，式(2.20)两边同乘 $\boldsymbol{A}^{-1}$，即 $\boldsymbol{X}=\left(\boldsymbol{A}^{-1}\boldsymbol{A}\right)\boldsymbol{X}=\boldsymbol{A}^{-1}\boldsymbol{B}$.

将式(2.19)代入，得

$$\boldsymbol{X}=\boldsymbol{A}^{-1}\boldsymbol{b}=\frac{1}{|\boldsymbol{A}|}\boldsymbol{A}^{*}\boldsymbol{b}$$

$$=\frac{1}{|\boldsymbol{A}|}\begin{pmatrix}A_{11}&A_{21}&\ldots&A_{n1}\\A_{12}&A_{22}&\ldots&A_{n2}\\\vdots&\vdots&&\vdots\\A_{1n}&A_{2n}&\ldots&A_{nn}\end{pmatrix}\begin{pmatrix}b_1\\b_2\\\vdots\\b_n\end{pmatrix}=\frac{1}{|\boldsymbol{A}|}\begin{pmatrix}b_1A_{11}+b_2A_{21}+\ldots+b_nA_{n1}\\b_1A_{12}+b_2A_{22}+\ldots+b_nA_{n2}\\\vdots\\b_1A_{1n}+b_2A_{2n}+\ldots+b_nA_{nn}\end{pmatrix}\tag{2.21}$$

$\boldsymbol{X}$ 是 n 行 1 列的矩阵，x_j 对应伴随矩阵 $\boldsymbol{A}^{*}$ 的第 j 行矩阵元与 $\boldsymbol{b}$ 相乘，即

$$x_j=\frac{1}{|\boldsymbol{A}|}\left(b_1A_{1j}+b_2A_{2j}+\ldots+b_nA_{nj}\right)$$

$$=\frac{1}{|\boldsymbol{A}|}\begin{vmatrix}a_{11}&\ldots&a_{1,j-1}&b_1&a_{1,j+1}&\ldots&a_{1n}\\a_{21}&\ldots&a_{2,j-1}&b_2&a_{2,j+1}&\ldots&a_{2n}\\\vdots&&\vdots&\vdots&\vdots&&\vdots\\a_{n1}&\ldots&a_{n,j-1}&b_n&a_{n,j+1}&\ldots&a_{nn}\end{vmatrix}\tag{2.22}$$

$$=\frac{D_j}{D}(j=1,2,\cdots,n)$$

2.1.3 矩阵分块分析

当矩阵的阶数比较高时，矩阵乘法时容易漏项，而且大量的乘法运算容易出错，为此可以把高阶的大矩阵拆分成低阶的小矩阵，从而将高阶矩阵乘法变成了低阶矩阵的乘法，这样计算量虽然未减少，但由于是低价矩阵运算，故矩阵的计算准确率更高.

矩阵分块分法：以 $\boldsymbol{A}_{3\times5}=\begin{pmatrix} a_{11} & a_{12} & a_{13} & a_{14} & a_{15} \\ a_{21} & a_{22} & a_{23} & a_{24} & a_{25} \\ a_{31} & a_{32} & a_{33} & a_{34} & a_{35} \end{pmatrix}$ 为例，对矩阵 $\boldsymbol{A}_{3\times5}$ 拆分.

$$\boldsymbol{A}_{3\times5}=\left(\begin{array}{cc|c|cc} a_{11} & a_{12} & a_{13} & a_{14} & a_{15} \\ a_{21} & a_{22} & a_{23} & a_{24} & a_{25} \\ \hline a_{31} & a_{32} & a_{33} & a_{34} & a_{35} \end{array}\right)=\begin{pmatrix} \boldsymbol{A}_{11} & \boldsymbol{A}_{12} & \boldsymbol{A}_{13} \\ \boldsymbol{A}_{21} & \boldsymbol{A}_{22} & \boldsymbol{A}_{23} \end{pmatrix}$$

其中 $\boldsymbol{A}_{11}=\begin{pmatrix} a_{11} & a_{12} \\ a_{21} & a_{22} \end{pmatrix}, \boldsymbol{A}_{11}=\begin{pmatrix} a_{13} \\ a_{23} \end{pmatrix}, \boldsymbol{A}_{13}=\begin{pmatrix} a_{14} & a_{15} \\ a_{24} & a_{25} \end{pmatrix}, \boldsymbol{A}_{21}=\begin{pmatrix} a_{31} & a_{32} \end{pmatrix}, \boldsymbol{A}_{22}=\begin{pmatrix} a_{33} \end{pmatrix},$

$\boldsymbol{A}_{23}=\begin{pmatrix} a_{34} & a_{35} \end{pmatrix}$

特别注意：$\boldsymbol{A}_{11}$ 并不是 a_{11} 的代数余子式，是 $\boldsymbol{A}_{3\times5}$ 拆分为分块矩阵后，第 1 行第 1 列的矩阵. 矩阵 $\boldsymbol{A}$ 的拆分方法并不唯一，需根据题目需要对矩阵进行适当拆分，下面是矩阵 $\boldsymbol{A}_{3\times5}$ 的其他类型的分块.

$$\boldsymbol{A}_{3\times5}=\left(\begin{array}{c|cc|cc} a_{11} & a_{12} & a_{13} & a_{14} & a_{15} \\ \hline a_{21} & a_{22} & a_{23} & a_{24} & a_{25} \\ a_{31} & a_{32} & a_{33} & a_{34} & a_{35} \end{array}\right), \boldsymbol{A}_{3\times5}=\left(\begin{array}{c|cccc} a_{11} & a_{12} & a_{13} & a_{14} & a_{15} \\ \hline a_{21} & a_{22} & a_{23} & a_{24} & a_{25} \\ a_{31} & a_{32} & a_{33} & a_{34} & a_{35} \end{array}\right)$$

$$\boldsymbol{A}_{3\times5}=\left(\begin{array}{ccccc} a_{11} & a_{12} & a_{13} & a_{14} & a_{15} \\ \hline a_{21} & a_{22} & a_{23} & a_{24} & a_{25} \\ \hline a_{31} & a_{32} & a_{33} & a_{34} & a_{35} \end{array}\right), \boldsymbol{A}_{3\times5}=\left(\begin{array}{c|c|c|c|c} a_{11} & a_{12} & a_{13} & a_{14} & a_{15} \\ a_{21} & a_{22} & a_{23} & a_{24} & a_{25} \\ a_{31} & a_{32} & a_{33} & a_{34} & a_{35} \end{array}\right)$$

分块矩阵的运算，与矩阵的运算法则类似：

(1) 加法运算：两个同型矩阵必须按照相同的拆分方法拆分，换言之，相加的两个分块矩阵也必须是同型矩阵.

(2) 数乘运算 $\lambda\boldsymbol{A}$：常数 λ 必须乘以每一个分块矩阵.

(3) 转置运算：每一个分块矩阵转置，且分块矩阵 $\boldsymbol{A}_{ij}$ 的位置由第 i 行 j 列变到第 j 行 i 列.

(4) 分块矩阵($\boldsymbol{A}\times\boldsymbol{B}$)的乘法：矩阵 $\boldsymbol{A}$ 的分块矩阵 $\boldsymbol{A}_{ij}$ 的列要与矩阵 $\boldsymbol{B}$ 的分块矩阵 $\boldsymbol{B}_{lm}$ 的行相同，即 $j=l$.

2.2　矩阵典型习题分析

2.2.1 矩阵典型习题分析

习题 1　如图 2.1 所示，xOy 平面上向量 $\overrightarrow{OA}$ 转动角 φ 后变成 $\overrightarrow{OA'}$，建立 $\overrightarrow{OA}$ 与 $\overrightarrow{OA'}$ 的线性关系，并求出相应的矩阵 $\boldsymbol{B}$，即旋转矩阵 $\boldsymbol{B}$.

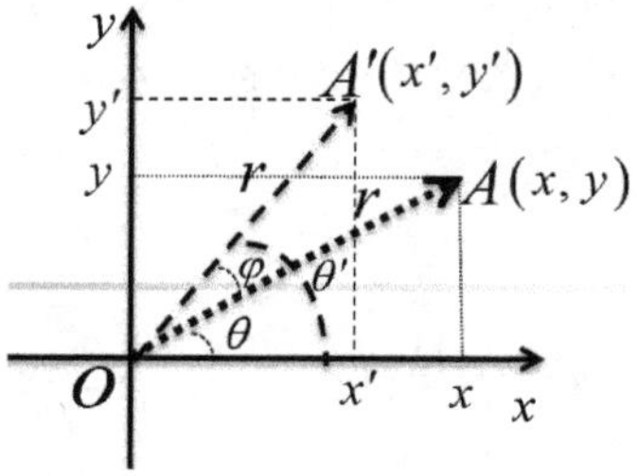

图 2.1

解析：旋转矩阵在物理学中有着重要的应用意义，特别是定轴转动参考系中物理量的描述．此题中研究的是矢量的定轴转动．这是个二维坐标系中的转动问题，可用矩阵表示向量．

解：A, A' 点的坐标可用两行一列的矩阵来描述，为了找出 A, A' 与角度 φ 的关系，首先将矢量 $\overrightarrow{OA}$ 与 $\overrightarrow{OA'}$ 投影到直角坐标系中，可以导出

$$\overrightarrow{OA}=\begin{pmatrix}x\\y\end{pmatrix}=\begin{pmatrix}r\cdot\cos\theta\\r\cdot\sin\theta\end{pmatrix},\quad \overrightarrow{OA'}=\begin{pmatrix}x'\\y'\end{pmatrix}=\begin{pmatrix}r\cdot\cos\theta'\\r\cdot\sin\theta'\end{pmatrix} \tag{①}$$

根据三角函数运算法则有

$$\left.\begin{aligned}\cos\theta'=\cos(\theta+\varphi)=\cos\theta\cos\varphi-\sin\theta\sin\varphi\\ \sin\theta'=\sin(\theta+\varphi)=\sin\theta\cos\varphi+\cos\theta\sin\varphi\end{aligned}\right\} \tag{②}$$

因此

$$\overrightarrow{OA'}=\begin{pmatrix}x'\\y'\end{pmatrix}=\begin{pmatrix}\cos\varphi & -\sin\varphi\\ \sin\varphi & \cos\varphi\end{pmatrix}\begin{pmatrix}x\\y\end{pmatrix} \tag{③}$$

旋转矩阵 $\boldsymbol{B}=\begin{pmatrix}\cos\varphi & -\sin\varphi\\ \sin\varphi & \cos\varphi\end{pmatrix}$，值得注意的是，旋转矩阵 $\boldsymbol{B}$ 只改变了向量的方向，未改变其大小．这是二维 xOy 直角坐标系中的旋转矩阵，可以猜测若转动 n 次，则转动的角度为 $n\cdot\varphi$，转动矩阵 $\boldsymbol{B}_n=\begin{pmatrix}\cos(n\varphi) & -\sin(n\varphi)\\ \sin(n\varphi) & \cos(n\varphi)\end{pmatrix}$，且 $\boldsymbol{B}_n=\boldsymbol{B}^n$，对此我们采用数学归纳法给出其证明：

$$\boldsymbol{B}^1=\begin{pmatrix}\cos\varphi & -\sin\varphi\\ \sin\varphi & \cos\varphi\end{pmatrix}=\begin{pmatrix}\cos\varphi\cos\varphi-\sin\varphi\sin\varphi & \cos\varphi(-\sin\varphi)-\sin\varphi\cos\varphi\\ \sin\varphi\cos\varphi+\cos\varphi\sin\varphi & -\sin\varphi\sin\varphi+\cos\varphi\cos\varphi\end{pmatrix}$$

$$=\begin{pmatrix}\cos 2\varphi & -\sin 2\varphi\\ \sin 2\varphi & \cos 2\varphi\end{pmatrix}$$

$$\boldsymbol{B}^2=\begin{pmatrix}\cos\varphi & -\sin\varphi\\ \sin\varphi & \cos\varphi\end{pmatrix}\begin{pmatrix}\cos\varphi & -\sin\varphi\\ \sin\varphi & \cos\varphi\end{pmatrix}$$

设 $\boldsymbol{B}^m=\begin{pmatrix}\cos m\varphi & -\sin m\varphi\\ \sin m\varphi & \cos m\varphi\end{pmatrix}$，则

$$\boldsymbol{B}^{m+1}=\boldsymbol{B}^m\cdot\boldsymbol{B}=\begin{pmatrix}\cos m\varphi & -\sin m\varphi\\ \sin m\varphi & \cos m\varphi\end{pmatrix}\begin{pmatrix}\cos\varphi & -\sin\varphi\\ \sin\varphi & \cos\varphi\end{pmatrix}$$

$$=\begin{pmatrix}\cos m\varphi\cos\varphi-\sin m\varphi\sin\varphi & \cos m\varphi(-\sin\varphi)-\sin m\varphi\cos\varphi\\ \sin m\varphi\cos\varphi+\cos m\varphi\sin\varphi & -\sin m\varphi\sin\varphi+\cos m\varphi\cos\varphi\end{pmatrix}$$

$$=\begin{pmatrix}\cos(m+1)\varphi & -\sin(m+1)\varphi\\ \sin(m+1)\varphi & \cos(m+1)\varphi\end{pmatrix}$$

故

$$\boldsymbol{B}^n=\begin{pmatrix}\cos\varphi & -\sin\varphi\\ \sin\varphi & \cos\varphi\end{pmatrix}^n=\begin{pmatrix}\cos n\varphi & -\sin n\varphi\\ \sin n\varphi & \cos n\varphi\end{pmatrix} \qquad ④$$

不仅在 xOy 平面上存在旋转矩阵，在 xOz，yOz 平面上同样存在着旋转矩阵，不过表达式与 $\boldsymbol{B}$ 不同，具体讨论参考 7.2 节习题 4．

习题 2　求矩阵 $\boldsymbol{A}=\begin{pmatrix}\lambda & a & b\\ 0 & \lambda & a\\ 0 & 0 & \lambda\end{pmatrix}$ 的 n 次方．

解析：矩阵乘方的求解，若没有规律可循，那么求解过程所涉及的计算量会非常庞大，比如 $\boldsymbol{A}^2$ 需要计算 3×3 个多项式，每个多项式中涉及 3 组数之和，因此寻找规律是求解 $\boldsymbol{A}^n$ 的必寻之路，此题来讲，$\boldsymbol{A}$ 是个上三角矩阵，可对其进行**方阵 $\boldsymbol{A}$ 的拆分**：将矩阵 $\boldsymbol{A}$ 拆分成对角矩阵和上三角矩阵的形式.

解：此题采用矩阵拆分法，将 $\boldsymbol{A}$ 拆成对角矩阵和上三角的矩阵之和的形式，即

$$\begin{aligned}\boldsymbol{A}&=\begin{pmatrix}\lambda & a & b\\ 0 & \lambda & a\\ 0 & 0 & \lambda\end{pmatrix}=\begin{pmatrix}\lambda & 0 & 0\\ 0 & \lambda & 0\\ 0 & 0 & \lambda\end{pmatrix}+\begin{pmatrix}0 & a & b\\ 0 & 0 & a\\ 0 & 0 & 0\end{pmatrix}\\ &=\lambda\begin{pmatrix}1 & 0 & 0\\ 0 & 1 & 0\\ 0 & 0 & 1\end{pmatrix}+\begin{pmatrix}0 & a & b\\ 0 & 0 & a\\ 0 & 0 & 0\end{pmatrix}=\lambda\boldsymbol{E}+\boldsymbol{B}\end{aligned} \tag{⑤}$$

根据单位矩阵的性质 $\boldsymbol{E}\cdot\boldsymbol{B}=\boldsymbol{B}\cdot\boldsymbol{E}=\boldsymbol{B}$ (矩阵乘积可交换和乘积不变性). 使用二项式定理对 $(\lambda\boldsymbol{E}+\boldsymbol{B})^n$ 进行展开：

$$\begin{aligned}\boldsymbol{A}^n&=(\lambda\boldsymbol{E}+\boldsymbol{B})^n=\sum_{k=0}^{n}\boldsymbol{C}_n^k(\lambda\boldsymbol{E})^{n-k}\boldsymbol{B}^k\\ &=(\lambda\boldsymbol{E})^n+C_n^1(\lambda\boldsymbol{E})^{n-1}\boldsymbol{B}^1+C_n^2(\lambda\boldsymbol{E})^{n-2}\boldsymbol{B}^2+\cdots\end{aligned} \tag{⑥}$$

由于 $(\lambda\boldsymbol{E})^k=\lambda^k\boldsymbol{E}$，即 λ^k 倍的单位矩阵，故式⑥中只需要计算 $\boldsymbol{B}^m$ 即可.

$\boldsymbol{B}(a,b)=\begin{pmatrix}0 & a & b\\ 0 & 0 & a\\ 0 & 0 & 0\end{pmatrix}$，对 $\boldsymbol{B}^m(a,b)$ 分情况讨论：

(1) $\begin{cases}a=0\\ b\neq 0\end{cases}$.

$$\boldsymbol{B}(0,b)=\begin{pmatrix}0 & 0 & b\\ 0 & 0 & 0\\ 0 & 0 & 0\end{pmatrix}$$

$$\boldsymbol{B}^2(0,b)=\begin{pmatrix}0 & 0 & b\\ 0 & 0 & 0\\ 0 & 0 & 0\end{pmatrix}\begin{pmatrix}0 & 0 & b\\ 0 & 0 & 0\\ 0 & 0 & 0\end{pmatrix}=\begin{pmatrix}0 & 0 & 0\\ 0 & 0 & 0\\ 0 & 0 & 0\end{pmatrix}$$

因此

$$\boldsymbol{A}^n=(\lambda\boldsymbol{E})^n+C_n^1(\lambda\boldsymbol{E})^{n-1}\boldsymbol{B}^1$$

$$=\begin{pmatrix}\lambda^n&0&0\\0&\lambda^n&0\\0&0&\lambda^n\end{pmatrix}+\begin{pmatrix}0&0&n\lambda^{n-1}b\\0&0&0\\0&0&0\end{pmatrix}=\begin{pmatrix}\lambda^n&0&n\lambda^{n-1}b\\0&\lambda^n&0\\0&0&\lambda^n\end{pmatrix} \qquad ⑦$$

(2) $\begin{cases}a\neq 0\\b=0\end{cases}$.

$$\boldsymbol{B}(a,0)=\begin{pmatrix}0&a&0\\0&0&a\\0&0&0\end{pmatrix}$$

$$\boldsymbol{B}^2(a,0)=\begin{pmatrix}0&a&0\\0&0&a\\0&0&0\end{pmatrix}\begin{pmatrix}0&a&0\\0&0&a\\0&0&0\end{pmatrix}=\begin{pmatrix}0&0&a^2\\0&0&0\\0&0&0\end{pmatrix}$$

$$\boldsymbol{B}^3(a,0)=\begin{pmatrix}0&0&a^2\\0&0&0\\0&0&0\end{pmatrix}\begin{pmatrix}0&a&0\\0&0&a\\0&0&0\end{pmatrix}=\begin{pmatrix}0&0&0\\0&0&0\\0&0&0\end{pmatrix}$$

因此

$$\boldsymbol{A}^n=(\lambda\boldsymbol{E})^n+C_n^1(\lambda\boldsymbol{E})^{n-1}\boldsymbol{B}^1+C_n^2(\lambda\boldsymbol{E})^{n-2}\boldsymbol{B}^2$$

$$=\begin{pmatrix}\lambda^n&0&0\\0&\lambda^n&0\\0&0&\lambda^n\end{pmatrix}+\begin{pmatrix}0&n\lambda^{n-1}a&0\\0&0&n\lambda^{n-1}a\\0&0&0\end{pmatrix}+\begin{pmatrix}0&0&\dfrac{n(n-1)\lambda^{n-2}a^2}{2}\\0&0&0\\0&0&0\end{pmatrix} \qquad ⑧$$

$$=\begin{pmatrix}\lambda^n&n\lambda^{n-1}a&\dfrac{n(n-1)\lambda^{n-2}a^2}{2}\\0&\lambda^n&n\lambda^{n-1}a\\0&0&\lambda^n\end{pmatrix}$$

(3) $\begin{cases} a \neq 0 \\ b \neq 0 \end{cases}$.

$$\boldsymbol{B}(a,b)=\begin{pmatrix} 0 & a & b \\ 0 & 0 & a \\ 0 & 0 & 0 \end{pmatrix}$$

由(1)(2)两种情况可以看出，$\boldsymbol{B}^m=\boldsymbol{O}$，$m$ 有限的，因此可以猜测(3)这种情况下，$\boldsymbol{A}^n$ 为有限的 m 个多项式相加.

$$\boldsymbol{B}^2(a,b)=\begin{pmatrix} 0 & a & b \\ 0 & 0 & a \\ 0 & 0 & 0 \end{pmatrix}\begin{pmatrix} 0 & a & b \\ 0 & 0 & a \\ 0 & 0 & 0 \end{pmatrix}=\begin{pmatrix} 0 & 0 & a^2 \\ 0 & 0 & 0 \\ 0 & 0 & 0 \end{pmatrix}$$

$$\boldsymbol{B}^3(a,b)=\begin{pmatrix} 0 & 0 & a^2 \\ 0 & 0 & 0 \\ 0 & 0 & 0 \end{pmatrix}\begin{pmatrix} 0 & a & b \\ 0 & 0 & a \\ 0 & 0 & 0 \end{pmatrix}=\begin{pmatrix} 0 & 0 & 0 \\ 0 & 0 & 0 \\ 0 & 0 & 0 \end{pmatrix}$$

因此

$$\boldsymbol{A}^n=(\lambda\boldsymbol{E})^n+C_n^1(\lambda\boldsymbol{E})^{n-1}\boldsymbol{B}^1+C_n^2(\lambda\boldsymbol{E})^{n-2}\boldsymbol{B}^2$$

$$=\begin{pmatrix} \lambda^n & 0 & 0 \\ 0 & \lambda^n & 0 \\ 0 & 0 & \lambda^n \end{pmatrix}+\begin{pmatrix} 0 & n\lambda^{n-1}a & n\lambda^{n-1}b \\ 0 & 0 & n\lambda^{n-1}a \\ 0 & 0 & 0 \end{pmatrix}+\begin{pmatrix} 0 & 0 & \dfrac{n(n-1)\lambda^{n-2}a^2}{2} \\ 0 & 0 & 0 \\ 0 & 0 & 0 \end{pmatrix} \qquad ⑨$$

$$=\begin{pmatrix} \lambda^n & n\lambda^{n-1}a & n\lambda^{n-1}b+\dfrac{n(n-1)\lambda^{n-2}a^2}{2} \\ 0 & \lambda^n & n\lambda^{n-1}a \\ 0 & 0 & \lambda^n \end{pmatrix}$$

此题也可采用数学归纳法来求解. 用数学归纳法的前提是能够猜测出 $\boldsymbol{A}^n$ 表达式，若 $\boldsymbol{A}$ 中 $\lambda=1$ 且只有 a 或者 b 时，$\boldsymbol{A}^n$ 比较容易猜测，两个参数猜测 $\boldsymbol{A}^n$ 中的元素比较困难.

习题 3(同济大学数学系编《线性代数附册学习辅导与习题全解(第六版)》例

2.2) $\boldsymbol{A}=\begin{pmatrix}1&0&1\\0&2&0\\1&0&1\end{pmatrix}$，当$n\geqslant 2$为正整数时，求$\boldsymbol{A}^n-2\boldsymbol{A}^{n-1}$.

解析：此题从表面上看需要计算$\boldsymbol{A}^n$，如果是这样就不会有$\boldsymbol{A}^n-2\boldsymbol{A}^{n-1}$(两矩阵相减)，因而要考虑这个整体，将原式化简$\boldsymbol{B}_n=\boldsymbol{A}^n-2\boldsymbol{A}^{n-1}=\boldsymbol{A}^{n-1}\left(\boldsymbol{A}^1-2\boldsymbol{E}\right)$，然后求两项的乘积，这样才能发现规律.

解法一：由于$\boldsymbol{A}^2=\begin{pmatrix}1&0&1\\0&2&0\\1&0&1\end{pmatrix}\begin{pmatrix}1&0&1\\0&2&0\\1&0&1\end{pmatrix}=\begin{pmatrix}2&0&2\\0&4&0\\2&0&2\end{pmatrix}=2\boldsymbol{A}$，可得

$$\boldsymbol{A}^n-2\boldsymbol{A}^{n-1}=\boldsymbol{A}^{n-2}\left(\boldsymbol{A}^2-2\boldsymbol{A}\right)=\boldsymbol{A}^{n-2}\boldsymbol{O}=\boldsymbol{O}$$

此题也可以用习题4中数学归纳法来求解.

解法二：假设$\boldsymbol{B}_n=\boldsymbol{A}^n-2\boldsymbol{A}^{n-1}=\boldsymbol{A}^{n-1}\left(\boldsymbol{A}^1-2\boldsymbol{E}\right)$，则

$$\begin{aligned}\boldsymbol{B}_1&=A-2\boldsymbol{E}\\&=\begin{pmatrix}1&0&1\\0&2&0\\1&0&1\end{pmatrix}-2\begin{pmatrix}1&0&0\\0&1&0\\0&0&1\end{pmatrix}=\begin{pmatrix}-1&0&1\\0&0&0\\1&0&-1\end{pmatrix}\end{aligned}$$

$$\begin{aligned}\boldsymbol{B}_2&=\boldsymbol{A}(\boldsymbol{A}-2\boldsymbol{E})\\&=\begin{pmatrix}1&0&1\\0&2&0\\1&0&1\end{pmatrix}\begin{pmatrix}-1&0&1\\0&0&0\\1&0&-1\end{pmatrix}=\begin{pmatrix}0&0&0\\0&0&0\\0&0&0\end{pmatrix}\end{aligned}$$

$$\boldsymbol{B}_n=\boldsymbol{O}(n\geqslant 2)\Rightarrow \boldsymbol{A}^n-2\boldsymbol{A}^{n-1}=\boldsymbol{O}$$

习题 4(四川大学数学学院高等数学教研室编《高等数学第三册(第三版)》第二章第三节例2) 求解线性方程组：

$$\begin{cases}2x_1+x_2-5x_3+x_4=8\\x_1-3x_2-6x_4=9\\2x_2-x_3+2x_4=-5\\x_1+4x_2-7x_3+6x_4=0\end{cases}$$

解法一：利用克拉默法则求解，系数行列式$D\neq 0$，方程有唯一解.

$$D=|A|=\begin{vmatrix}2&1&-5&1\\1&-3&0&-6\\0&2&-1&2\\1&4&-7&6\end{vmatrix}=27\neq 0$$

$$D_1=\begin{vmatrix}8&1&-5&1\\9&-3&0&-6\\-5&2&-1&2\\0&4&-7&6\end{vmatrix}=81,\quad D_2=\begin{vmatrix}2&8&-5&1\\1&9&0&-6\\0&-5&-1&2\\1&0&-7&6\end{vmatrix}=-108$$

$$D_3=\begin{vmatrix}2&1&8&1\\1&-3&9&-6\\0&2&-5&2\\1&4&0&6\end{vmatrix}=-27,\quad D_4=\begin{vmatrix}2&1&-5&8\\1&-3&0&9\\0&2&-1&-5\\1&4&-7&0\end{vmatrix}=27$$

根据克拉默法则可求出方程组的解为

$$(x_1,x_2,x_3,x_4)=\left(\frac{D_1}{D},\frac{D_2}{D},\frac{D_3}{D},\frac{D_4}{D}\right)=(3,-4,-1,1)$$

解法二：利用可逆矩阵的性质四，$\boldsymbol{AX}=\boldsymbol{B}$ 方程的解为 $\boldsymbol{X}=\boldsymbol{A}^{-1}\boldsymbol{B}$.

$$\boldsymbol{A}^{-1}=\frac{\boldsymbol{A}^*}{|\boldsymbol{A}|}=\frac{1}{|\boldsymbol{A}|}\begin{pmatrix}A_{11}&A_{21}&A_{31}&A_{41}\\A_{12}&A_{22}&A_{32}&A_{42}\\A_{13}&A_{23}&A_{33}&A_{43}\\A_{14}&A_{24}&A_{34}&A_{44}\end{pmatrix}=\frac{1}{27}\begin{pmatrix}36&-18&9&-27\\-2&7&31&-3\\10&-8&7&-12\\7&-11&-14&-3\end{pmatrix}$$

$$\boldsymbol{A}^{-1}\boldsymbol{b}=\begin{pmatrix}3\\-4\\-1\\1\end{pmatrix}$$

解法二中涉及 16 个三阶行列式计算，虽然降阶，但是计算量比解法一更加庞大．在第三章中，我们会讨论通过矩阵的初等变换求解逆矩阵及线性方程组解的方法，第七章中讨论 MATLAB 求解方法．

习题 5(四川大学数学学院高等数学教研室编《高等数学第三册(第三版)》第二章习题 13)　求矩阵 $\boldsymbol{A}$ 的行列式值：

$$\boldsymbol{A}=\begin{pmatrix}a&b&c&d\\-b&a&d&-c\\-c&-d&a&b\\-d&c&-b&a\end{pmatrix}$$

解析：通过观察发现 $\boldsymbol{A}$ 行与列相乘要么为零，要么是常数，所以采用 $\boldsymbol{A}$ 与其转置相乘的方法求行列式的值.

解法一：$\left|\boldsymbol{A}\cdot\boldsymbol{A}^{\mathrm{T}}\right|=|\boldsymbol{A}|\left|\boldsymbol{A}^{\mathrm{T}}\right|=|\boldsymbol{A}|^2$

$$\boldsymbol{A}\cdot\boldsymbol{A}^{\mathrm{T}}=\begin{pmatrix}a&b&c&d\\-b&a&d&-c\\-c&-d&a&b\\-d&c&-b&a\end{pmatrix}\begin{pmatrix}a&-b&-c&-d\\b&a&-d&c\\c&d&a&-b\\d&-c&b&a\end{pmatrix}$$

$$=\begin{pmatrix}a^2+b^2+c^2+d^2&0&0&0\\0&a^2+b^2+c^2+d^2&0&0\\0&0&a^2+b^2+c^2+d^2&0\\0&0&0&a^2+b^2+c^2+d^2\end{pmatrix}$$

$$\left|\boldsymbol{A}\cdot\boldsymbol{A}^{\mathrm{T}}\right|=\left(a^2+b^2+c^2+d^2\right)^4\Rightarrow|\boldsymbol{A}|=\left(a^2+b^2+c^2+d^2\right)^2$$

$|\boldsymbol{A}|\neq-\left(a^2+b^2+c^2+d^2\right)^2$，这是由于若 $b=c=d=0\Rightarrow|\boldsymbol{A}|=a^4$，故舍去负值.

此题不仅利用了行列式的乘法，还涉及行列式的性质(转置行列式值不变).

解法二：$|\boldsymbol{A}|$ 是行列式，可按照行列式的性质求值. 首先假设 $a\neq0$，则

$$|\boldsymbol{A}|=\begin{vmatrix}a&b&c&d\\-b&a&d&-c\\-c&-d&a&b\\-d&c&-b&a\end{vmatrix}\xlongequal[a\neq0]{c_1\times a}\frac{1}{a}\begin{vmatrix}a^2&b&c&d\\-ab&a&d&-c\\-ac&-d&a&b\\-ad&c&-b&a\end{vmatrix}$$

$$\xlongequal{c_1+b\times c_2+c\times c_3+d\times c_4}\frac{1}{a}\begin{vmatrix}a^2+b^2+c^2+d^2&b&c&d\\0&a&-d&c\\0&d&a&-b\\0&-c&b&a\end{vmatrix}$$

$$=\frac{1}{a}\left(a^2+b^2+c^2+d^2\right)\begin{vmatrix}a&-d&c\\d&a&-b\\-c&b&a\end{vmatrix}$$

$=\dfrac{1}{a}\left(a^2+b^2+c^2+d^2\right)\left(a^3-bcd+bcd+ac^2+ab^2+ad^2\right)$(三阶行列式的展开

公式)

$$=\frac{1}{a}\left(a^2+b^2+c^2+d^2\right)\cdot a\cdot\left(a^2+b^2+c^2+d^2\right)=\left(a^2+b^2+c^2+d^2\right)^2$$

当$a=0,b\neq 0$时，有

$$|\boldsymbol{A}|=\begin{vmatrix}0&b&c&d\\-b&0&d&-c\\-c&-d&0&b\\-d&c&-b&0\end{vmatrix}\xlongequal{c_1\leftrightarrow c_2}-\begin{vmatrix}b&0&c&d\\0&-b&d&-c\\-d&-c&0&b\\c&-d&-b&0\end{vmatrix}\xlongequal[b\neq 0]{c_1\times b}-\frac{1}{b}\begin{vmatrix}b^2&0&c&d\\0&-b&d&-c\\-bd&-c&0&b\\bc&-d&-b&0\end{vmatrix}$$

$$\xlongequal{c_1+c_3\times c+c_4\times d}-\frac{1}{b}\begin{vmatrix}b^2+c^2+d^2&0&c&d\\0&-b&d&-c\\0&-c&0&b\\0&-d&-b&0\end{vmatrix}=-\frac{1}{b}\left(b^2+c^2+d^2\right)\begin{vmatrix}-b&d&-c\\-c&0&b\\-d&-b&0\end{vmatrix}$$

$=-\dfrac{1}{b}\left(b^2+c^2+d^2\right)\left(-bd^2-bc^2-b^3\right)=\left(b^2+c^2+d^2\right)^2$(同样使用了三阶行列式的展开公式)

当$a=0,b=0$时，有

$$|\boldsymbol{A}|=\begin{vmatrix}0&0&c&d\\0&0&d&-c\\-c&-d&0&0\\-d&c&0&0\end{vmatrix}\xlongequal[c_2\leftrightarrow c_4]{c_1\leftrightarrow c_3}\begin{vmatrix}c&d&0&0\\d&-c&0&0\\0&0&-c&-d\\0&0&-d&c\end{vmatrix}=\left(c^2+d^2\right)^2$$

所以无论a,b取任何值，$|\boldsymbol{A}|=\left(a^2+b^2+c^2+d^2\right)^2$.

习题 6　求值$\boldsymbol{A}^n$，其中$\boldsymbol{A}=\begin{pmatrix}1&1&-1\\2&2&-2\\5&5&-5\end{pmatrix}$.

解析：若采用矩阵乘法法则，需要计算 n 个矩阵相乘，而且每次都是不同的矩阵乘法，因此直接采用矩阵乘法做此题比较难，通过对矩阵 $\boldsymbol{A}$ 的观察，发现 $\boldsymbol{A}$ 的第一二列元素相同，与第三列元素相比差一个符号，因此可将矩阵 $\boldsymbol{A}$ 进行拆分.

解：$\boldsymbol{A}=\begin{pmatrix}1&1&-1\\2&2&-2\\5&5&-5\end{pmatrix}=\begin{pmatrix}1\\2\\5\end{pmatrix}\begin{pmatrix}1&1&-1\end{pmatrix}=\boldsymbol{\alpha}\cdot\boldsymbol{\beta}\Rightarrow\begin{cases}\boldsymbol{\alpha}=\begin{pmatrix}1&2&5\end{pmatrix}^{\mathrm{T}}\\\boldsymbol{\beta}=\begin{pmatrix}1&1&-1\end{pmatrix}\end{cases}$

由于 $$\begin{cases}\boldsymbol{\alpha}\cdot\boldsymbol{\beta}=\boldsymbol{A}\\ \boldsymbol{\beta}\cdot\boldsymbol{\alpha}=(1\quad 1\quad -1)(1\quad 2\quad 5)^{\mathrm{T}}=4\end{cases}$$

所以将 $\boldsymbol{A}$ 中的 $\boldsymbol{\beta}\cdot\boldsymbol{\alpha}$ 进行组合

$$\boldsymbol{A}^n=(\boldsymbol{\alpha}\cdot\boldsymbol{\beta})^n=\underbrace{\boldsymbol{\alpha}\cdot\boldsymbol{\beta}\cdots\boldsymbol{\alpha}\cdot\boldsymbol{\beta}}_{n个\alpha\cdot\beta}=\boldsymbol{\alpha}\cdot\underbrace{\boldsymbol{\beta}\cdot\boldsymbol{\alpha}\cdots\boldsymbol{\beta}\cdot\boldsymbol{\alpha}}_{n\text{-}1个\beta\cdot\alpha}\cdot\boldsymbol{\beta}$$

$$=\begin{pmatrix}1\\2\\5\end{pmatrix}\times 4^{n-1}\times(1\quad 1\quad -1)=4^{n-1}\begin{pmatrix}1\\2\\5\end{pmatrix}(1\quad 1\quad -1)=4^{n-1}\begin{pmatrix}1&1&-1\\2&2&-2\\5&5&-5\end{pmatrix}$$

习题 7(李尚志编《线性代数学习指导》第八章 8.1 节)　矩阵求数列的 $\{a_n\}$ 通项，$a_{n+1}=\dfrac{2a_n}{a_n+1}$, 其中 $a_1=\dfrac{1}{2}$.

这是中学常见的多项式求解问题，采用两种方法.

解法一：将 $a_{n+1}=\dfrac{2a_n}{a_n+1}\Rightarrow\dfrac{1}{a_{n+1}}=\dfrac{1}{2}\dfrac{1}{a_{n+1}}+\dfrac{1}{2}\xrightarrow{凑形式相同}\dfrac{1}{a_{n+1}}-1=\dfrac{1}{2}\left(\dfrac{1}{a_{n+1}}-1\right)$,

所以 $\left\{\dfrac{1}{a_{n+1}}-1\right\}$ 是等比数列，$\dfrac{1}{a_n}-1=\left(\dfrac{1}{2}\right)^{n-1}\left(\dfrac{1}{a_1}-1\right)=\left(\dfrac{1}{2}\right)^{n-1}\Rightarrow a_n=\dfrac{2^{n-1}}{2^{n-1}+1}$.

解法二：将 $a_{n+1}=\dfrac{2a_n}{a_n+1}=\dfrac{p_{n+1}}{q_{n+1}}$(假设)写成矩阵的形式，设矩阵 $\boldsymbol{a}_n=\begin{pmatrix}p_n\\q_n\end{pmatrix}$,

则 $\boldsymbol{a}_n=\begin{pmatrix}p_n\\q_n\end{pmatrix}=\begin{pmatrix}2&0\\1&1\end{pmatrix}\begin{pmatrix}p_{n-1}\\q_{n-1}\end{pmatrix}=\boldsymbol{A}\begin{pmatrix}p_{n-1}\\q_{n-1}\end{pmatrix}=\boldsymbol{A}\boldsymbol{a}_{n-1}$，其中 $\boldsymbol{A}=\begin{pmatrix}2&0\\1&1\end{pmatrix}$，以此类推，可推导出 $\boldsymbol{a}_n=\boldsymbol{A}^{n-1}\boldsymbol{a}_1=\begin{pmatrix}2&0\\1&1\end{pmatrix}^{n-1}\begin{pmatrix}1\\2\end{pmatrix}$.

由矩阵对角化可得

$$\boldsymbol{A}=\begin{pmatrix}2&0\\1&1\end{pmatrix}=\begin{pmatrix}0&1\\1&1\end{pmatrix}\begin{pmatrix}1&0\\0&2\end{pmatrix}\begin{pmatrix}0&1\\1&1\end{pmatrix}^{-1}$$

其中
$$\begin{pmatrix}0 & 1\\1 & 1\end{pmatrix}^{-1}=\begin{pmatrix}-1 & 1\\1 & 0\end{pmatrix}$$

将其代入可得

$$\boldsymbol{a}_n=\boldsymbol{A}^{n-1}\boldsymbol{a}_1=\begin{pmatrix}0 & 1\\1 & 1\end{pmatrix}\begin{pmatrix}1 & 0\\0 & 2\end{pmatrix}^{n-1}\begin{pmatrix}0 & 1\\1 & 1\end{pmatrix}^{-1}\begin{pmatrix}1\\1\end{pmatrix}=\begin{pmatrix}0 & 1\\1 & 1\end{pmatrix}\begin{pmatrix}1 & 0\\0 & 2\end{pmatrix}^{n-1}\begin{pmatrix}-1 & 1\\1 & 0\end{pmatrix}\begin{pmatrix}1\\1\end{pmatrix}$$
$$=\begin{pmatrix}2^{n-1}\\1+2^{n-1}\end{pmatrix}$$

故
$$a_n=\frac{2^{n-1}}{2^{n-1}+1}$$

从本题来看，矩阵的方法同样适用多项式求解，而且具有普遍性.

习题 8(同济大学数学系编《线性代数(第六版)》第二章习题 8) (1)n 阶矩阵 $\boldsymbol{A}$ 和 $\boldsymbol{B}$，若 $\boldsymbol{A}$ 是对称矩阵，证明 $\boldsymbol{B}^{\mathrm{T}}\boldsymbol{AB}$ 是对称矩阵. (2) n 阶对称矩阵 $\boldsymbol{A}$ 和 $\boldsymbol{B}$，矩阵 $\boldsymbol{AB}$ 是对称矩阵的充要条件是 $\boldsymbol{AB}=\boldsymbol{BA}$. (3) n 阶实对称矩阵 $\boldsymbol{A}$，且 $\boldsymbol{A}^2=\boldsymbol{O}$，则 $\boldsymbol{A}=\boldsymbol{O}$

证明：(1) $\boldsymbol{B}^{\mathrm{T}}\boldsymbol{AB}$ 是对称矩阵只需证明 $\left(\boldsymbol{B}^{\mathrm{T}}\boldsymbol{AB}\right)^{\mathrm{T}}=\boldsymbol{B}^{\mathrm{T}}\boldsymbol{AB}$，即

$$\left(\boldsymbol{B}^{\mathrm{T}}\boldsymbol{AB}\right)^{\mathrm{T}}=\left(\boldsymbol{AB}\right)^{\mathrm{T}}\left(\boldsymbol{B}^{\mathrm{T}}\right)^{\mathrm{T}}=\boldsymbol{B}^{\mathrm{T}}\boldsymbol{A}^{\mathrm{T}}\boldsymbol{B}=\boldsymbol{B}^{\mathrm{T}}\boldsymbol{AB}\leftarrow\left(\boldsymbol{A}^{\mathrm{T}}=\boldsymbol{A}\text{对称矩阵}\right)$$

(2) 由于矩阵 $\boldsymbol{A}$ 和 $\boldsymbol{B}$ 是对称矩阵，则 $\boldsymbol{A}^{\mathrm{T}}=\boldsymbol{A}$，$\boldsymbol{B}^{\mathrm{T}}=\boldsymbol{B}$,

$$\boldsymbol{AB}\text{为对称矩阵}\Leftrightarrow\left(\boldsymbol{AB}\right)^{\mathrm{T}}=\boldsymbol{AB}\Leftrightarrow\boldsymbol{B}^{\mathrm{T}}\boldsymbol{A}^{\mathrm{T}}=\boldsymbol{AB}\Leftrightarrow\boldsymbol{BA}=\boldsymbol{AB}$$

(3) 由 $\boldsymbol{A}^2=\boldsymbol{AA}=\boldsymbol{AA}^{\mathrm{T}}=\boldsymbol{O}$，零矩阵所有元素都为零，所以 $\boldsymbol{A}^2$ 对角线元素为零，因此 $a_{11}^2+a_{12}^2+\cdots+a_{1n}^2=0,\ a_{21}^2+a_{22}^2+\cdots+a_{2n}^2=0,\quad\cdots,a_{n1}^2+a_{n2}^2+\cdots+a_{nn}^2=0.$ 即 $a_{ij}=0\left(i,j=1,2,\cdots,n\right)\Rightarrow\boldsymbol{A}=\boldsymbol{O}$.

2.2.2 逆矩阵典型习题分析

习题 9(四川大学数学学院高等数学教研室编《高等数学第三册(第三版)》第二章习题 18) 证明 n 阶矩阵 $\boldsymbol{A}$ 满足 $\boldsymbol{A}^k=\boldsymbol{O}$，其中 k 为正整数，证明 $\left(\boldsymbol{E}-\boldsymbol{A}\right)^{-1}=\boldsymbol{E}+\boldsymbol{A}+\cdots+\boldsymbol{A}^{k-1}$.

解：要证明 $\boldsymbol{E}-\boldsymbol{A}$ 的可逆，方法一证明其值不为零 $\left|\boldsymbol{E}-\boldsymbol{A}\right|\neq0$，对于此题来讲，很明显 $\boldsymbol{A}$ 的行列式值为零，但是 $\boldsymbol{E}-\boldsymbol{A}$ 的值无法确定；方法二，证明 $\left(\boldsymbol{E}-\boldsymbol{A}\right)\left(\boldsymbol{E}-\boldsymbol{A}\right)^{-1}=\boldsymbol{E}$，该法可行，这是由于 $\left(\boldsymbol{E}-\boldsymbol{A}\right)^{-1}=\boldsymbol{E}+\boldsymbol{A}+\cdots+\boldsymbol{A}^{k-1}$ 正好是等比数列，所以证明如下：

$$\begin{cases}(\boldsymbol{E}-\boldsymbol{A})\left(\boldsymbol{E}+\boldsymbol{A}+\cdots+\boldsymbol{A}^{k-1}\right) \\ =\boldsymbol{E}+\boldsymbol{A}+\cdots+\boldsymbol{A}^{k-1}-\boldsymbol{A}\left(\boldsymbol{E}+\boldsymbol{A}+\cdots+\boldsymbol{A}^{k-1}\right) \\ =\boldsymbol{E}+\boldsymbol{A}+\cdots+\boldsymbol{A}^{k-1}-\left(\boldsymbol{A}+\boldsymbol{A}^{2}+\cdots+\boldsymbol{A}^{k}\right) \\ =\boldsymbol{E}-\boldsymbol{A}^{k} \xleftarrow{\boldsymbol{A}^{k}\text{满足条件}} \boldsymbol{A}^{k}=\boldsymbol{O} \\ =\boldsymbol{E}\end{cases} \Rightarrow(\boldsymbol{E}-\boldsymbol{A})\left(\boldsymbol{E}+\boldsymbol{A}+\cdots+\boldsymbol{A}^{k-1}\right)=\boldsymbol{E}$$

所以 $\boldsymbol{E}-\boldsymbol{A}$ 可逆，且 $(\boldsymbol{E}-\boldsymbol{A})^{-1}=\boldsymbol{E}+\boldsymbol{A}+\cdots+\boldsymbol{A}^{k-1}$.

习题 10　矩阵 $\boldsymbol{A}$，$\boldsymbol{B}$ 可逆，且它们的和 $\boldsymbol{A}+\boldsymbol{B}$ 也可逆，证明 $\boldsymbol{A}^{-1}+\boldsymbol{B}^{-1}$ 可逆，并求其逆矩阵.

解析：要证明 $\boldsymbol{A}^{-1}+\boldsymbol{B}^{-1}$ 的可逆，信息量较少．除了知道，$\boldsymbol{A}$，$\boldsymbol{B}$ 及它们的和矩阵可逆外，没有其他信息．要充分利用 $\boldsymbol{A}+\boldsymbol{B}$ 的可逆条件，因此可以猜测 $\boldsymbol{A}\left(\boldsymbol{A}^{-1}+\boldsymbol{B}^{-1}\right)\boldsymbol{B}$ 这样能否可行．$\boldsymbol{A}\left(\boldsymbol{A}^{-1}+\boldsymbol{B}^{-1}\right)\boldsymbol{B}=\left(\boldsymbol{E}+\boldsymbol{A}\boldsymbol{B}^{-1}\right)\boldsymbol{B}=(\boldsymbol{B}+\boldsymbol{A})$，该式中充分使用题目的所有条件，可求出 $\boldsymbol{A}^{-1}+\boldsymbol{B}^{-1}$ 的逆矩阵.

解法一：用 $\boldsymbol{A}$，$\boldsymbol{B}$ 与 $\boldsymbol{A}^{-1}+\boldsymbol{B}^{-1}$ 相乘将其转换成 $\boldsymbol{A}+\boldsymbol{B}$ 形式，有

$$\begin{aligned}&\left(\boldsymbol{A}^{-1}+\boldsymbol{B}^{-1}\right)\boldsymbol{B}(\boldsymbol{A}+\boldsymbol{B})^{-1}\boldsymbol{A}=\left(\boldsymbol{A}^{-1}\boldsymbol{B}+\boldsymbol{E}\right)(\boldsymbol{A}+\boldsymbol{B})^{-1}\boldsymbol{A}\\&=\left(\boldsymbol{A}^{-1}\boldsymbol{B}+\boldsymbol{A}^{-1}\boldsymbol{A}\right)(\boldsymbol{A}+\boldsymbol{B})^{-1}\boldsymbol{A}=\boldsymbol{A}^{-1}(\boldsymbol{B}+\boldsymbol{A})(\boldsymbol{A}+\boldsymbol{B})^{-1}\boldsymbol{A}\\&=\boldsymbol{A}^{-1}(\boldsymbol{A}+\boldsymbol{B})(\boldsymbol{A}+\boldsymbol{B})^{-1}\boldsymbol{A}=\boldsymbol{A}^{-1}\boldsymbol{E}\boldsymbol{A}=\boldsymbol{A}^{-1}\boldsymbol{A}=\boldsymbol{E}\end{aligned}$$

解法二：$\boldsymbol{A}^{-1}+\boldsymbol{B}^{-1}$ 分解凑出 $\boldsymbol{A}+\boldsymbol{B}$ 形式，有

$$\begin{aligned}&\boldsymbol{A}^{-1}+\boldsymbol{B}^{-1}=\boldsymbol{A}^{-1}\boldsymbol{E}+\boldsymbol{E}\boldsymbol{B}^{-1}=\boldsymbol{A}^{-1}\boldsymbol{B}\boldsymbol{B}^{-1}+\boldsymbol{A}^{-1}\boldsymbol{A}\boldsymbol{B}^{-1}\\&=\boldsymbol{A}^{-1}(\boldsymbol{B}+\boldsymbol{A})\boldsymbol{B}^{-1}=\boldsymbol{A}^{-1}(\boldsymbol{A}+\boldsymbol{B})\boldsymbol{B}^{-1}\end{aligned}$$

由于 $\boldsymbol{A}$，$\boldsymbol{B}$，$\boldsymbol{A}+\boldsymbol{B}$ 都可逆，所以 $\boldsymbol{A}^{-1}(\boldsymbol{A}+\boldsymbol{B})\boldsymbol{B}^{-1}$ 可逆，即 $\boldsymbol{A}^{-1}+\boldsymbol{B}^{-1}$ 可逆，利用矩阵的性质 $(\boldsymbol{A}\boldsymbol{B})^{-1}=\boldsymbol{B}^{-1}\boldsymbol{A}^{-1}$，所以 $\left(\boldsymbol{A}^{-1}+\boldsymbol{B}^{-1}\right)^{-1}=\left(\boldsymbol{A}^{-1}(\boldsymbol{A}+\boldsymbol{B})\boldsymbol{B}^{-1}\right)^{-1}=\boldsymbol{B}(\boldsymbol{A}+\boldsymbol{B})^{-1}\boldsymbol{A}$.

习题 11(四川大学数学学院高等数学教研室编《高等数学第三册(第三版)》第二章习题 30)　证明 n 阶矩阵 $\boldsymbol{A}$ 满足 $\boldsymbol{A}^{2}-\boldsymbol{A}+\boldsymbol{E}=\boldsymbol{O}$，证明 $\boldsymbol{A}$ 为可逆矩阵，且 $\boldsymbol{A}^{-1}=\boldsymbol{E}-\boldsymbol{A}$.

解：本题分两步来求证.

(1) 证明 $\boldsymbol{A}$ 为可逆矩阵，我们所采取的方法为反证法．假设 $\boldsymbol{A}$ 为不可逆矩阵，即 $|\boldsymbol{A}|=0$，则有

$$\boldsymbol{A}^{2}-\boldsymbol{A}+\boldsymbol{E}=\boldsymbol{O}\Rightarrow\boldsymbol{A}(\boldsymbol{A}-\boldsymbol{E})=-\boldsymbol{E}$$

等式左侧行列式值为

$$|\boldsymbol{A}(\boldsymbol{A}-\boldsymbol{E})|=|\boldsymbol{A}||(\boldsymbol{A}-\boldsymbol{E})|=0\times|(\boldsymbol{A}-\boldsymbol{E})|=0$$

等式右侧行列式值为

$$|-\boldsymbol{E}|_n=(-1)^n$$

故 $|\boldsymbol{A}(\boldsymbol{A}-\boldsymbol{E})|\neq|-\boldsymbol{E}|$，因此假设不成立，所以 $|\boldsymbol{A}|\neq 0$，即 $\boldsymbol{A}$ 为可逆矩阵.

(2) 证明 $\boldsymbol{A}^{-1}=\boldsymbol{E}-\boldsymbol{A}$.

由于

$$\boldsymbol{A}^2-\boldsymbol{A}+\boldsymbol{E}=\boldsymbol{O}\Leftrightarrow\boldsymbol{E}=\boldsymbol{A}(\boldsymbol{A}-\boldsymbol{E})$$

两边同时乘 $\boldsymbol{A}^{-1}$ 可得 $\boldsymbol{A}^{-1}=\boldsymbol{E}-\boldsymbol{A}$.

习题 12(同济大学数学系编《线性代数附册学习辅导与习题全解(第六版)》例 2.9)　$2\boldsymbol{CA}-2\boldsymbol{AB}=\boldsymbol{C}-\boldsymbol{B}$，其中 $\boldsymbol{A}=\begin{pmatrix}2&1&0\\2&2&0\\0&0&1\end{pmatrix}$，$\boldsymbol{B}=\begin{pmatrix}1&&\\&-1&\\&&2\end{pmatrix}$，求 $\boldsymbol{C}^5$.

解：首先求 $\boldsymbol{C}$，化简 $2\boldsymbol{CA}-2\boldsymbol{AB}=\boldsymbol{C}-\boldsymbol{B}\Rightarrow 2\boldsymbol{CA}-\boldsymbol{C}=2\boldsymbol{AB}-\boldsymbol{B}$，进一步化简 $\Rightarrow\boldsymbol{C}(2\boldsymbol{A}-\boldsymbol{E})=(2\boldsymbol{A}-\boldsymbol{E})\boldsymbol{B}$，这是典型的 $\boldsymbol{C\Lambda}=\boldsymbol{\Lambda B}$ 问题，$\boldsymbol{C}=\boldsymbol{\Lambda B\Lambda}^{-1}$，$\boldsymbol{C}^2=\boldsymbol{\Lambda B}(\boldsymbol{\Lambda}^{-1}\boldsymbol{\Lambda})\boldsymbol{B\Lambda}^{-1}=\boldsymbol{\Lambda B}^2\boldsymbol{\Lambda}^{-1}$，…，$\boldsymbol{C}^n=\boldsymbol{\Lambda B}^n\boldsymbol{\Lambda}^{-1}$.

因此

$$\boldsymbol{C}^5=(2\boldsymbol{A}-\boldsymbol{E})\boldsymbol{B}^5(2\boldsymbol{A}-\boldsymbol{E})^{-1}$$

$$2\boldsymbol{A}-\boldsymbol{E}=\begin{pmatrix}3&2&0\\4&3&0\\0&0&1\end{pmatrix}\text{可逆矩阵，且}(2\boldsymbol{A}-\boldsymbol{E})^{-1}=\begin{pmatrix}3&-2&0\\-4&3&0\\0&0&1\end{pmatrix}$$

$$\begin{aligned}\boldsymbol{C}^5&=(2\boldsymbol{A}-\boldsymbol{E})\boldsymbol{B}^5(2\boldsymbol{A}-\boldsymbol{E})^{-1}\\&=\begin{pmatrix}3&2&0\\4&3&0\\0&0&1\end{pmatrix}\begin{pmatrix}1&&\\&-1&\\&&2^5\end{pmatrix}\begin{pmatrix}3&-2&0\\-4&3&0\\0&0&1\end{pmatrix}=\begin{pmatrix}17&-12&0\\-24&-17&0\\0&0&2^5\end{pmatrix}\end{aligned}$$

通过初等变换求 $(2\boldsymbol{A}-\boldsymbol{E})$ 逆矩阵 $(2\boldsymbol{A}-\boldsymbol{E})^{-1}$ 的方法参考第三章式(3.7), (3.8).

习题 13(同济大学数学系编《线性代数附册学习辅导与习题全解(第六版)》例

2.6) 设矩阵 $\boldsymbol{X}$ 满足 $\boldsymbol{A}^*\boldsymbol{X}=\boldsymbol{A}^{-1}\boldsymbol{B}+2\boldsymbol{X}$，其中 $\boldsymbol{A}=\begin{pmatrix}1&1&-1\\-1&1&1\\1&-1&1\end{pmatrix}$，$\boldsymbol{B}=\begin{pmatrix}1&1\\1&0\\0&-1\end{pmatrix}$，

求 $\boldsymbol{X}$.

解：首先求 $\boldsymbol{A}$ 的伴随矩阵 $\boldsymbol{A}^*$，$\boldsymbol{A}^*=|\boldsymbol{A}|\boldsymbol{A}^{-1}$，由于 $\boldsymbol{A}$ 已知，$|\boldsymbol{A}|=4$ 代入原式，

$$\boldsymbol{A}^*\boldsymbol{X}=\boldsymbol{A}^{-1}\boldsymbol{B}+2\boldsymbol{X}\Rightarrow 4\boldsymbol{A}^{-1}\boldsymbol{X}=\boldsymbol{A}^{-1}\boldsymbol{B}+2\boldsymbol{X}$$
$$\Rightarrow 4\boldsymbol{X}=\boldsymbol{B}+2\boldsymbol{A}^{-1}\boldsymbol{X}\Rightarrow 4\boldsymbol{X}=\boldsymbol{B}+2\boldsymbol{A}^{-1}\boldsymbol{X}\Rightarrow 2(2\boldsymbol{E}-\boldsymbol{A}^{-1})\boldsymbol{X}=\boldsymbol{B}$$

$2\boldsymbol{E}-\boldsymbol{A}=\begin{pmatrix}1&-1&1\\1&1&-1\\-1&1&1\end{pmatrix}$ 可逆，且 $\left(2\boldsymbol{E}-\boldsymbol{A}\right)^{-1}=\dfrac{1}{2}\begin{pmatrix}1&1&0\\0&1&1\\1&0&1\end{pmatrix}$，代入上式，得

$$\boldsymbol{X}=\frac{1}{2}(2\boldsymbol{E}-\boldsymbol{A}^{-1})^{-1}\boldsymbol{B}=\frac{1}{4}\begin{pmatrix}1&1&0\\0&1&1\\1&0&1\end{pmatrix}\begin{pmatrix}1&1\\1&0\\0&-1\end{pmatrix}=\frac{1}{4}\begin{pmatrix}2&1\\1&-1\\1&0\end{pmatrix}$$

习题 14 证明：任一 n 阶方阵都可写成一个对称矩阵与一个反对称矩阵之和的形式.

解析：要证明题目正确性，不妨设 n 阶方阵为 $\boldsymbol{A}$，它可以写成 $\boldsymbol{A}=\boldsymbol{B}+\boldsymbol{C}$ 的形式，只需证明 $\boldsymbol{B}$ 是对称矩阵，$\boldsymbol{C}$ 为反对称矩阵即可.

解：设 $\boldsymbol{A}=\boldsymbol{B}+\boldsymbol{C}$，其中 $\boldsymbol{B}$ 为对称矩阵，$\boldsymbol{B}^{\mathrm{T}}=\boldsymbol{B}$，$\boldsymbol{C}$ 为反对称矩阵，$\boldsymbol{C}^{\mathrm{T}}=-\boldsymbol{C}$，那么 $\boldsymbol{A}$ 的转置满足 $\boldsymbol{A}^{\mathrm{T}}=\left(\boldsymbol{B}+\boldsymbol{C}\right)^{\mathrm{T}}=\boldsymbol{B}^{\mathrm{T}}+\boldsymbol{C}^{\mathrm{T}}=\boldsymbol{B}-\boldsymbol{C}$，则

$$\boldsymbol{B}=\frac{\boldsymbol{A}+\boldsymbol{A}^{\mathrm{T}}}{2},\boldsymbol{C}=\frac{\boldsymbol{A}-\boldsymbol{A}^{\mathrm{T}}}{2}$$

由于 $\boldsymbol{B}^{\mathrm{T}}=\left(\dfrac{\boldsymbol{A}+\boldsymbol{A}^{\mathrm{T}}}{2}\right)^{\mathrm{T}}=\dfrac{\boldsymbol{A}^{\mathrm{T}}+\boldsymbol{A}}{2}=B$，$\boldsymbol{C}^{\mathrm{T}}=\left(\dfrac{\boldsymbol{A}-\boldsymbol{A}^{\mathrm{T}}}{2}\right)^{\mathrm{T}}=\dfrac{\boldsymbol{A}^{\mathrm{T}}-\boldsymbol{A}}{2}=-\boldsymbol{C}$，所以任一 n 阶方阵都可写成一个对称矩阵与反对称矩阵之和的形式.

习题 15 n 阶可逆矩阵 $\boldsymbol{A}$，$\boldsymbol{B}$ 满足 $\boldsymbol{A}^2=\boldsymbol{E}$，$\boldsymbol{B}^2=\boldsymbol{E}$，$|\boldsymbol{A}|+|\boldsymbol{B}|=0$，证明 $|\boldsymbol{A}+\boldsymbol{B}|=0$.

解析：此题信息量比较少，要证明 $|\boldsymbol{A}+\boldsymbol{B}|=0$，要么证明 $|\boldsymbol{A}+\boldsymbol{B}|=-|\boldsymbol{A}+\boldsymbol{B}|$，要么证明 $\boldsymbol{A}=-\boldsymbol{B}$，此条与 $|\boldsymbol{A}|+|\boldsymbol{B}|=0$ 不等价. 因此需要证明 $|\boldsymbol{A}+\boldsymbol{B}|=-|\boldsymbol{A}+\boldsymbol{B}|$.

证：$|\boldsymbol{A}+\boldsymbol{B}|=|\boldsymbol{AE}+\boldsymbol{EB}|=|\boldsymbol{AB}^2+\boldsymbol{A}^2\boldsymbol{B}|=|\boldsymbol{A}||\boldsymbol{B}+\boldsymbol{A}||\boldsymbol{B}|=|\boldsymbol{A}||\boldsymbol{B}||\boldsymbol{A}+\boldsymbol{B}|$.

$A^2=E,B^2=E,|A|+|B|=0\Rightarrow|A|$与$|B|$行列式取值 ±1，且$|A|=-|B|$，它们异号.

故
$$|A+B|=-|A+B|\Rightarrow|A+B|=0$$

2.2.3 分块矩阵典型习题分析

习题 16　利用分块矩阵计算 $A+B$，AB，BA.

$$A=\begin{pmatrix}1&0&0&0\\0&1&0&0\\-1&2&1&0\\1&1&0&1\end{pmatrix},B=\begin{pmatrix}1&0&1&0\\-1&2&0&1\\1&0&4&1\\-1&-1&2&0\end{pmatrix}$$

解析：从矩阵 AB 的具体数值来看，A 包含两个 2 阶单位矩阵，B 包含一个 1 阶单位矩阵，因而可将 A，B 矩阵拆分，利用单位矩阵的性质计算，则有

$$A=\left(\begin{array}{cc|cc}1&0&0&0\\0&1&0&0\\\hline-1&2&1&0\\1&1&0&1\end{array}\right)=\begin{pmatrix}E&O\\A_1&E\end{pmatrix},B=\left(\begin{array}{cc|cc}1&0&1&0\\-1&2&0&1\\\hline1&0&4&1\\-1&-1&2&0\end{array}\right)=\begin{pmatrix}B_1&E\\B_2&B_3\end{pmatrix}$$

$$A+B=\begin{pmatrix}E&O\\A_1&E\end{pmatrix}+\begin{pmatrix}B_1&E\\B_2&B_3\end{pmatrix}=\begin{pmatrix}E+B_1&E\\A_1+B_2&E+B_3\end{pmatrix}=\begin{pmatrix}2&0&1&0\\-1&3&0&1\\0&2&5&1\\0&0&2&1\end{pmatrix}$$

$$AB=\begin{pmatrix}E&O\\A_1&E\end{pmatrix}\begin{pmatrix}B_1&E\\B_2&B_3\end{pmatrix}=\begin{pmatrix}B_1&E\\A_1B_1+B_2&A_1+B_3\end{pmatrix}=\begin{pmatrix}1&0&1&0\\-1&2&0&1\\-2&4&3&3\\-1&1&3&1\end{pmatrix}$$

$$\text{其中}A_1B_1+B_2=\begin{pmatrix}-1&2\\1&1\end{pmatrix}\begin{pmatrix}1&0\\-1&2\end{pmatrix}+\begin{pmatrix}1&0\\-1&-1\end{pmatrix}=\begin{pmatrix}-3&4\\0&2\end{pmatrix}+\begin{pmatrix}1&0\\-1&-1\end{pmatrix}=\begin{pmatrix}-2&4\\-1&1\end{pmatrix}$$

$$BA=\begin{pmatrix}B_1&E\\B_2&B_3\end{pmatrix}\begin{pmatrix}E&O\\A_1&E\end{pmatrix}=\begin{pmatrix}B_1+A_1&E\\B_2+B_3A_1&B_3\end{pmatrix}=\begin{pmatrix}0&2&1&0\\0&0&0&1\\-2&9&4&1\\-3&3&2&0\end{pmatrix}$$

$$\text{其中}B_2+B_3A_1=\begin{pmatrix}1&0\\-1&-1\end{pmatrix}+\begin{pmatrix}4&1\\2&0\end{pmatrix}\begin{pmatrix}-1&2\\1&1\end{pmatrix}=\begin{pmatrix}1&0\\-1&-1\end{pmatrix}+\begin{pmatrix}-3&9\\-2&4\end{pmatrix}=\begin{pmatrix}-2&9\\-3&3\end{pmatrix}$$

习题 17 方阵 $\boldsymbol{A}$，$\boldsymbol{B}$，$\boldsymbol{C}$ 均是可逆矩阵，求 $\boldsymbol{D}_1,\boldsymbol{D}_2$ 逆矩阵.

$$\boldsymbol{D}_1=\begin{pmatrix}\boldsymbol{A} & \boldsymbol{O}\\ \boldsymbol{B} & \boldsymbol{C}\end{pmatrix},\boldsymbol{D}_2=\begin{pmatrix}\boldsymbol{O} & \boldsymbol{A}\\ \boldsymbol{B} & \boldsymbol{C}\end{pmatrix}$$

解析：首先确保 $\boldsymbol{D}_1,\boldsymbol{D}_2$ 是可逆矩阵. 不论 $\boldsymbol{A}$，$\boldsymbol{B}$ 的阶数，有 $|\boldsymbol{D}_1|=|\boldsymbol{A}||\boldsymbol{C}|$，$|\boldsymbol{D}_1|$ 可逆；$\boldsymbol{A}=(a_{ij})_{m\times m}$，$\boldsymbol{B}=(b_{kl})_{n\times n}$ 分别为 m，n 阶方阵，$\boldsymbol{A}$ 矩阵第一列 a_{i1} 与左侧邻列交换，交换 m 次换到 D_2 第一列的位置，以此类推，$\boldsymbol{A}$ 矩阵的第二列与左侧邻列交换，交换 m 次换到 D_2 的第二列的位置，所以 $|\boldsymbol{D}_2|$ 经过 $m\times n$ 次交换后变成

$$\boldsymbol{D}_2=\begin{pmatrix}\boldsymbol{O} & \boldsymbol{A}\\ \boldsymbol{B} & \boldsymbol{C}\end{pmatrix}\xrightarrow{m\times n\text{次交换}}\begin{pmatrix}\boldsymbol{A} & \boldsymbol{O}\\ \boldsymbol{C} & \boldsymbol{B}\end{pmatrix}，|\boldsymbol{D}_2|=(-1)^{mn}|\boldsymbol{A}_m||\boldsymbol{B}_n|$$

$|\boldsymbol{D}_2|$ 可逆.

$|\boldsymbol{D}_2|=(-1)^{mn}|\boldsymbol{A}_m||\boldsymbol{B}_n|$ 的第二种证明方法：

$$|\boldsymbol{D}_2|=(-1)^{(1+2+\cdots m)+((n+1)+(n+2)+\cdots(n+m))}\begin{vmatrix}a_{11} & a_{12} & \cdots & a_{1m}\\ a_{21} & a_{22} & \cdots & a_{2m}\\ \vdots & \vdots & & \vdots\\ a_{m1} & a_{m2} & \cdots & a_{mm}\end{vmatrix}\begin{vmatrix}b_{11} & b_{12} & \cdots & b_{1n}\\ b_{21} & b_{22} & \cdots & b_{2n}\\ \vdots & \vdots & & \vdots\\ b_{n1} & b_{n2} & \cdots & b_{nn}\end{vmatrix}$$

$$=(-1)^{mn+m(m+1)}\begin{vmatrix}a_{11} & a_{12} & \cdots & a_{1m}\\ a_{21} & a_{22} & \cdots & a_{2m}\\ \vdots & \vdots & & \vdots\\ a_{m1} & a_{m2} & \cdots & a_{mm}\end{vmatrix}\begin{vmatrix}b_{11} & b_{12} & \cdots & b_{1n}\\ b_{21} & b_{22} & \cdots & b_{2n}\\ \vdots & \vdots & & \vdots\\ b_{n1} & b_{n2} & \cdots & b_{nn}\end{vmatrix}$$

$$=(-1)^{mn}\begin{vmatrix}a_{11} & a_{12} & \cdots & a_{1m}\\ a_{21} & a_{22} & \cdots & a_{2m}\\ \vdots & \vdots & & \vdots\\ a_{m1} & a_{m2} & \cdots & a_{mm}\end{vmatrix}\begin{vmatrix}b_{11} & b_{12} & \cdots & b_{1n}\\ b_{21} & b_{22} & \cdots & b_{2n}\\ \vdots & \vdots & & \vdots\\ b_{n1} & b_{n2} & \cdots & b_{nn}\end{vmatrix}$$

解：逆矩阵形式为

$$D_1^{-1}=\begin{pmatrix}X & Y\\ Z & W\end{pmatrix},\quad D_1D_1^{-1}=E$$

$$D_1D_1^{-1}=\begin{pmatrix}A & O\\ B & C\end{pmatrix}\begin{pmatrix}X & Y\\ Z & W\end{pmatrix}=\begin{pmatrix}AX & AY\\ BX+CZ & BY+CW\end{pmatrix}=\begin{pmatrix}E & O\\ O & E\end{pmatrix}$$

故

$$\begin{cases}AX=E\\ AY=O\\ BX+CZ=O\\ BY+CW=E\end{cases}\Rightarrow\begin{cases}X=A^{-1}\\ Y=O\\ Z=-C^{-1}BA^{-1}\\ W=C^{-1}\end{cases}\Rightarrow D_1^{-1}=\begin{pmatrix}A^{-1} & O\\ -C^{-1}BA^{-1} & C^{-1}\end{pmatrix}$$

同理解 D_2^{-1}，有

$$D_2D_2^{-1}=\begin{pmatrix}O & A\\ B & C\end{pmatrix}\begin{pmatrix}X & Y\\ Z & W\end{pmatrix}=\begin{pmatrix}AZ & AW\\ BX+CZ & BY+CW\end{pmatrix}=\begin{pmatrix}E & O\\ O & E\end{pmatrix}$$

$$\begin{cases}AZ=E\\ AW=O\\ BX+CZ=O\\ BY+CW=E\end{cases}\Rightarrow\begin{cases}Z=A^{-1}\\ W=O\\ X=-B^{-1}CA^{-1}\\ Y=B^{-1}\end{cases}\Rightarrow D_2^{-1}=\begin{pmatrix}-B^{-1}CA^{-1} & B^{-1}\\ A^{-1} & O\end{pmatrix}$$

故

$$\begin{pmatrix}A & O\\ B & C\end{pmatrix}^{-1}=\begin{pmatrix}A^{-1} & O\\ -C^{-1}BA^{-1} & C^{-1}\end{pmatrix},\quad \begin{pmatrix}O & A\\ B & C\end{pmatrix}^{-1}=\begin{pmatrix}-B^{-1}CA^{-1} & B^{-1}\\ A^{-1} & O\end{pmatrix}$$

由此可以推导出常见的逆矩阵：

$$\begin{pmatrix}A & B\\ O & C\end{pmatrix}^{-1}=\begin{pmatrix}A^{-1} & -A^{-1}BC^{-1}\\ O & C^{-1}\end{pmatrix},\ \begin{pmatrix}A & O\\ O & C\end{pmatrix}^{-1}=\begin{pmatrix}A^{-1} & O\\ O & C^{-1}\end{pmatrix},\ \begin{pmatrix}O & A\\ B & O\end{pmatrix}^{-1}=\begin{pmatrix}O & B^{-1}\\ A^{-1} & O\end{pmatrix}$$

习题 18　n 阶可逆矩阵 A,B,C,D，且 A 可逆时，求证 $\begin{vmatrix}A & B\\ C & D\end{vmatrix}=|A||D-CA^{-1}B|$，

而 $AC=CA$ 时，$\begin{vmatrix}A & B\\ C & D\end{vmatrix}=|AD-CB|$．

解析：$\begin{vmatrix} A & O \\ B & C \end{vmatrix} = \begin{vmatrix} A & O \\ O & C \end{vmatrix} = \begin{vmatrix} A & B \\ O & C \end{vmatrix} = |A||C|$，因此只需证明$\begin{vmatrix} A & B \\ C & D \end{vmatrix} = \begin{vmatrix} A & X \\ O & D-CA^{-1}B \end{vmatrix}$

或$\begin{vmatrix} A & B \\ C & D \end{vmatrix} = \begin{vmatrix} A & O \\ X & D-CA^{-1}B \end{vmatrix}$形式．选取第一种形式需$\begin{pmatrix} A & B \\ C & D \end{pmatrix}$左乘或者右乘$\begin{pmatrix} E & O \\ X & E \end{pmatrix}$

或$\begin{pmatrix} E & X \\ O & E \end{pmatrix}$矩阵，经过求解发现只能是

$$\begin{pmatrix} E & O \\ -CA^{-1} & E \end{pmatrix}\begin{pmatrix} A & B \\ C & D \end{pmatrix} = \begin{pmatrix} A & B \\ O & D-CA^{-1}B \end{pmatrix}$$

经过后面的学习可以看出$\begin{pmatrix} A & B \\ C & D \end{pmatrix} \xrightarrow{\text{行变换}} \begin{pmatrix} A & B \\ O & D-CA^{-1}B \end{pmatrix}$，所以是

$\begin{pmatrix} A & B \\ C & D \end{pmatrix}$的左侧乘以$\begin{pmatrix} E & O \\ X & E \end{pmatrix}$或$\begin{pmatrix} E & X \\ O & E \end{pmatrix}$.

解：$\begin{pmatrix} E & O \\ -CA^{-1} & E \end{pmatrix}\begin{pmatrix} A & B \\ C & D \end{pmatrix} = \begin{pmatrix} A & B \\ O & D-CA^{-1}B \end{pmatrix}$，等式两边同时取矩阵的行列式值，

则$\begin{vmatrix} E & O \\ -CA^{-1} & E \end{vmatrix}\begin{vmatrix} A & B \\ C & D \end{vmatrix} = |A||D-CA^{-1}B| \Rightarrow |E|\begin{vmatrix} A & B \\ C & D \end{vmatrix} = \begin{vmatrix} A & B \\ C & D \end{vmatrix} = |A||D-CA^{-1}B|$.

从结论可以看出，$\begin{vmatrix} A & B \\ C & D \end{vmatrix} \neq |AD-CB|$．除 $B=O$ 或 $C=O$ 外，更一般的条件

是 $AC=CA$，则有

$$\begin{vmatrix} A & B \\ C & D \end{vmatrix} = |A(D-CA^{-1}B)| = |AD-ACA^{-1}B| = |AD-CAA^{-1}B| = |AD-CEB| = |AD-CB|$$

习题 19　分块矩阵证明 n 阶矩阵 A，B 满足 $|AB|=|A||B|$.

解析：$\begin{pmatrix} A & O \\ -E & B \end{pmatrix}\begin{pmatrix} E & B \\ O & E \end{pmatrix} = \begin{pmatrix} A & AB \\ -E & O \end{pmatrix}$，且$\begin{vmatrix} A & O \\ -E & B \end{vmatrix}\begin{vmatrix} E & B \\ O & E \end{vmatrix} = |A||B||E| = |A||B|$.

关于 $D=\begin{vmatrix} A_{n\times n} & (AB)_{n\times n} \\ -E_{n\times n} & O_{n\times n} \end{vmatrix}$ 的求值可采用下面两种方式计算.

解法一：根据 1.1.3 节行列式拉普拉斯定理展开或行列式拉普拉斯定理的推论(3)可知

$$D=\left|-E_{n\times n}\right|(-1)^{((n+1)+(n+2)+\cdots+(n+n))+(1+2+\cdots n)}\left|(AB)_{n\times n}\right|=(-1)^{n}(-1)^{n^2+n(n+1)}\left|(AB)_{n\times n}\right|$$
$$=(-1)^{2n^2+2n}\left|(AB)_{n\times n}\right|=|AB|$$

解法二：对 D 按照最后一行展开，$D=d_{n+1,1}D_{n+1,1}=(-1)(-1)^{n+1+1}D_{n+1,1}$，

$(D)_{2n\times 2n}$ 是 $2n$ 阶的行列式，其第 $n+1$ 行，第 1 列的元素为-1，$(D_{n+1,1})_{(2n-1)\times(2n-1)}$ 是 $2n-1$ 阶行列式，其第 $n+1$ 行、第 1 列的元素仍然是-1，所以行列式按照第 $n+1$ 行展开后，只影响了 D 的阶数，不影响第 $n+1$ 行第 1 列元素的取值．以此类推，

$$D=\underbrace{(-1)(-1)^{n+1+1}\cdots(-1)(-1)^{n+1+1}}_{n\text{个}}\left|(AB)_{n\times n}\right|=(-1)^{n}(-1)^{n(n+1+1)}\left|(AB)_{n\times n}\right|$$
$$=(-1)^{n(n+3)}\left|(AB)_{n\times n}\right|=\left|(AB)_{n\times n}\right|=|AB|$$

习题 20　利用分块矩阵证明 n 阶矩阵 A，B 满足 $\begin{vmatrix} A & E \\ E & B \end{vmatrix}=|AB-E|$．

解析：将 $\begin{pmatrix} A & E \\ E & B \end{pmatrix}\to\begin{pmatrix} E & X \\ O & E-AB \end{pmatrix}$ 或 $\begin{pmatrix} A & E \\ E & B \end{pmatrix}\to\begin{pmatrix} X & E \\ E-AB & O \end{pmatrix}$ 的形式.

证明：$$\begin{pmatrix} E & -A \\ O & E \end{pmatrix}\begin{pmatrix} A & E \\ E & B \end{pmatrix}=\begin{pmatrix} O & E-AB \\ E & B \end{pmatrix}$$

$$\begin{pmatrix} O & E \\ E & O \end{pmatrix}\begin{pmatrix} O & E-AB \\ E & B \end{pmatrix}=\begin{pmatrix} E & B \\ O & E-AB \end{pmatrix}$$

因此

$$\begin{pmatrix} O & E \\ E & O \end{pmatrix}\begin{pmatrix} E & -A \\ O & E \end{pmatrix}\begin{pmatrix} A & E \\ E & B \end{pmatrix}=\begin{pmatrix} E & B \\ O & E-AB \end{pmatrix}$$

两边取行列式的值，其中

$$\begin{pmatrix} \boldsymbol{O} & \boldsymbol{E} \\ \boldsymbol{E} & \boldsymbol{O} \end{pmatrix} \xrightarrow{n\text{次交换后}} \begin{pmatrix} \boldsymbol{E} & \boldsymbol{O} \\ \boldsymbol{O} & \boldsymbol{E} \end{pmatrix}，\quad |\boldsymbol{E}-\boldsymbol{AB}|_n = (-1)^n |\boldsymbol{AB}-\boldsymbol{E}|_n$$

所以

$$\begin{vmatrix} \boldsymbol{A} & \boldsymbol{E} \\ \boldsymbol{E} & \boldsymbol{B} \end{vmatrix} = |\boldsymbol{AB}-\boldsymbol{E}|$$

推论：n 阶矩阵 $\boldsymbol{A}$，$\boldsymbol{B}$ 满足 $\begin{vmatrix} \boldsymbol{A} & \boldsymbol{B} \\ \boldsymbol{B} & \boldsymbol{A} \end{vmatrix} = |\boldsymbol{A}+\boldsymbol{B}||\boldsymbol{A}-\boldsymbol{B}|$，这是由于

$$\begin{pmatrix} \boldsymbol{E} & \boldsymbol{O} \\ \boldsymbol{E} & \boldsymbol{E} \end{pmatrix}\begin{pmatrix} \boldsymbol{A} & \boldsymbol{B} \\ \boldsymbol{B} & \boldsymbol{A} \end{pmatrix}\begin{pmatrix} \boldsymbol{E} & \boldsymbol{O} \\ -\boldsymbol{E} & \boldsymbol{E} \end{pmatrix} = \begin{pmatrix} \boldsymbol{A}-\boldsymbol{B} & \boldsymbol{B} \\ \boldsymbol{O} & \boldsymbol{A}+\boldsymbol{B} \end{pmatrix}$$

第三章　矩阵的初等变换

由第二章的内容可知，对线性方程组若采用伴随矩阵方式求解，对于高阶方程组来说计算量非常庞大，并且对系数矩阵$|\boldsymbol{D}|=0$时的情况，无法求解方程组．因而需要另寻他法来求解线性方程组，本章采用矩阵初等变换的方法求解 n 元一次线性方程组．矩阵的初等变换与行列式的行(列)变换有些相似的地方，通过这些变换，可以帮助我们更效率地求解线性方程组．本章的主要内容有矩阵的初等行(列)变换、矩阵的秩、通过初等变换求逆矩阵和求解线性方程组．

3.1　矩阵初等变换的知识体系和基本概念

3.1.1 矩阵求逆

对于 4 元线性方程组(例如第二章习题 5)有解情况下求值时，涉及至少 5 个 4 阶行列式，计算量比较庞大，并且化简时容易出错，在本节中我们研究通过对矩阵进行初等变换的方法对 n 元线性方程组进行求解，为此需要首先探讨一下初等变换的概念及操作．

1．初等行(列)变换

初等行变换分为初等行变换与初等列变换，包括下面三种操作：①互换矩阵两行(列)的位置 $r_i \leftrightarrow r_j$（$c_i \leftrightarrow c_j$）；②用非零常数 λ 乘以矩阵的某行(列) $r_i \times \lambda$（$c_i \times \lambda$）；③将矩阵某行(列)的 k 倍加到矩阵的其他行(列)上即 $r_i + k \cdot r_j$ $(c_i + k \cdot c_j)$．例如式(3.1)的行操作．初等变换的符号标记 $\boldsymbol{A} \to \boldsymbol{B}$ 代表矩阵 $\boldsymbol{A}$ 经过初等变换得到矩阵 $\boldsymbol{B}$.

2．初等行(列)变换性质

(1) 反身性 $\boldsymbol{A} \leftrightarrow \boldsymbol{A}$.

(2) 对称性 $\boldsymbol{A} \leftrightarrow \boldsymbol{B} \Rightarrow \boldsymbol{B} \leftrightarrow \boldsymbol{A}$.

(3) 传递性 $\boldsymbol{A} \leftrightarrow \boldsymbol{B}, \boldsymbol{B} \leftrightarrow \boldsymbol{C} \Rightarrow \boldsymbol{A} \leftrightarrow \boldsymbol{C}$.

$$\boldsymbol{E}_{ij}(k) = \begin{pmatrix} 1 & & & & & \\ & \ddots & & & & \\ & & 1 & \cdots & k & & \\ & & & \ddots & \vdots & & \\ & & & & 1 & & \\ & & & & & \ddots & \\ & & & & & & 1 \end{pmatrix} \begin{matrix} \\ \\ i\text{行} \\ \\ j\text{行} \\ \\ \\ \end{matrix} \quad (i \neq j) \tag{3.1}$$

i列　　j列

引理 对矩阵 $\boldsymbol{A}=\left(a_{ij}\right)_{m\times n}$ 的某一初等行变换，其结果等于对 $\boldsymbol{A}$ 左乘一个相应的 m 阶初等矩阵(证明如下)；对矩阵 $\boldsymbol{A}=\left(a_{ij}\right)_{m\times n}$ 的某一初等列变换，其结果等于对 $\boldsymbol{A}$ 右乘一个相应的 n 阶初等矩阵.

证明：

$$\boldsymbol{E}_{ij}(k)\boldsymbol{A}=\begin{pmatrix}1 & & & & & \\ & \ddots & & & & \\ & & 1 & \cdots & k & \\ & & & \ddots & \vdots & \\ & & & & 1 & \\ & & & & & \ddots \\ & & & & & & 1\end{pmatrix}\begin{pmatrix}a_{11} & a_{12} & \cdots & a_{1n}\\ \vdots & \vdots & & \vdots\\ a_{i1} & a_{i2} & \cdots & a_{in}\\ \vdots & \vdots & & \vdots\\ a_{j1} & a_{j2} & \cdots & a_{jn}\\ \vdots & \vdots & & \vdots\\ a_{m1} & a_{m2} & \cdots & a_{mn}\end{pmatrix}$$

$$=\begin{pmatrix}a_{11} & a_{12} & \cdots & a_{1n}\\ \vdots & \vdots & & \vdots\\ a_{i1}+ka_{j2} & a_{i2}+k\mathrm{a}_{j2} & \cdots & a_{in}+ka_{jn}\\ \vdots & \vdots & & \vdots\\ a_{j1} & a_{j2} & \cdots & a_{jn}\\ \vdots & \vdots & & \vdots\\ a_{m1} & a_{m2} & \cdots & a_{mn}\end{pmatrix} \tag{3.2}$$

如式(3.2)所示，$\boldsymbol{E}_{ij}(k)\boldsymbol{A}$ 相当于把矩阵 $\boldsymbol{A}$ 的第 j 列乘以 k 倍加到第 i 行上，即 $r_i+k\cdot r_j$. 换言之，**若对矩阵进行行变换则相当于其左侧乘以一个矩阵，这条准则适用于增广矩阵 $\boldsymbol{B}=(\boldsymbol{A},\boldsymbol{b})$** 的情况，前面已经介绍 $\boldsymbol{B}$ 的每一行都代表一个等式，所以可以对 $\boldsymbol{B}$ 矩阵的行进行操作，不影响方程组的求解，**若行操作所对应的矩阵为 $\boldsymbol{A}^{-1}$，增广矩阵变成 $\boldsymbol{A}^{-1}\boldsymbol{B}=\left(\boldsymbol{E},\boldsymbol{A}^{-1}\boldsymbol{b}\right)$**，后面会介绍这其实就是通过矩阵的初等行变换求解方程组.

3．矩阵初等行变换举例

矩阵 $\boldsymbol{A}$ 通过行变换化成梯形矩阵 $\boldsymbol{D}$，即

$$\boldsymbol{A}=\begin{pmatrix}0 & 1 & 7 & 8\\ 1 & 3 & 3 & 8\\ -2 & -5 & 1 & -8\end{pmatrix}\xrightarrow{r_1\leftrightarrow r_2}\boldsymbol{B}=\begin{pmatrix}1 & 3 & 3 & 8\\ 0 & 1 & 7 & 8\\ -2 & -5 & 1 & -8\end{pmatrix}$$

$$\xrightarrow{2r_3+r_1}\boldsymbol{C}=\begin{pmatrix}1 & 3 & 3 & 8\\ 0 & 1 & 7 & 8\\ 0 & 1 & 7 & 8\end{pmatrix}\xrightarrow{r_3-r_2}\boldsymbol{D}=\begin{pmatrix}1 & 3 & 3 & 8\\ 0 & 1 & 7 & 8\\ 0 & 1 & 7 & 8\end{pmatrix}$$

$$\boldsymbol{Q}_1\boldsymbol{A}=\begin{pmatrix}0&1&0\\1&0&0\\0&0&1\end{pmatrix}\begin{pmatrix}0&1&7&8\\1&3&3&8\\-2&-5&1&-8\end{pmatrix}=\begin{pmatrix}1&3&3&8\\0&1&7&8\\-2&-5&1&-8\end{pmatrix}=\boldsymbol{B}$$

$$\boldsymbol{Q}_2\boldsymbol{B}=\begin{pmatrix}1&0&0\\0&1&0\\2&0&1\end{pmatrix}\begin{pmatrix}1&3&3&8\\0&1&7&8\\-2&-5&1&-8\end{pmatrix}=\begin{pmatrix}1&3&3&8\\0&1&7&8\\0&1&7&8\end{pmatrix}=\boldsymbol{C}$$

$$\boldsymbol{Q}_3\boldsymbol{C}=\begin{pmatrix}1&0&0\\0&1&0\\0&-1&1\end{pmatrix}\begin{pmatrix}1&3&3&8\\0&1&7&8\\0&1&7&8\end{pmatrix}=\begin{pmatrix}1&3&3&8\\0&1&7&8\\0&1&7&8\end{pmatrix}=\boldsymbol{D}$$

由 $\boldsymbol{A}\xrightarrow{\text{3次初等行变换}}\boldsymbol{D}$，相当于对 $\boldsymbol{A}$ 左乘以三个行列式，即 $\boldsymbol{Q}_3\boldsymbol{Q}_2\boldsymbol{Q}_1\boldsymbol{A}=\boldsymbol{D}$.

定理一　(初等变换求逆矩阵)n 阶可逆矩阵 $\boldsymbol{A}$，一定可经过一系列初等行变换变化成单位矩阵 $\boldsymbol{E}_n$，这相当于对 $\boldsymbol{A}$ 左乘一系列的矩阵 $\boldsymbol{F}_m$，即

$$\boldsymbol{F}_m\cdots\boldsymbol{F}_2\boldsymbol{F}_1\boldsymbol{A}=\boldsymbol{E}_n \tag{3.3}$$

式(3.3)左右两边同乘以 $\boldsymbol{A}^{-1}$，即

$$\boldsymbol{F}_m\cdots\boldsymbol{F}_2\boldsymbol{F}_1\boldsymbol{E}_n=\boldsymbol{A}^{-1} \tag{3.4}$$

比较式(3.3)和式(3.4)可知，将 $\boldsymbol{A}$ 和 $\boldsymbol{E}_n$ 凑成增广矩阵 $(\boldsymbol{A},\boldsymbol{E}_n)_{n\times 2n}$，若对它们进行完全相同的初等行变换，当 $\boldsymbol{A}$ 变换成单位矩阵 $\boldsymbol{E}_n$ 时，原单位矩阵 $\boldsymbol{E}_n$ 则变成 $\boldsymbol{A}$ 的逆矩阵 $\boldsymbol{A}^{-1}$，即

$$(\boldsymbol{A},\boldsymbol{E}_n)\xrightarrow{\text{初等行变换}}(\boldsymbol{E}_n,\boldsymbol{A}^{-1})\Leftrightarrow\boldsymbol{A}^{-1}(\boldsymbol{A},\boldsymbol{E}_n)=(\boldsymbol{E}_n,\boldsymbol{A}^{-1}) \tag{3.5}$$

式(3.5)**则是常用初等行变换求逆矩阵的方法**，与伴随矩阵方法求逆不同，初等行变换不涉及大量的多项式计算，只需做初等变换即可，因此这种方法更具有实用性.

推论一　n 阶方阵 $\boldsymbol{A}$ 可逆的充分必要条件为 $\boldsymbol{A}\to\boldsymbol{E}$.

推论二　可逆方阵 $\boldsymbol{A}$ 必定可表示成若干个初等矩阵的乘积，即

$$\boldsymbol{F}_m\cdots\boldsymbol{F}_2\boldsymbol{F}_1\boldsymbol{A}=\boldsymbol{E}_n\Rightarrow\boldsymbol{A}=\boldsymbol{F}_1^{-1}\boldsymbol{F}_2^{-1}\cdots\boldsymbol{F}_m^{-1}$$

同样的方法可以推导出**初等列变换求矩阵逆的方法**，即

$$\begin{pmatrix} A \\ E_n \end{pmatrix} \xrightarrow{\text{初等列变换}} \begin{pmatrix} E_n \\ A^{-1} \end{pmatrix} \Leftrightarrow \begin{pmatrix} A \\ E_n \end{pmatrix} A^{-1} = \begin{pmatrix} E_n \\ A^{-1} \end{pmatrix} \tag{3.6}$$

例如第二章习题 6 中，$2A-E=\begin{pmatrix} 3 & 2 & 0 \\ 4 & 3 & 0 \\ 0 & 0 & 1 \end{pmatrix}$，$(2A-E)^{-1}=\begin{pmatrix} 3 & -2 & 0 \\ -4 & 3 & 0 \\ 0 & 0 & 1 \end{pmatrix}$，根据初等行变换式(3.5)及初等列变换式(3.6)求 $2A-E$ 逆矩阵方法具体如下：

$$\begin{aligned}
(2A-E,E) &= \begin{pmatrix} 3 & 2 & 0 & 1 & 0 & 0 \\ 4 & 3 & 0 & 0 & 1 & 0 \\ 0 & 0 & 1 & 0 & 0 & 1 \end{pmatrix} \xrightarrow{r_2-r_1} \begin{pmatrix} 3 & 2 & 0 & 1 & 0 & 0 \\ 1 & 1 & 0 & -1 & 1 & 0 \\ 0 & 0 & 1 & 0 & 0 & 1 \end{pmatrix} \\
&\xrightarrow{r_1-3r_2} \begin{pmatrix} 0 & -1 & 0 & 4 & -3 & 0 \\ 1 & 1 & 0 & -1 & 1 & 0 \\ 0 & 0 & 1 & 0 & 0 & 1 \end{pmatrix} \xrightarrow{r_2+r_1} \begin{pmatrix} 0 & -1 & 0 & 4 & -3 & 0 \\ 1 & 0 & 0 & 3 & -2 & 0 \\ 0 & 0 & 1 & 0 & 0 & 1 \end{pmatrix} \\
&\xrightarrow{r_1\leftrightarrow r_2} \begin{pmatrix} 1 & 0 & 0 & 3 & -2 & 0 \\ 0 & -1 & 0 & 4 & -3 & 0 \\ 0 & 0 & 1 & 0 & 0 & 1 \end{pmatrix} \xrightarrow{(-1)\times r_2} \begin{pmatrix} 1 & 0 & 0 & 3 & -2 & 0 \\ 0 & 1 & 0 & -4 & 3 & 0 \\ 0 & 0 & 1 & 0 & 0 & 1 \end{pmatrix} \\
&= \left(E,(2A-E)^{-1}\right)
\end{aligned} \tag{3.7}$$

$$\begin{aligned}
\begin{pmatrix} 2A-E \\ E \end{pmatrix} &= \begin{pmatrix} 3 & 2 & 0 \\ 4 & 3 & 0 \\ 0 & 0 & 1 \\ 1 & 0 & 0 \\ 0 & 1 & 0 \\ 0 & 0 & 1 \end{pmatrix} \xrightarrow{c_1-c_2} \begin{pmatrix} 1 & 2 & 0 \\ 1 & 3 & 0 \\ 0 & 0 & 1 \\ 1 & 0 & 0 \\ -1 & 1 & 0 \\ 0 & 0 & 1 \end{pmatrix} \xrightarrow{c_2-2c_1} \begin{pmatrix} 1 & 0 & 0 \\ 1 & 1 & 0 \\ 0 & 0 & 1 \\ 1 & -2 & 0 \\ -1 & 3 & 0 \\ 0 & 0 & 1 \end{pmatrix} \\
&\xrightarrow{c_1-c_2} \begin{pmatrix} 1 & 0 & 0 \\ 0 & 1 & 0 \\ 0 & 0 & 1 \\ 3 & -2 & 0 \\ -4 & 3 & 0 \\ 0 & 0 & 1 \end{pmatrix} = \begin{pmatrix} E \\ (2A-E)^{-1} \end{pmatrix}
\end{aligned} \tag{3.8}$$

定理二　(初等变换求线性方程组的解)由第二章矩阵的性质四，可知 n 阶线

性方程组 $\boldsymbol{AX}=\boldsymbol{B}$ 的解 $\boldsymbol{X}=\boldsymbol{A}^{-1}\boldsymbol{B}$，相当于对 $\boldsymbol{A}^{-1}(\boldsymbol{AX})=(\boldsymbol{A}^{-1}\boldsymbol{B})$，与定理一相比可知，左乘相当于对行做初等变换．$\boldsymbol{AX}=\boldsymbol{B}$ 初等行变换求值方式，即

$$(\boldsymbol{A},\boldsymbol{B})\xrightarrow{\text{初等行变换}}(\boldsymbol{E}_n,\boldsymbol{A}^{-1}\boldsymbol{B})\Leftrightarrow \boldsymbol{A}^{-1}(\boldsymbol{A},\boldsymbol{B})=(\boldsymbol{E}_n,\boldsymbol{A}^{-1}\boldsymbol{B}) \tag{3.9}$$

同理 $\boldsymbol{XA}=\boldsymbol{B}$ 有唯一解 $\boldsymbol{X}=\boldsymbol{BA}^{-1}$，它所对应的初等列变换求值方式为

$$\begin{pmatrix}\boldsymbol{A}\\\boldsymbol{B}\end{pmatrix}\xrightarrow{\text{初等列变换}}\begin{pmatrix}\boldsymbol{E}_n\\\boldsymbol{BA}^{-1}\end{pmatrix},\Leftrightarrow\begin{pmatrix}\boldsymbol{A}\\\boldsymbol{B}\end{pmatrix}\boldsymbol{A}^{-1}=\begin{pmatrix}\boldsymbol{E}_n\\\boldsymbol{BA}^{-1}\end{pmatrix} \tag{3.10}$$

初等变换求第二章习题 5 线性方程组的解，有

$$(\boldsymbol{A},\boldsymbol{B})=\begin{pmatrix}2&1&-5&1&8\\1&-3&0&-6&9\\0&2&-1&2&-5\\1&4&-7&6&0\end{pmatrix}\xrightarrow{r_4+r_2}\begin{pmatrix}2&1&-5&1&8\\1&-3&0&-6&9\\0&2&-1&2&-5\\2&1&-7&0&9\end{pmatrix}$$

$$\xrightarrow{r_4-r_1}\begin{pmatrix}2&1&-5&1&8\\1&-3&0&-6&9\\0&2&-1&2&-5\\0&0&-2&-1&1\end{pmatrix}\xrightarrow[-1\times r_4]{r_1\leftrightarrow r_2}\begin{pmatrix}1&-3&0&-6&9\\2&1&-5&1&8\\0&2&-1&2&-5\\0&0&2&1&-1\end{pmatrix}$$

$$\xrightarrow{r_1-2r_2}\begin{pmatrix}1&-3&0&-6&9\\0&7&-5&13&-10\\0&2&-1&2&-5\\0&0&2&1&-1\end{pmatrix}\xrightarrow{r_2-3r_3}\begin{pmatrix}1&-3&0&-6&9\\0&1&-2&7&5\\0&2&-1&2&-5\\0&0&2&1&-1\end{pmatrix}$$

$$\xrightarrow{r_3-2r_2}\begin{pmatrix}1&-3&0&-6&9\\0&1&-2&7&5\\0&0&3&-12&-15\\0&0&2&1&-1\end{pmatrix}\xrightarrow{r_3\div 3}\begin{pmatrix}1&-3&0&-6&9\\0&1&-2&7&5\\0&0&1&-4&-5\\0&0&2&1&-1\end{pmatrix}$$

$$\xrightarrow{r_4-2r_3}\begin{pmatrix}1&-3&0&-6&9\\0&1&-2&7&5\\0&0&1&-4&-5\\0&0&0&9&9\end{pmatrix}\xrightarrow{r_3\div 9}\begin{pmatrix}1&-3&0&-6&9\\0&1&-2&7&5\\0&0&1&-4&-5\\0&0&0&1&1\end{pmatrix}$$

$$\xrightarrow[\substack{r_2-7r_3\\ r_1+6r_4}]{r_3+4r_4}\begin{pmatrix}1&-3&0&0&15\\0&1&-2&0&-2\\0&0&1&0&-1\\0&0&0&1&1\end{pmatrix}\xrightarrow{r_2+2r_3}\begin{pmatrix}1&-3&0&0&15\\0&1&0&0&-4\\0&0&1&0&-1\\0&0&0&1&1\end{pmatrix}$$

$$\xrightarrow{r_1+3r_2}\begin{pmatrix}1&0&0&0&3\\0&1&0&0&-4\\0&0&1&0&-1\\0&0&0&1&1\end{pmatrix}=\left(\boldsymbol{E},\boldsymbol{A}^{-1}\boldsymbol{B}\right) \tag{3.11}$$

这种方法与伴随矩阵方法相比，不涉及多项式的求和，因而计算工作量更小，更易解题. 此题解题过程中，为了计算方便，让每一行首个不为零的元素取值为1.

3.1.2 矩阵秩的概念

不论是伴随矩阵法还是初等变换求方程组的解 $\boldsymbol{AX}=\boldsymbol{B}$ ，首先要做的是确保系数矩阵 $\boldsymbol{A}$ 可逆. 对于 $\boldsymbol{A}$ 不可逆的情况是无法求解的，实际中 $\boldsymbol{AX}=\boldsymbol{O}$ 的情况可能有无穷解，比如 $x_1+x_2=0$ ，其中 $\boldsymbol{X}=k\begin{pmatrix}1\\-1\end{pmatrix}$ $(k$是常数$)$ 都是方程的解. 为了更方便求解方程组，我们引入秩的概念，并通过 $\boldsymbol{A}$ 的秩 $R(\boldsymbol{A})$ 大小来判定方程组的个数.

1．矩阵 $\boldsymbol{A}$ 的 k 阶子式

m 行 n 列的矩阵 $\boldsymbol{A}=\left(a_{ij}\right)_{m\times n}$ ，任取 k 行和 k 列上的所有元素所组成 k 阶行列式 $|\boldsymbol{A}_k|$. $k\left(k\leqslant\min(m,n)\right)$ 阶子式的个数为 $C_m^k C_n^k$.

若 $|\boldsymbol{A}_k|\neq 0$ ，且 $|\boldsymbol{A}_{k+1}|=0$ ，那么**矩阵 $\boldsymbol{A}$ 行列式的秩** $R(\boldsymbol{A})=k$ ， k 为非零子式的最高阶数. 即一切非零子式的最高阶数，即**行列式的秩**. 规定零矩阵的秩为零. 对于 n 阶方阵 $\boldsymbol{A}$ 而言，若 $R(\boldsymbol{A})=n$ ，则 $\boldsymbol{A}$ 称为满秩矩阵，故可逆矩阵又被称为满秩矩阵，不可逆矩阵则称为降秩矩阵. 在式(3.11)中， $R(\boldsymbol{A},\boldsymbol{B})=4$ ， $R(\boldsymbol{A})=4$. $\boldsymbol{A}$ 是可逆矩阵，也称为满秩矩阵.

性质一 矩阵 $\boldsymbol{A}=\left(a_{ij}\right)_{m\times n}$ 的秩满足 $0\leqslant R(\boldsymbol{A})\leqslant\min(m,n)$.

性质二 转置矩阵与原矩阵秩相同，即 $R(\boldsymbol{A})=R\left(\boldsymbol{A}^{\mathrm{T}}\right)$ ，它们的 k 阶子式 $|\boldsymbol{A}_k|$ 相同.

性质三 初等变换不改变矩阵的秩，即 $\boldsymbol{A}\to\boldsymbol{B}$ ，则 $R(\boldsymbol{A})=R(\boldsymbol{B})$. 若 $\boldsymbol{A}$ 的 k 阶行列式 $|\boldsymbol{A}_k|\neq 0$ ， $|\boldsymbol{A}_k|$ 是可逆矩阵，那么 $R(\boldsymbol{A})=k$. 初等变换后 $\boldsymbol{A}_k\to\boldsymbol{B}_k$ ， $|\boldsymbol{B}_k|$ 仍然是可逆矩阵，即 $|\boldsymbol{B}_k|\neq 0$ ， $R(\boldsymbol{B})=k$.

性质四　若 $R(\boldsymbol{A})=R(\boldsymbol{B})$，则存在可逆矩阵 $\boldsymbol{P}$，$\boldsymbol{Q}$，使得 $\boldsymbol{PAQ}=\boldsymbol{B}$．等价于若 $\boldsymbol{P}$, $\boldsymbol{Q}$ 是可逆矩阵，则 $R(\boldsymbol{PAQ})=R(\boldsymbol{B})$．即任何矩阵与可逆矩阵相乘，秩不变.

性质五　$R(\boldsymbol{AB})\leqslant\min\{R(\boldsymbol{A}),R(\boldsymbol{B})\}$，其证明见 3.1.3 节推论二.

性质六　若 $\boldsymbol{A}_{m\times n}\boldsymbol{B}_{n\times l}=\boldsymbol{O}$，则 $R(\boldsymbol{A})+R(\boldsymbol{B})\leqslant n$，此方程式是判定齐次线性方程组基础解系解向量个数的重要依据，其证明见 3.1.3 节 n 元齐次线性方程组 $\boldsymbol{A}_{m\times n}\boldsymbol{X}=\boldsymbol{O}$ 解的结构分析部分.

性质七　$\max\{R(\boldsymbol{A}),R(\boldsymbol{B})\}\leqslant R(\boldsymbol{A},\boldsymbol{B})\leqslant R(\boldsymbol{A})+R(\boldsymbol{B})$，比如 $\boldsymbol{B}$ 是全为零的列向量，$R(\boldsymbol{B})=0$，$\max\{R(\boldsymbol{A}),R(\boldsymbol{B})\}=R(\boldsymbol{A},\boldsymbol{B})=R(\boldsymbol{A})+R(\boldsymbol{B})=R(\boldsymbol{A})$ 秩全等于 $R(\boldsymbol{A})$，若 $\boldsymbol{B}$ 为非零的列向量 $R(\boldsymbol{B})=1$.

$$\max\{R(\boldsymbol{A}),R(\boldsymbol{B})\}=R(\boldsymbol{A})\oplus R(\boldsymbol{A})=R(\boldsymbol{A},\boldsymbol{B})\oplus R(\boldsymbol{A})+R(\boldsymbol{B})=R(\boldsymbol{A})+1$$

此时

$$\max\{R(\boldsymbol{A}),R(\boldsymbol{B})\}=R(\boldsymbol{A},\boldsymbol{B})\leqslant R(\boldsymbol{A})+R(\boldsymbol{B}).$$

性质八　$R(\boldsymbol{A}+\boldsymbol{B})\leqslant R(\boldsymbol{A})+R(\boldsymbol{B})$，其简单推导如下：

$$\begin{pmatrix}\boldsymbol{A}+\boldsymbol{B}\\ \boldsymbol{B}\end{pmatrix}\xrightarrow{\text{初等行变换}}\begin{pmatrix}\boldsymbol{A}\\ \boldsymbol{B}\end{pmatrix}$$

$$R(\boldsymbol{A}+\boldsymbol{B})\leqslant R\begin{pmatrix}\boldsymbol{A}+\boldsymbol{B}\\ \boldsymbol{B}\end{pmatrix}=R\begin{pmatrix}\boldsymbol{A}\\ \boldsymbol{B}\end{pmatrix}=R(\boldsymbol{A}^{\mathrm{T}},\boldsymbol{B}^{\mathrm{T}})\leqslant R(\boldsymbol{A}^{\mathrm{T}})+R(\boldsymbol{B}^{\mathrm{T}})=R(\boldsymbol{A})+R(\boldsymbol{B})$$

2．矩阵秩的求法(阶梯矩阵法)

应用性质三将矩阵通过初等变换变成行阶梯矩阵的形式，读出矩阵的秩．阶梯矩阵满足：①非零行(该行的元素不全为零)排在零行(改行元素全为零的行)前面；②若矩阵有 k 个非零行，第 i 行的非零首元素必须排在第 i+1 行的非零首元素的右上方，跟上三角矩阵排列方式有些相似，如

$$\begin{pmatrix}a_{*1} & \cdots & \cdots & \cdots & \cdots\\ & a_{*2} & \cdots & \cdots & \cdots\\ & & a_{*r} & \cdots & \cdots\\ & & & 0 & \\ & & & & 0\end{pmatrix}\begin{matrix}\}r\text{行}\\ \}m-r\text{行}\end{matrix}\quad\text{例如}\begin{pmatrix}2&1&3&7&8\\0&3&0&4&1\\0&0&2&1&0\\0&0&0&1&0\end{pmatrix},\ \begin{pmatrix}2&1&3&5&7\\0&3&0&2&1\\0&0&1&0&0\\0&0&0&0&0\end{pmatrix}$$

从阶梯矩阵来看，不为零的行数为 r，矩阵存在 r 阶非零子式，即矩阵的秩为 r.

3.1.3 线性方程组求解

n 元线性方程组式(2.1)的增广矩阵 $\boldsymbol{B}$ 是由系数矩阵 $\boldsymbol{A}$ 和常数项矩阵共同构

成的.

$$B=(A,b)=\begin{pmatrix} a_{11} & a_{12} & \cdots & a_{1n} & b_1 \\ a_{21} & a_{22} & \cdots & a_{2n} & b_2 \\ \vdots & \vdots & & \vdots & \vdots \\ a_{m1} & a_{m2} & \cdots & a_{mn} & b_m \end{pmatrix}$$

B 中每一行代表一个等式，对 **B** 进行行变换，不会影响方程组(2.1)的求解. 若 **B** 的最简形式为

$$B\xrightarrow{\text{行变换}}\begin{pmatrix} 1 & 0 & \cdots & 0 & a'_{1,r+1} & \cdots & a'_{1n} & b'_1 \\ 0 & 1 & \cdots & 0 & a'_{2,r+1} & \cdots & a'_{2n} & b'_2 \\ \vdots & \vdots & & \vdots & \vdots & & \vdots & \vdots \\ 0 & 0 & \cdots & 1 & a'_{r,r+1} & \cdots & a'_{rn} & b'_r \\ 0 & 0 & \cdots & 0 & 0 & \cdots & 0 & 0 \\ \vdots & \vdots & & \vdots & \vdots & & \vdots & \vdots \\ 0 & 0 & \cdots & 0 & 0 & \cdots & 0 & 0 \end{pmatrix} \tag{3.12}$$

$R(B)=r$ ，式(3.12)的**通解**为

$$\left.\begin{aligned} x_1 &= b'_1 - a'_{1,r+1}\tilde{x}_{r+1} - \cdots - a'_{1n}\tilde{x}_n \\ x_2 &= b'_2 - a'_{2,r+1}\tilde{x}_{r+1} - \cdots - a'_{2n}\tilde{x}_n \\ &\cdots\cdots \\ x_r &= b'_r - a'_{r,r+1}\tilde{x}_{r+1} - \cdots - a'_{rn}\tilde{x}_n \\ x_{r+1} &= \tilde{x}_{r+1} \\ &\cdots\cdots \\ x_n &= \tilde{x}_n \end{aligned}\right\} \tag{3.13}$$

其中，$\tilde{x}_{r+1}$，$\cdots,\tilde{x}_n$ 为任意常数．其向量形式为

$$X=\begin{pmatrix} x_1 \\ x_2 \\ \vdots \\ x_r \\ x_{r+1} \\ x_{r+2} \\ \vdots \\ x_n \end{pmatrix}=\begin{pmatrix} b'_1 \\ b'_2 \\ \vdots \\ b'_r \\ 0 \\ 0 \\ \vdots \\ 0 \end{pmatrix}+\tilde{x}_{r+1}\begin{pmatrix} -a'_{1,r+1} \\ -a'_{2,r+1} \\ \vdots \\ -a'_{r,r+1} \\ 1 \\ 0 \\ \vdots \\ 0 \end{pmatrix}+\tilde{x}_{r+2}\begin{pmatrix} -a'_{1,r+2} \\ -a'_{2,r+2} \\ \vdots \\ -a'_{r,r+2} \\ 0 \\ 1 \\ \vdots \\ 0 \end{pmatrix}+\cdots+\tilde{x}_n\begin{pmatrix} -a'_{1n} \\ -a'_{2n} \\ \vdots \\ -a'_{rn} \\ 0 \\ 0 \\ \vdots \\ 1 \end{pmatrix}$$

简写为

$$X = X_0 + \tilde{x}_{r+1}X_1 + \tilde{x}_{r+2}X_2 + \cdots + \tilde{x}_n X_{n-r} \tag{3.14}$$

从式(3.12)或式(3.13)可以导出 n **元线性方程组 $AX = B$ 解的条件：**

(1) 无解的条件 $R(A) < R(B)$．相当于(3.12) $b'_{r+1} \neq 0$，此行所对应的方程为 $0 \times x_{r+1} + 0 \times x_{r+2} + \cdots 0 \times x_n = b'_{r+1}$，方程无解．

(2) 唯一解的条件 $R(A) = R(B) = n$，A 是满秩矩阵，此时 A 经过初等行变换可变成单位矩阵 E，即 $B = (A,b) \xrightarrow{\text{行变换}} (E, A^{-1}b)$，方程有唯一解．

(3) 无限多解的条件 $R(A) = R(B) < n$，此时经过初等变换后，矩阵 B 的第 n 行为零行．则此行满足 $0 \times x_n = 0$，此时 x_n 有无限多解．

推论一　n **阶可逆矩阵 A 的秩** $R(A) = n$，根据可逆矩阵的唯一性，且满足方程 $AX = E$ 有唯一解条件，所以 $R(A) = R(X) = n$．

推论二　$R(AB) \leqslant \min\{R(A), R(B)\}$，即秩的性质五．设 $AB = C$，即方程 $AX = C$ 有解 $X = B$，根据方程有解的条件可知，$R(A) = R(C)$，而 $R(C) \leqslant R(A,C)$，因此 $R(C) \leqslant R(A)$．类似可推 $B^{\mathrm{T}}A^{\mathrm{T}} = C^{\mathrm{T}}$，$R(C^{\mathrm{T}}) \leqslant R(B^{\mathrm{T}})$，$R(C^{\mathrm{T}}) \leqslant R(B^{\mathrm{T}})$，即 $R(C) \leqslant R(B)$，所以 $R(C) = R(AB) \leqslant \min\{R(A), R(B)\}$．

1．n 元齐次线性方程组 $A_{m\times n}X = 0$ 解的结构分析

(1) $A_{n\times n}$ 为方阵，且 $R(A) = n$，A 是满秩矩阵，只有零解．A 是满秩矩阵，则逆矩阵 A^{-1} 存在．$A^{-1}(AX) = A^{-1} \times \mathbf{0} \Rightarrow (A^{-1}A)X = \mathbf{0} \Rightarrow EX = \mathbf{0} \Rightarrow X = \mathbf{0}$．

(2) $A_{m\times n}$ 的 $R(A) = r$，**则齐次线性方程 $A_{m\times n}X = \mathbf{0}$ 的解集 S 的秩** $R(S) = n - r$．从公式(3.14)可以看出，$X = \tilde{x}_{r+1}X_1 + \tilde{x}_{r+2}X_2 + \cdots + \tilde{x}_n X_{n-r}$，且 $X_i (i = 1, \cdots, n-r)$ **线性无关**(任意一个向量 X_i 不能用其他向量 X_j $(j \neq i)$ 来表示，即向量组是线性无关的，相关概念参照 4.1.3 向量组的线性相关性的分析)．由 $X_i (i = 1, \cdots n-r)$ 所构成的矩阵 S，其秩 $R(S) = n - r$，可参照公式(3.14)来理解．由 $X_1, X_2, \cdots, X_s$ 所构成的解系称为该**齐次方程组的一个基础解系**，齐次方程 $A_{m\times n}X = \mathbf{0}$ 的任何一个解都可以用 $X_1, X_2 \cdots X_s$ 线性表示．

(3) 若 $A_{m\times n}B_{n\times l} = O$，则 $R(A) + R(B) \leqslant n$，即秩的性质六．$B_{n\times l} = (b_1, b_2, \cdots, b_l)$，即 $A_{m\times n}B_{n\times l} = O \Leftrightarrow A_{m\times n}(b_1, b_2, \cdots, b_l) = (0, 0, \cdots, 0) \Rightarrow A_{m\times n}b_i = \mathbf{0}(i = 1, 2, \cdots, l)$，可知 $b_i \in S$，且 $R(b_i) \leqslant R(S)$，即 $R(B) \leqslant R(S)$，$R(A) + R(S) = n$，所以 $R(A) + R(B) \leqslant n$．

(4) 若 $X_i (i = 1, 2, \cdots l)$ 是 $AX = \mathbf{0}$ 的解，那么 $X = \sum_{i=1}^{l} k_i X_i (i = 1, 2, \cdots l)$（$k_i$是常数）

也是方程的解．证明：任意 $X_i (i = 1, 2, \cdots, l)$ 满足 $AX_i = \mathbf{0}$，则

$$AX=\sum_{i=1}^{l}k_i AX_i=\sum_{i=1}^{l}k_i A0=0 .$$

2．n 元非齐次线性方程组 $A_{m\times n}X=b$ 解的结构分析

(1) 若 $A_{m\times n}X_0=b$，但是 kX_0 不是方程的解，这是因为 $A_{m\times n}\left(kX_0\right)=kA_{m\times n}X_0=kb\neq b$，其中 X_0 称为非齐次方程组的特解.

(2) $A_{m\times n}$ 的 $R(A)=r$，齐次线性方程 $A_{m\times n}X=0$ 的基础解系由 $X_1,X_2,\cdots,X_s$ 构成.

(3) $A_{m\times n}X=b$ 的全部解为 $X=X_0+k_1X_1+k_2X_2\cdots+k_sX_s$ (其中 $k_i\left(i=1,2,\cdots,s\right)$ 为常数). (证明 $A_{m\times n}X=A_{m\times n}\left(X_0+k_1X_1+k_2X_2\cdots+k_sX_s\right)=b+\sum_{i=1}^{s}k_i\times 0=b$)

3.2 矩阵的初等变换典型习题分析

3.2.1 初等变换求逆矩阵习题分析

式(3.7)给出了 3×3 实数矩阵求逆过程，下面给出参数方程的求逆方法.

习题 1 证明二阶矩阵 $\begin{pmatrix}a & b\\ c & d\end{pmatrix}^{-1}=\dfrac{1}{ad-bc}\begin{pmatrix}d & -b\\ -c & a\end{pmatrix}\left(ad\neq bc\right)$.

证法一：二阶矩阵的行列式的值易求，代数余子式也易求，因此采用伴随矩阵方法式(2.19)对二阶求逆是最简单方便的，故

$$A=\begin{pmatrix}a & b\\ c & d\end{pmatrix},|A|=ad-bc,\ A^*=\begin{pmatrix}A_{11} & A_{21}\\ A_{12} & A_{22}\end{pmatrix}=\begin{pmatrix}d & -b\\ -c & a\end{pmatrix}$$

$$A^{-1}=\frac{A^*}{|A|}=\frac{1}{ad-bc}\begin{pmatrix}d & -b\\ -c & a\end{pmatrix}$$

证法二：二阶矩阵的逆矩阵还可以通过对矩阵进行初等变换的方法求逆，不过对参数方程相对麻烦一些，但是仍能算出其逆矩阵，采用 $\left(A,E_n\right)\xrightarrow{\text{初等行变换}}\left(E_n,A^{-1}\right)$.

$$(\boldsymbol{A},\boldsymbol{E})=\begin{pmatrix} a & b & 1 & 0 \\ c & d & 0 & 1 \end{pmatrix}\xrightarrow[r_2\times\frac{1}{c}]{r_1\times\frac{1}{a}}\begin{pmatrix} 1 & \frac{b}{a} & \frac{1}{a} & 0 \\ 1 & \frac{d}{c} & 0 & \frac{1}{c} \end{pmatrix}\xrightarrow{r_2-r_1}\begin{pmatrix} 1 & \frac{b}{a} & \frac{1}{a} & 0 \\ 0 & \frac{ad-bc}{ac} & -\frac{1}{a} & \frac{1}{c} \end{pmatrix}$$

$$\xrightarrow{r_2\div\frac{ad-bc}{ac}}\begin{pmatrix} 1 & \frac{b}{a} & \frac{1}{a} & 0 \\ 0 & 1 & -\frac{c}{ad-bc} & \frac{a}{ad-bc} \end{pmatrix}\xrightarrow{r_1-r_2\times\frac{b}{a}}\begin{pmatrix} 1 & 0 & \frac{d}{ad-bc} & -\frac{b}{ad-bc} \\ 0 & 1 & -\frac{c}{ad-bc} & \frac{a}{ad-bc} \end{pmatrix}$$

$$\boldsymbol{A}^{-1}=\begin{pmatrix} \frac{d}{ad-bc} & -\frac{b}{ad-bc} \\ -\frac{c}{ad-bc} & \frac{a}{ad-bc} \end{pmatrix}=\frac{1}{ad-bc}\begin{pmatrix} d & -b \\ -c & a \end{pmatrix}$$

注：我们在此题求解过程中假设$ad\neq bc$，还假设$ac\neq 0$．与证法一相比，伴随矩阵求逆方法优势更明显．但是初等变换在高阶方阵求逆矩阵时优势明显．

习题 2　(同济大学数学系编《线性代数(第六版)》第三章例 2)

$$\boldsymbol{A}=\begin{pmatrix} 0 & -2 & 1 \\ 3 & 0 & -2 \\ -2 & 3 & 0 \end{pmatrix}$$

证明$\boldsymbol{A}$可逆，并且求$\boldsymbol{A}$的逆矩阵$\boldsymbol{A}^{-1}$.

解：证明$\boldsymbol{A}$可逆，即$R(\boldsymbol{A})=3$，求$\boldsymbol{A}$的逆$\boldsymbol{A}^{-1}$，可采用$(\boldsymbol{A},\boldsymbol{E}_n)\xrightarrow{\text{初等行变换}}(\boldsymbol{E}_n,\boldsymbol{A}^{-1})$.

$$(\boldsymbol{A},\boldsymbol{E})=\begin{pmatrix} 0 & -2 & 1 & 1 & 0 & 0 \\ 3 & 0 & -2 & 0 & 1 & 0 \\ -2 & 3 & 0 & 0 & 0 & 1 \end{pmatrix}\xrightarrow{r_3+r_2}\begin{pmatrix} 0 & -2 & 1 & 1 & 0 & 0 \\ 3 & 0 & -2 & 0 & 1 & 0 \\ 1 & 3 & -2 & 0 & 1 & 1 \end{pmatrix}$$

$$\xrightarrow{r_2-3r_3}\begin{pmatrix} 0 & -2 & 1 & 1 & 0 & 0 \\ 0 & -9 & 4 & 0 & -2 & -3 \\ 1 & 3 & -2 & 0 & 1 & 1 \end{pmatrix}\xrightarrow{r_2-5r_1}\begin{pmatrix} 0 & -2 & 1 & 1 & 0 & 0 \\ 0 & 1 & -1 & -5 & -2 & -3 \\ 1 & 3 & -2 & 0 & 1 & 1 \end{pmatrix}$$

$$\xrightarrow{r_1+2r_2}\begin{pmatrix} 0 & 0 & -1 & -9 & -4 & -6 \\ 0 & 1 & -1 & -5 & -2 & -3 \\ 1 & 3 & -2 & 0 & 1 & 1 \end{pmatrix}\xrightarrow[r_1\times(-1)]{r_2-r_1}\begin{pmatrix} 0 & 0 & 1 & 9 & 4 & 6 \\ 0 & 1 & 0 & 4 & 2 & 3 \\ 1 & 3 & -2 & 0 & 1 & 1 \end{pmatrix}$$

$$\xrightarrow[r_3-3r_2]{r_3+2r_1}\begin{pmatrix} 0 & 0 & 1 & 9 & 4 & 6 \\ 0 & 1 & 0 & 4 & 2 & 3 \\ 1 & 0 & 0 & 6 & 3 & 4 \end{pmatrix}\xrightarrow{r_3\leftrightarrow r_1}\begin{pmatrix} 1 & 0 & 0 & 6 & 3 & 4 \\ 0 & 1 & 0 & 4 & 2 & 3 \\ 0 & 0 & 1 & 9 & 4 & 6 \end{pmatrix}$$

通过矩阵的初等行变换可以发现 $R(\boldsymbol{A})=3$，$\boldsymbol{A}$ 矩阵是满秩的，可逆的．采用对增广矩阵初等行变换的方法求逆，可以看出计算过程不涉及行列式余子式的计算，计算工作量大大降低，计算难度也大大降低．

习题 3(四川大学数学学院高等数学教研室编《高等数学第三册(第三版)》第二章第三节例 2)　求下三角矩阵 $\boldsymbol{A}$ 的逆矩阵 $\boldsymbol{A}^{-1}$．

$$\boldsymbol{A}=\begin{pmatrix} 1 & & & & & 0 \\ a & 1 & & & & \\ a^2 & a & 1 & & & \\ a^3 & a^2 & a & 1 & & \\ \vdots & \vdots & \vdots & \ddots & \ddots & \\ a^{n-1} & a^{n-2} & a^{n-3} & \cdots & a & 1 \end{pmatrix}$$

解：$\boldsymbol{A}$ 为上三角矩阵，且$|\boldsymbol{A}|=1$，$\boldsymbol{A}$ 是可逆矩阵．$\boldsymbol{A}$ 矩阵变成单位矩阵的方法为：从最后一行开始操作，后一行减去其上面一行的 a 倍，即可将 $\boldsymbol{A}$ 化为单位矩阵．求逆矩阵 $\boldsymbol{A}^{-1}$ 步骤如下：

$$\begin{pmatrix} 1 & & & & & 1 & & & & \\ a & 1 & & & & & 1 & & & \\ a^2 & a & 1 & & & & & 1 & & \\ \vdots & \vdots & \vdots & \ddots & & & & & \ddots & \\ a^{n-1} & a^{n-2} & a^{n-3} & \cdots & 1 & & & & & 1 \end{pmatrix}$$

$$\xrightarrow[i=n,n-1,\cdots,2]{r_i-r_{i-1}}\begin{pmatrix} 1 & & & & & 1 & & & & \\ & 1 & & & & -a & 1 & & & \\ & & 1 & & & & -a & 1 & & \\ & & & \ddots & & & & \ddots & \ddots & \\ & & & \cdots & 1 & & & & -a & 1 \end{pmatrix}$$

$$\begin{pmatrix} 1 & & & & & \\ a & 1 & & & & \\ a^2 & a & 1 & & & \\ a^3 & a^2 & a & 1 & & \\ \vdots & \vdots & \vdots & \ddots & \ddots & \\ a^{n-1} & a^{n-2} & a^{n-3} & \cdots & a & 1 \end{pmatrix}^{-1}=\begin{pmatrix} 1 & & & & & \\ -a & 1 & & & & \\ & -a & 1 & & & \\ & & -a & 1 & & \\ & & & \ddots & \ddots & \\ & & & & -a & 1 \end{pmatrix}$$

初等变换法求下三角矩阵的逆矩阵由于不涉及复杂的多项式计算，因而更容易一些．本题中 $\boldsymbol{A}$ 矩阵的规律更明显，非常容易化成单位矩阵．

3.2.2 线性方程组求解典型习题分析

习题 4(同济大学数学系编《线性代数(第六版)》第三章习题 12)　选择适当的 k 值，使 $\boldsymbol{A}=\begin{pmatrix}1 & -2 & 3k\\ -1 & 2k & -3\\ k & -2 & 3\end{pmatrix}$ 的秩，(1) $R(\boldsymbol{A})=1$；(2) $R(\boldsymbol{A})=2$；(3) $R(\boldsymbol{A})=3$.

解：对 $\boldsymbol{A}$ 初等变换，将其化简成行最简形式：

$$\boldsymbol{A}=\begin{pmatrix}1 & -2 & 3k\\ -1 & 2k & -3\\ k & -2 & 3\end{pmatrix}\xrightarrow[r_3-k\times r_1]{r_2+r_1}\begin{pmatrix}1 & -2 & 3k\\ 0 & 2(k-1) & 3(k-1)\\ 0 & 2(k-1) & -3(k^2-1)\end{pmatrix}$$

$$\xrightarrow{r_3-r_2}\begin{pmatrix}1 & -2 & 3k\\ 0 & 2(k-1) & 3(k-1)\\ 0 & 0 & -3(k-1)(k+2)\end{pmatrix}$$

(1) 当 $k=1$，$\begin{pmatrix}1 & -2 & 3k\\ 0 & 2(k-1) & 3(k-1)\\ 0 & 0 & -3(k-1)(k+2)\end{pmatrix}=\begin{pmatrix}1 & -2 & 3\\ 0 & 0 & 0\\ 0 & 0 & 0\end{pmatrix}$，$R(\boldsymbol{A})=1$.

(2) 当 $k=-2$，$\begin{pmatrix}1 & -2 & 3k\\ 0 & 2(k-1) & 3(k-1)\\ 0 & 0 & -3(k-1)(k+2)\end{pmatrix}=\begin{pmatrix}1 & -2 & -6\\ 0 & -6 & -9\\ 0 & 0 & 0\end{pmatrix}$，$R(\boldsymbol{A})=2$.

(3) 当 $k\neq 1$且$k\neq 2$，$\boldsymbol{A}\longrightarrow\begin{pmatrix}1 & -2 & 3k\\ 0 & 2(k-1) & 3(k-1)\\ 0 & 0 & -3(k-1)(k+2)\end{pmatrix}$，$R(\boldsymbol{A})=3$.

习题 5(四川大学数学学院高等数学教研室编《高等数学第三册(第三版)》第三章习题 16)　选择适当的 λ 使下面方程有解，并求解.

$$\begin{cases}\lambda x_1+x_2+x_3=1\\ x_1+\lambda x_2+x_3=\lambda\\ x_1+x_2+\lambda x_3=\lambda^2\end{cases}$$

解法一：行列式求解方法.

$$\boldsymbol{A}=\begin{pmatrix}\lambda & 1 & 1\\ 1 & \lambda & 1\\ 1 & 1 & \lambda\end{pmatrix},\quad \boldsymbol{b}=\begin{pmatrix}1\\ \lambda\\ \lambda^2\end{pmatrix},\quad \boldsymbol{B}=(\boldsymbol{A},\boldsymbol{b})=\begin{pmatrix}\lambda & 1 & 1 & 1\\ 1 & \lambda & 1 & \lambda\\ 1 & 1 & \lambda & \lambda^2\end{pmatrix}$$

$$|\boldsymbol{A}|=\begin{vmatrix}\lambda & 1 & 1\\ 1 & \lambda & 1\\ 1 & 1 & \lambda\end{vmatrix}\xlongequal[r_1\div(\lambda+2)]{r_1+r_2+r_3}(\lambda+2)\begin{vmatrix}1 & 1 & 1\\ 1 & \lambda & 1\\ 1 & 1 & \lambda\end{vmatrix}$$

$$\xlongequal[r_3-r_1]{r_2-r_1}(\lambda+2)\begin{vmatrix}1 & 1 & 1\\ 0 & \lambda-1 & 0\\ 0 & 0 & \lambda-1\end{vmatrix}=(\lambda+2)(\lambda-1)^2$$

当$|\boldsymbol{A}|\neq 0$时，即$\lambda\neq 1$，且$\lambda\neq -2$，$R(\boldsymbol{A})$=3，方程组有唯一解.
当λ=1，三个方程相同，$R(\boldsymbol{A})$=$R(\boldsymbol{B})$=1，方程等价为$x_1=1-x_2-x_3$.
方程的通解为

$$\begin{pmatrix}x_1\\ x_2\\ x_3\end{pmatrix}=\begin{pmatrix}1\\ 0\\ 0\end{pmatrix}+c_1\begin{pmatrix}-1\\ 1\\ 0\end{pmatrix}+c_2\begin{pmatrix}-1\\ 0\\ 1\end{pmatrix}$$

当λ=−2时，有

$$\boldsymbol{B}=(\boldsymbol{A},\boldsymbol{b})=\begin{pmatrix}-2 & 1 & 1 & 1\\ 1 & -2 & 1 & -2\\ 1 & 1 & -2 & 4\end{pmatrix}\xrightarrow{r_3\leftrightarrow r_1}\begin{pmatrix}1 & 1 & -2 & 4\\ 1 & -2 & 1 & -2\\ -2 & 1 & 1 & 1\end{pmatrix}$$

$$\xrightarrow[r_3+2r_1]{r_2-r_1}\begin{pmatrix}1 & 1 & -2 & 4\\ 0 & -3 & 3 & -6\\ 0 & 3 & -3 & 9\end{pmatrix}\xrightarrow{r_3+r_2}\begin{pmatrix}1 & 1 & -2 & 4\\ 0 & -3 & 3 & -6\\ 0 & 0 & 0 & 3\end{pmatrix}$$

$R(\boldsymbol{A})$=2，$R(\boldsymbol{B})=3$，$R(\boldsymbol{A})<R(\boldsymbol{B})$，方程无解.
解法二：矩阵初等变换求解方法.

$$\boldsymbol{B}=(\boldsymbol{A},\boldsymbol{b})=\begin{pmatrix}\lambda & 1 & 1 & 1\\ 1 & \lambda & 1 & \lambda\\ 1 & 1 & \lambda & \lambda^2\end{pmatrix}\xrightarrow{r_3\leftrightarrow r_1}\begin{pmatrix}1 & 1 & \lambda & \lambda^2\\ 1 & \lambda & 1 & \lambda\\ \lambda & 1 & 1 & 1\end{pmatrix}$$

$$\xrightarrow[r_3-\lambda\times r]{r_2-r_1}\begin{pmatrix}1 & 1 & \lambda & \lambda^2\\ 0 & \lambda-1 & 1-\lambda & \lambda-\lambda^2\\ \lambda-1 & 0 & 1-\lambda & 1-\lambda^2\end{pmatrix}$$

当λ=1，有

$$B \to \begin{pmatrix} 1 & 1 & 1 & 1 \\ 0 & 0 & 0 & 0 \\ 0 & 0 & 0 & 0 \end{pmatrix}，其解为\begin{pmatrix} x_1 \\ x_2 \\ x_3 \end{pmatrix} = \begin{pmatrix} 1 \\ 0 \\ 0 \end{pmatrix} + c_1 \begin{pmatrix} -1 \\ 1 \\ 0 \end{pmatrix} + c_2 \begin{pmatrix} -1 \\ 0 \\ 1 \end{pmatrix}$$

当λ=−2，有

$$B \to \begin{pmatrix} 1 & 1 & -2 & 4 \\ 0 & -3 & 3 & -6 \\ -3 & 0 & 3 & -3 \end{pmatrix} \xrightarrow[r_3 \div (-3)]{r_2 \div (-3)} \begin{pmatrix} 1 & 1 & -2 & 4 \\ 0 & 1 & -1 & 2 \\ 1 & 0 & -1 & 1 \end{pmatrix}$$

$$\xrightarrow{r_3 - r_1} \begin{pmatrix} 1 & 1 & -2 & 4 \\ 0 & 1 & -1 & 2 \\ 0 & -1 & 1 & -3 \end{pmatrix} \xrightarrow{r_3 + r_2} \begin{pmatrix} 1 & 1 & -2 & 4 \\ 0 & 1 & -1 & 2 \\ 0 & 0 & 0 & -1 \end{pmatrix}$$

$R(A)$=2，$R(B)=3$，$R(A)<R(B)$，方程无解.

习题 6(四川大学数学学院高等数学教研室编《高等数学第三册(第三版)》第三章第三节例 2)　求下面齐次线性方程组的基础解系.

$$\begin{cases} x_1 + x_2 - 3x_4 - x_5 = 0 \\ x_1 - x_2 + 2x_3 - x_4 = 0 \\ 4x_1 - 2x_2 + 6x_3 + 3x_4 - 4x_5 = 0 \\ 2x_1 + 4x_2 - 2x_3 + 4x_4 - 7x_5 = 0 \end{cases}$$

解：系数矩阵初等变换后为

$$A = \begin{pmatrix} 1 & 1 & 0 & -3 & -1 \\ 1 & -1 & 2 & -1 & 0 \\ 4 & -2 & 6 & 3 & -4 \\ 2 & 4 & -2 & 4 & -7 \end{pmatrix} \to \begin{pmatrix} 1 & 1 & 0 & -3 & -1 \\ 0 & 2 & -2 & -2 & -1 \\ 0 & 0 & 0 & 3 & -1 \\ 0 & 0 & 0 & 0 & 0 \end{pmatrix} \quad ①$$

这里$R(A)=3<5$,无穷多个解，其基础解系由 $n-r_A$=5−3=2 个线性无关的解向量构成．初等变换 A 后的梯形矩阵所对应的线性方程组为

$$\left.\begin{matrix} x_1 + x_2 + 3x_4 - x_5 = 0 \\ 2x_2 - 2x_3 - 2x_4 - x_5 = 0 \\ 3x_4 - x_5 = 0 \end{matrix}\right\} \quad ②$$

(**采用非零首元法选取任意参量**)由于式①三个非零首元素所对应的未知量为 x_1,x_2,x_4，所以选取 x_3,x_5 为参数，上面方程②可转化成

$$\left.\begin{array}{l} x_1 + x_2 + 3x_4 = \tilde{x}_5 \\ 2x_2 - 2x_4 = \tilde{x}_5 + 2\tilde{x}_3 \\ 3x_4 = \tilde{x}_5 \end{array}\right\} \qquad ③$$

令 $\tilde{x}_3 = 1, \tilde{x}_5 = 0$，代入式③解得 $x_1 = 1$，$x_2 = 1$，$x_4 = 0$，对应的解向量为 $\boldsymbol{X}_1 = (-1,1,1,0,0)$.

令 $\tilde{x}_3 = 0, \tilde{x}_5 = 1$，代入式③解得 $x_1 = \frac{7}{6}, x_2 = \frac{5}{6}, x_4 = \frac{1}{3}$，对应的解向量为

$\boldsymbol{X}_2 = \left(\frac{7}{6},\frac{5}{6},0,\frac{1}{3},1\right)$，则 $\boldsymbol{X}_1$，$\boldsymbol{X}_2$ 是就是方程组的一个基础解系．方程的任意解可

表示为 $\boldsymbol{X} = k_1\boldsymbol{X}_1 + k_2\boldsymbol{X}_2$.

注：选取变量要简单，如 $\tilde{x}_3 = 1, \tilde{x}_5 = 0$ 与 $\tilde{x}_3 = 0, \tilde{x}_5 = 1$，**并且两者线性无关．**

习题 7(四川大学数学学院高等数学教研室编《高等数学第三册(第三版)》第三章第二节例题)　求下面非齐次线性方程组的解．

$$\begin{cases} x_1 + x_2 + x_3 + x_4 + x_5 = 2 \\ 2x_1 + 3x_2 + x_3 + x_4 - 3x_5 = 0 \\ x_1 + 2x_3 + 2x_4 + 6x_5 = 6 \\ 4x_1 + 5x_2 + 3x_3 + 3x_4 - x_5 = 4 \end{cases}$$

解法一：对方程组的增广矩阵 $\boldsymbol{B}$ 进行初等行变换：

$$\boldsymbol{B}=(\boldsymbol{A},\boldsymbol{b})=\begin{pmatrix} 1 & 1 & 1 & 1 & 1 & 2 \\ 2 & 3 & 1 & 1 & -3 & 0 \\ 1 & 0 & 2 & 2 & 6 & 6 \\ 4 & 5 & 3 & 3 & -1 & 4 \end{pmatrix} \xrightarrow[r_4-4r_1]{\substack{r_2-2r_1\\ r_3-r_1}} \begin{pmatrix} 1 & 1 & 1 & 1 & 1 & 2 \\ 0 & 1 & -1 & -1 & -5 & -4 \\ 0 & -1 & 1 & 1 & 5 & 4 \\ 0 & 1 & -1 & -1 & -5 & -4 \end{pmatrix}$$

$$\xrightarrow[r_4-r_3]{r_3+r_2} \begin{pmatrix} 1 & 1 & 1 & 1 & 1 & 2 \\ 0 & 1 & -1 & -1 & -5 & -4 \\ 0 & 0 & 0 & 0 & 0 & 0 \\ 0 & 0 & 0 & 0 & 0 & 0 \end{pmatrix} \to \begin{pmatrix} 1 & 0 & 2 & 2 & 6 & 6 \\ 0 & 1 & -1 & -1 & -5 & -4 \\ 0 & 0 & 0 & 0 & 0 & 0 \\ 0 & 0 & 0 & 0 & 0 & 0 \end{pmatrix} = \boldsymbol{B}_1 \qquad ④$$

由 $\boldsymbol{B}_1$ 可见 $R(\boldsymbol{B}) = R(\boldsymbol{A}) = 2$，方程组有无穷多解，$n - r_A = 5-2=3$，有 3 个参数是任意的．$\boldsymbol{B}_1$ 所对应的方程组：

$$\left.\begin{aligned} x_1+2x_3+2x_4+6x_5&=6 \\ x_2-x_3-x_4-5x_5&=-4 \end{aligned}\right\} \quad ⑤$$

x_1,x_2 在排首，所以令 $x_3=\tilde{x}_3, x_4=\tilde{x}_4, x_5=\tilde{x}_5$，解出 x_1,x_2 的通解为

$$\left.\begin{aligned} x_1&=6-2\tilde{x}_3-2\tilde{x}_4-6\tilde{x}_5 \\ x_2&=-4+\tilde{x}_3+\tilde{x}_4+5\tilde{x}_5 \\ x_3&=\tilde{x}_3 \\ x_4&=\tilde{x}_4 \\ x_5&=\tilde{x}_5 \end{aligned}\right\} \quad ⑥$$

式⑥等价于

$$\begin{pmatrix} x_1\\x_2\\x_3\\x_4\\x_5 \end{pmatrix}=\begin{pmatrix} 6\\-4\\0\\0\\0 \end{pmatrix}+\tilde{x}_3\begin{pmatrix} -2\\1\\1\\0\\0 \end{pmatrix}+\tilde{x}_4\begin{pmatrix} -2\\1\\0\\1\\0 \end{pmatrix}+\tilde{x}_5\begin{pmatrix} -6\\5\\0\\0\\1 \end{pmatrix}$$

其中 $\tilde{x}_3,\tilde{x}_4,\tilde{x}_5$ 为参数.

解法二：对方程组的增广矩阵 $\boldsymbol{B}$ 进行初等行变换：

$$\boldsymbol{B}=(\boldsymbol{A},\boldsymbol{b})=\begin{pmatrix} 1&1&1&1&1&2\\ 2&3&1&1&-3&0\\ 1&0&2&2&6&6\\ 4&5&3&3&-1&4 \end{pmatrix}\to\begin{pmatrix} 1&0&2&2&6&6\\ 0&1&-1&-1&-5&-4\\ 0&0&0&0&0&0\\ 0&0&0&0&0&0 \end{pmatrix}$$

由 $\boldsymbol{B}$ 的初等变换矩阵可看出，$R(\boldsymbol{A})=R(\boldsymbol{B})=2<5$，该非齐次方程组有无穷多解，为此先求一个特解，$\boldsymbol{B}$ 的阶梯形矩阵所对应的方程组为

$$\left.\begin{aligned} x_1+2x_3+2x_4+6x_5&=6 \\ x_2-x_3-x_4-5x_5&=-4 \end{aligned}\right\} \quad ⑦$$

$n-R(\boldsymbol{A})=5-2=3$，有 3 个参数是任意的，基础解系的数目为 3 个．x_1,x_2 在排首，所以 x_3,x_4,x_5 为任意参数值．令 $x_3=x_4=x_5=0$，代入式⑦可得 $x_1=6,x_2=-4$．非齐次方程 $\boldsymbol{AX}_0=\boldsymbol{b}$ 的特解为 $\boldsymbol{X}_0$，且

$$\boldsymbol{X}_0=(6,-4,0,0,0)$$

非齐次方程的基础解系为 $\boldsymbol{X}_1,\boldsymbol{X}_2,\boldsymbol{X}_3$，它们满足的方程为 $\boldsymbol{AX}_i=\boldsymbol{0}(i=1,2.3)$，该方程对应的方程组为

$$\left.\begin{array}{r}x_1+2x_3+2x_4+6x_5=0\\x_2-x_3-x_4-5x_5=0\end{array}\right\} \quad ⑧$$

x_3,x_4,x_5 取值最简单的三种线性无关组合为 $(x_3,x_4,x_5)=(1,0,0),(0,1,0),(0,0,1)$，它们分别对应齐次方程基础解系 $\boldsymbol{X}_1=(-2,1,1,0,0)$，$\boldsymbol{X}_2=(-2,1,0,1,0)$，$\boldsymbol{X}_3=(-6,5,0,0,1)$，于是该方程组的通解为

$$\begin{aligned}\boldsymbol{X}&=\boldsymbol{X}_0+k_1\boldsymbol{X}_1+k_2\boldsymbol{X}_2+k_3\boldsymbol{X}_3\ (k_1,k_2,k_3\text{为任意常数})\\&=(6,-4,0,0,0)+k_1(-2,1,1,0,0)+k_2(-2,1,0,1,0)+k_3(-6,5,0,0,1)\end{aligned} \quad ⑨$$

习题 8(同济大学数学系编《线性代数(第六版)》第三章习题 14) 求解 3 元线性方程组

$$\begin{cases}4x_1+2x_2-x_3=2\\3x_1-x_2+2x_3=10\\11x_1+3x_2=8\end{cases}$$

解：

$$\boldsymbol{B}=(\boldsymbol{A},\boldsymbol{b})=\begin{pmatrix}4&2&-1&2\\3&-1&2&10\\11&3&0&8\end{pmatrix}\xrightarrow{r_1-r_2}\begin{pmatrix}1&3&-3&-8\\3&-1&2&10\\11&3&0&8\end{pmatrix}$$

$$\xrightarrow[r_2-11r_1]{r_2-3r_1}\begin{pmatrix}1&3&-3&-8\\0&-10&11&34\\0&-30&33&96\end{pmatrix}\xrightarrow{r_3-3r_2}\begin{pmatrix}1&3&-3&-8\\0&-10&11&34\\0&0&0&-6\end{pmatrix}$$

由于 $R(\boldsymbol{A})=2,R(\boldsymbol{B})=3$，$R(\boldsymbol{A})<R(\boldsymbol{B})$，方程无解.

习题 9 (四川大学数学学院高等数学教研室编《高等数学第三册(第三版)》第三章习题 28)n 阶矩阵 $\boldsymbol{A}$ 满足 $\boldsymbol{A}^2=\boldsymbol{A}$，求证 $R(\boldsymbol{A}+\boldsymbol{E})+R(\boldsymbol{A}-\boldsymbol{E})=n$.

解：$\boldsymbol{A}^2=\boldsymbol{A}\Rightarrow\boldsymbol{A}(\boldsymbol{A}-\boldsymbol{E})=0\Rightarrow R(\boldsymbol{A})+R(\boldsymbol{A}-\boldsymbol{E})\leqslant n$

$$R(\boldsymbol{A})+R(\boldsymbol{A}-\boldsymbol{E})=R(\boldsymbol{A})+R(\boldsymbol{E}-\boldsymbol{A})\geqslant R(\boldsymbol{A}+\boldsymbol{E}-\boldsymbol{A})=n$$

故
$$R(\boldsymbol{A})+R(\boldsymbol{A}-\boldsymbol{E})=n$$

从解题中可以看出，利用行列式有解的性质和矩阵秩的和大于乘积矩阵的秩.

习题 10(四川大学数学学院高等数学教研室编《高等数学第三册(第三版)》第三章习题 29) n 阶矩阵 $\boldsymbol{A}$ 的伴随矩阵 $\boldsymbol{A}^*$，证明其满足：

(1) $R(\boldsymbol{A})=n\Rightarrow R(\boldsymbol{A}^*)=n$；

(2) $R(A)=n-1 \Rightarrow R(A^*)=1$；

(3) $R(A)\leqslant n-2 \Rightarrow R(A^*)=0$.

证明：(1) $R(A)=n$，矩阵A可逆，A^{-1}存在，且$|A|\neq 0$，$AA^*=|A|E$，$|A^*|\neq 0$，因此$R(A^*)=n$；

(2) $R(A)=n-1$，表明A中至少有一个不为零的n-1阶子式存在，该子式正好是伴随矩阵A^*的值，所以$R(A^*)\geqslant 1$．而$AA^*=O \Rightarrow R(A)+R(A^*)\leqslant n$ ⊕ $R(A)=n-1 \Rightarrow R(A^*)=1$.

(3) $R(A)\leqslant n-2$，这个代表了所有的n-1阶的子式为零，而这些子式正是伴随矩阵的元素，故$A^*=O$，即A^*是零矩阵，因此$R(A^*)=0$.

习题 11　利用分块矩阵证明：

(1) $R(A+B)\leqslant R(A)+R(B)$；

(2) $R(A,B)\leqslant R(A)+R(B)$；

(3) $R(A_{m\times n}B_{n\times l})\geqslant R(A)+R(B)-n$.

证明：(1)方法一：

$$A+B=(A,B)\begin{pmatrix}E_n\\E_n\end{pmatrix}=(E_m,E_m)\begin{pmatrix}A&O\\O&B\end{pmatrix}\begin{pmatrix}E_n\\E_n\end{pmatrix}$$

根据$R(AB)\leqslant \min(R(A),R(B))$，所以

$$R(A+B)\leqslant R\begin{pmatrix}A&O\\O&B\end{pmatrix}=R(A)+R(B)$$

方法二：

$$\begin{pmatrix}A&O\\O&B\end{pmatrix}\xrightarrow{\text{初等变换}}\begin{pmatrix}A&B\\O&B\end{pmatrix}\xrightarrow{\text{初等变换}}\begin{pmatrix}A+B&B\\B&B\end{pmatrix}$$

$$R(A+B)\leqslant R\begin{pmatrix}A+B&B\\B&B\end{pmatrix}=R\begin{pmatrix}A&O\\O&B\end{pmatrix}=R(A)+R(B)$$

(2) $$(E,E)\begin{pmatrix}A&O\\O&B\end{pmatrix}=(A,B)\Rightarrow R(A,B)\leqslant R\begin{pmatrix}A&O\\O&B\end{pmatrix}=R(A+B)$$

(3) $$\begin{pmatrix}E&O\\O&AB\end{pmatrix}\xrightarrow{\text{初等变换}}\begin{pmatrix}E&O\\A&AB\end{pmatrix}\xrightarrow{\text{初等变换}}\begin{pmatrix}E&-B\\A&O\end{pmatrix}$$

$$\Rightarrow R\begin{pmatrix} \boldsymbol{E} & \boldsymbol{O} \\ \boldsymbol{O} & \boldsymbol{AB} \end{pmatrix} = R\begin{pmatrix} \boldsymbol{E} & -\boldsymbol{B} \\ \boldsymbol{A} & \boldsymbol{O} \end{pmatrix}$$

$$R\begin{pmatrix} \boldsymbol{E} & \boldsymbol{O} \\ \boldsymbol{O} & \boldsymbol{AB} \end{pmatrix} = n + R(\boldsymbol{AB}) \oplus R\begin{pmatrix} \boldsymbol{E} & -\boldsymbol{B} \\ \boldsymbol{A} & \boldsymbol{O} \end{pmatrix} \geqslant R(\boldsymbol{A}) + R(-\boldsymbol{B}) = R(\boldsymbol{A}) + R(\boldsymbol{B})$$

故 $R(\boldsymbol{A}_{m\times n}\boldsymbol{B}_{n\times l}) \geqslant R(\boldsymbol{A}) + R(\boldsymbol{B}) - n$. 若 $\boldsymbol{AB} = \boldsymbol{O}$，则 $R(\boldsymbol{A}) + R(\boldsymbol{B}) \leqslant n$.

第四章　向量空间及向量组的线性相关性

在第二章中我们已经讨论了将矩阵当作向量来运算，矩阵的基本运算与向量比较类似，在本章中研究向量组与矩阵的对应关系，即如何以向量(矩阵)的角度去研究矩阵(向量)．本章主要包括向量组的线性相关、线性无关，向量组的秩、最大线性无关组以及基矢量的标准正交化等内容．

4.1　向量空间及向量组的知识体系和基本概念

4.1.1 向量空间和向量组相关性的概念

1．n维向量

n个有次序的数$a_1,a_2,\cdots,a_n$所构成的数组即n维向量，n维向量有n个分量，第 i 个数a_i称作第 i 个分量．向量分类：按分量的类型分成实向量(其分量全是实数)和复向量(其分量是复数)；按向量的书写方式分成行向量(n 维向量写成一行)和列向量(n 维向量写成一列)．本章中如不特殊说明，一般讨论的向量是行向量，且为实向量．n 维列向量与行向量的标记方法为

$$\boldsymbol{\alpha}=\begin{pmatrix} a_1 \\ a_2 \\ \vdots \\ a_n \end{pmatrix},\ \boldsymbol{\alpha}^{\mathrm{T}}=\begin{pmatrix} a_1 & a_2 & \cdots & a_n \end{pmatrix} \tag{4.1}$$

本书中默认黑体小写字母表示向量，$\boldsymbol{\alpha}$，$\boldsymbol{\beta}$，$\boldsymbol{\gamma}$ 表示列向量，$\boldsymbol{\alpha}^{\mathrm{T}}$，$\boldsymbol{\beta}^{\mathrm{T}}$，$\boldsymbol{\gamma}^{\mathrm{T}}$表示行向量．

在解析几何中，向量是一种矢量，它有大小和方向；在三维坐标系 XYZ 中任意一个向量都有与之对应的坐标表示方法；同样 n 维向量可以看作是 n 维空间里面的矢量．

“空间”通常是点的集合，换言之，点是构成“空间”的元素，因此这样的空间又被称为点空间．以 XYZ 坐标系为例，坐标系中任意点 $P(x,y,z)$ 与向量

$\boldsymbol{r}=(x,y,z)^{\mathrm{T}}$ 之间一一对应的关系. XYZ 坐标系中向量 $\boldsymbol{r}=(x,y,z)^{\mathrm{T}}$ 的集合构成了 XYZ 向量空间. 3 维向量空间的标记方法为

$$\mathbf{R}^3=\left\{\boldsymbol{r}=(x,y,z)^{\mathrm{T}}\mid x,y,z\in\mathbf{R}\right\} \tag{4.2}$$

类似的，n 维向量空间是 n 维向量的全体集合，即

$$\mathbf{R}^n=\left\{\boldsymbol{x}=(x_1,x_2,\cdots,x_n)^{\mathrm{T}}\mid x_1,x_2,\cdots x_n\in\mathbf{R}\right\} \tag{4.3}$$

2．向量组

向量组是由若干个相同维数的列向量(或者相同维数的行向量)所组成的集合. 例如矩阵 $\boldsymbol{A}_{m\times n}$，可以是一个包含 n 个 m 维列向量的向量组，或者是一个包含 m 个 n 维行向量的向量组. 而线性方程 $\boldsymbol{A}_{m\times n}\boldsymbol{X}=\mathbf{0}$ 的解 $\boldsymbol{X}$ 可以组成一个含有无限多个含有 n 维列向量的向量组，即

$$\boldsymbol{A}_{m\times n}=\begin{pmatrix} a_{11} & a_{12} & \cdots & a_{1n}\\ a_{21} & a_{22} & \cdots & a_{2n}\\ \vdots & \vdots & & \vdots\\ a_{m1} & a_{m2} & \cdots & a_{mn}\end{pmatrix}=\begin{pmatrix}\boldsymbol{\alpha}_1\\ \boldsymbol{\alpha}_2\\ \vdots\\ \boldsymbol{\alpha}_m\end{pmatrix}=\begin{pmatrix}\boldsymbol{\beta}_1 & \boldsymbol{\beta}_2 & \cdots & \boldsymbol{\beta}_n\end{pmatrix} \tag{4.4}$$

3．向量空间

V 是 n 维向量的集合，若集合 V 是非空集合，并且集合 V 对于向量的加法与数乘两种运算封闭，则称为向量空间. 封闭：在集合 V 中可进行向量的加法和数乘两种运算，也就是：若 $\boldsymbol{a}\in V,\boldsymbol{b}\in V,\lambda\in\mathbf{R}$，则 $\boldsymbol{a}+\boldsymbol{b}\in V,\lambda\boldsymbol{a}\in V$. 常见的数域：有理数($\mathbf{Q}$)，实数($\mathbf{R}$)，复数($\mathbf{C}$)，与之对应的 n 维向量空间为 $\mathbf{Q}^n,\mathbf{R}^n,\mathbf{C}^n$. 由于向量的加法和数乘运算合称线性运算，集合 V 也称作线性空间. 特别注意的是，①零向量是唯一的；②任一向量的负向量是唯一的；③如果 $\lambda\boldsymbol{a}=\mathbf{0}$，则 $\lambda=0$ 或 $\boldsymbol{a}=\mathbf{0}$.

4．向量子空间

设向量空间 V_1,V_2，若 $V_1\subseteq V_2$，则 V_1 是 V_2 的子空间. 对 V_1 空间所满足的运算法则都适用于 V_2，反之不成立. 例如：在线性空间 $\mathbf{R}^3$ 中，XOZ 平面上的所有向量构成的向量空间 $\mathbf{R}^2$ 是 $\mathbf{R}^3$ 的一个子空间，位于 OZ 轴上的所有向量构成的向量空间 $\mathbf{R}^1$ 也是 $\mathbf{R}^3$ 的一个子空间，它同时也是 XOZ 平面向量空间 $\mathbf{R}^2$ 的子空间.

5．向量组的相关性

m 个向量所组成向量组 A：$\boldsymbol{a}_1,\boldsymbol{a}_2,\cdots,\boldsymbol{a}_m$，表达式 $k_1\boldsymbol{a}_1+k_2\boldsymbol{a}_2+\cdots+k_m\boldsymbol{a}_m$ 称作

向量组的一个线性组合，$k_1,k_2,\cdots,k_m$ 称为该组合的组合系数．若存在 $k_1,k_2,\cdots,k_m$ 不全为零的情况下，$k_1\boldsymbol{a}_1+k_2\boldsymbol{a}_2+\cdots+k_m\boldsymbol{a}_m=\boldsymbol{0}$，则向量组 A 是线性相关的，否则称为线性无关，即 $k_1=k_2=\cdots=k_m=0$，换言之，任何一个向量都不可用其他向量来表示，即 $R(\boldsymbol{a}_1,\boldsymbol{a}_2,\cdots\boldsymbol{a}_m)=m$，向量组所构成的矩阵满秩．若存在向量 $\boldsymbol{b}$ 满足 $\boldsymbol{b}=\lambda_1\boldsymbol{a}_1+\lambda_2\boldsymbol{a}_2+\cdots+\lambda_m\boldsymbol{a}_m$，则称向量 $\boldsymbol{b}$ 可以用向量组 A 线性表示．向量 $\boldsymbol{b}$ 用向量组 A 的线性表示方法只有一种(即 $\lambda_1,\lambda_2,\cdots\lambda_m$ 的取法只有一种)，则 $\boldsymbol{a}_1,\boldsymbol{a}_2,\cdots,\boldsymbol{a}_m$ 是线性无关的，否则 $\boldsymbol{a}_1,\boldsymbol{a}_2,\cdots,\boldsymbol{a}_m$ 是线性相关的．换言之，若向量组 A 是线性相关的，向量 $\boldsymbol{b}$ 在向量组 A 的表示方式不唯一；若向量组 A 是线性无关的，向量 $\boldsymbol{b}$ 在向量组 A 的表示方式是唯一的．其证明过程如下：

设 $\boldsymbol{a}_1,\boldsymbol{a}_2,\cdots,\boldsymbol{a}_m$ 线性相关，即存在不全为零的数 $k_1,k_2,\cdots,k_m$ (设 $k_1\neq0$)，使得

$$k_1\boldsymbol{a}_1+k_2\boldsymbol{a}_2+\cdots+k_m\boldsymbol{a}_m=\boldsymbol{0}\xrightarrow{\text{化简}}\boldsymbol{a}_1=-k_2/k_1\cdot\boldsymbol{a}_2-\cdots-k_m/k_1\cdot\boldsymbol{a}_m$$

$$\boldsymbol{b}=\lambda_1\boldsymbol{a}_1+\lambda_2\boldsymbol{a}_2+\cdots+\lambda_m\boldsymbol{a}_m=0\cdot\boldsymbol{a}_1+(\lambda_2-\lambda_1\cdot k_2/k_1)\boldsymbol{a}_2+\cdots+(\lambda_m-\lambda_1\cdot k_m/k_1)\boldsymbol{a}_m$$

两种表示方法不相同，所以向量组 A 是线性相关的，向量 $\boldsymbol{b}$ 在向量组 A 的表示方式不唯一；由此也可以看出若向量 $\boldsymbol{b}$ 用向量组 $\boldsymbol{a}_1,\boldsymbol{a}_2,\cdots,\boldsymbol{a}_m$ 的线性表示方法只有一种时，向量组 $\boldsymbol{a}_1,\boldsymbol{a}_2,\cdots,\boldsymbol{a}_m$ 线性无关．

向量 $\boldsymbol{b}$ 用向量组 $\boldsymbol{a}_1,\boldsymbol{a}_2,\cdots,\boldsymbol{a}_m$ 的表示方法不唯一，假设有两种表示方式：

$\boldsymbol{b}=\lambda_1\boldsymbol{a}_1+\lambda_2\boldsymbol{a}_2+\cdots+\lambda_m\boldsymbol{a}_m$ 与 $\boldsymbol{b}=l_1\boldsymbol{a}_1+l_2\boldsymbol{a}_2+\cdots+l_m\boldsymbol{a}_m$，由于 $\boldsymbol{b}\neq\boldsymbol{0}$，两式相减可得 $0=(\lambda_1-l_1)\boldsymbol{a}_1+(\lambda_2-l_2)\boldsymbol{a}_2+\cdots+(\lambda_m-l_m)\boldsymbol{a}_m$，由于 (λ_i-l_i) 不全为零，所以 $\boldsymbol{a}_1,\boldsymbol{a}_2,\cdots,\boldsymbol{a}_m$ 线性相关，若 (λ_i-l_i) 全部为零，则 $\boldsymbol{a}_1,\boldsymbol{a}_2,\cdots,\boldsymbol{a}_m$ 线性无关，此时向量 $\boldsymbol{b}$ 用向量组 $\boldsymbol{a}_1,\boldsymbol{a}_2,\cdots,\boldsymbol{a}_m$ 的表示方法唯一．

向量组的秩与相关性讨论：

$$k_1\boldsymbol{a}_1+k_2\boldsymbol{a}_2+\cdots+k_m\boldsymbol{a}_m=\boldsymbol{0}\Leftrightarrow(\boldsymbol{a}_1,\boldsymbol{a}_2,\cdots\boldsymbol{a}_m)\begin{pmatrix}k_1\\k_2\\\vdots\\k_m\end{pmatrix}=\boldsymbol{0}\tag{4.5}$$

由矩阵知识可知，$\boldsymbol{A}_{n\times m}\boldsymbol{X}_m=\boldsymbol{0}$ 有非零解的条件，$R(\boldsymbol{A})<m$，即 $R(\boldsymbol{a}_1,\boldsymbol{a}_2,\cdots,\boldsymbol{a}_m)<m$，向量组 $\boldsymbol{a}_1,\boldsymbol{a}_2,\cdots,\boldsymbol{a}_m$ 之间可相互表示，向量组线性相关，

否则($R(\boldsymbol{a}_1,\boldsymbol{a}_2,\cdots,\boldsymbol{a}_m)=m$)向量组 $\boldsymbol{a}_1,\boldsymbol{a}_2,\cdots,\boldsymbol{a}_m$ 之间不能相互表示，线性无关.

引理 方阵行列式的值与相关性分析，对于方阵 $\boldsymbol{A}_{m\times m}$ 来说， $\boldsymbol{A}_{m\times m}\boldsymbol{X}_m=\boldsymbol{0}$ 有非零解的条件， $R(\boldsymbol{A})<m$ ，此时矩阵行列式的值 $\left|\boldsymbol{A}_{m\times m}\right|=0$ ，由行列式的性质可得， $\left|\boldsymbol{A}_{m\times m}\right|=0$ 的条件为：行列式的某一行(列)可以用其他的行(列)表示，即行列式的行(列)向量线性相关；同理 $\left|\boldsymbol{A}_{m\times m}\right|\neq 0$ 也就是说行列式的任一行(列)都不可以用其他行(列)表示，行列式的行(列)向量线性无关.

$$\boldsymbol{b}=\lambda_1\boldsymbol{a}_1+\lambda_2\boldsymbol{a}_2+\cdots+\lambda_m\boldsymbol{a}_m \Leftrightarrow \boldsymbol{b}=(\boldsymbol{a}_1,\boldsymbol{a}_2,\cdots,\boldsymbol{a}_m)\begin{pmatrix}\lambda_1\\ \lambda_2\\ \vdots\\ \lambda_m\end{pmatrix} \tag{4.6}$$

线性方程组 $\boldsymbol{A}_{n\times m}\boldsymbol{X}_m=\boldsymbol{b}$ 有唯一解的条件，

$$R(\boldsymbol{a}_1,\boldsymbol{a}_2,\cdots,\boldsymbol{a}_m)=R(\boldsymbol{a}_1,\boldsymbol{a}_2,\cdots,\boldsymbol{a}_m,\boldsymbol{b})=m$$

说明 m 个向量 $\boldsymbol{a}_1,\boldsymbol{a}_2,\cdots,\boldsymbol{a}_m$ 之间无法相互表示，即向量组 A 线性无关.

由上可知，向量组 A： $\boldsymbol{a}_1,\boldsymbol{a}_2,\cdots,\boldsymbol{a}_m$ 中若有 r 个向量， $\boldsymbol{a}_1,\boldsymbol{a}_2,\cdots,\boldsymbol{a}_r$ 满足：①向量组 A_r： $\boldsymbol{a}_1,\boldsymbol{a}_2,\cdots,\boldsymbol{a}_r$ 线性无关；②向量组任意 $r+1$ 个向量都线性相关；那么称向量组 A_r 是向量组 A 的最大线性无关组，最大线性无关组中所含向量的数目 r 称作向量组 A 的秩. 向量组 A 的空间维数为 r. 换言之，n 维空间最多能找 n 个线性无关的向量. 向量组的任意向量都可用 $\boldsymbol{a}_1,\boldsymbol{a}_2,\cdots,\boldsymbol{a}_r$ 线性表示，所以 $\boldsymbol{a}_1,\boldsymbol{a}_2,\cdots,\boldsymbol{a}_r$ 称为 r 维空间的一个基. r 维空间中的任一向量 $\boldsymbol{\gamma}$ 可表示为 $\boldsymbol{\gamma}=\lambda_1\boldsymbol{a}_1+\lambda_2\boldsymbol{a}_2+\cdots+\lambda_r\boldsymbol{a}_r$ ，其中 $\lambda_1,\lambda_2,\cdots,\lambda_r$ 称为向量 $\boldsymbol{\gamma}$ 在基 $\boldsymbol{a}_1,\boldsymbol{a}_2,\cdots,\boldsymbol{a}_r$ 中的坐标表示，标记为 $(\lambda_1,\lambda_2,\cdots,\lambda_r)$.

6. 向量组间的相关性

向量组 B： $\boldsymbol{b}_1,\boldsymbol{b}_2,\cdots,\boldsymbol{b}_l$ 能用向量组 A： $\boldsymbol{a}_1,\boldsymbol{a}_2,\cdots,\boldsymbol{a}_m$ 线性表示的充要条件 $R(\boldsymbol{A})=R(\boldsymbol{B})=R(\boldsymbol{A},\boldsymbol{B})$. 可通过方程有解 $\boldsymbol{A}_{m\times n}\boldsymbol{X}_n=\boldsymbol{B}$ 条件进行证明. 而向量组B： $\boldsymbol{b}_1,\boldsymbol{b}_2,\cdots,\boldsymbol{b}_l$ 能用向量组A： $\boldsymbol{a}_1,\boldsymbol{a}_2,\cdots,\boldsymbol{a}_m$ 线性表示的，则 $R(\boldsymbol{B})<R(\boldsymbol{A})$ (向量组 B 能用向量组 A 表示，则 $R(\boldsymbol{A})=R(\boldsymbol{A},\boldsymbol{B})$，而 $R(\boldsymbol{B})\leqslant R(\boldsymbol{A},\boldsymbol{B})$，所以 $R(\boldsymbol{B})<R(\boldsymbol{A})$).

4.1.2 向量空间基矢量的标准正交化的概念

由 4.1.1 节可知，n 维线性空间中有 n 个基. 虽然这些基是线性无关，若是随意选取基的表达形式，会造成计算任意向量的基表示时工作量加大；相反，若选取的基具有正交性，那么会大大降低工作量. 在本章节中我们对向量的标记符号与四川大学数学学院高等数学教研室编《高等数学第三册(第三版)》一致.

1．向量的内积与长度

n 维向量 $\boldsymbol{x}=\left(x_1,x_2,\cdots x_n\right)^{\mathrm{T}}$，$\boldsymbol{y}=\left(x_1,x_2,\cdots x_n\right)^{\mathrm{T}}$，它们的内积为

$$\langle\boldsymbol{x},\boldsymbol{y}\rangle=\boldsymbol{x}^{\mathrm{T}}\boldsymbol{y}=x_1y_1+x_2y_2+\cdots+x_ny_n \tag{4.7}$$

向量 $\boldsymbol{x}$ 的长度：即内积的算数平方根

$$|\boldsymbol{x}|=\sqrt{\langle\boldsymbol{x},\boldsymbol{x}\rangle}=\sqrt{\boldsymbol{x}^{\mathrm{T}}\boldsymbol{x}}=\sqrt{x_1x_1+x_2x_2+\cdots+x_nx_n}$$

向量的长度也称为向量的模或范数．若 $|\boldsymbol{x}|=1$，$\boldsymbol{x}$ 称为单位向量．当 $|\boldsymbol{x}|\neq 0$，$\pm\boldsymbol{x}/|\boldsymbol{x}|$ 为单位向量，即任意向量的单位化．

2．内积性质

(1) $\langle\boldsymbol{x},\boldsymbol{y}\rangle=\langle\boldsymbol{y},\boldsymbol{x}\rangle$；

(2) $\lambda\langle\boldsymbol{x},\boldsymbol{y}\rangle=\langle\lambda\boldsymbol{x},\boldsymbol{y}\rangle=\langle\boldsymbol{x},\lambda\boldsymbol{y}\rangle$；

(3) $\langle\boldsymbol{x}+\boldsymbol{z},\boldsymbol{y}\rangle=\langle\boldsymbol{x},\boldsymbol{y}\rangle+\langle\boldsymbol{z},\boldsymbol{y}\rangle$；

(4) $\boldsymbol{x}=\boldsymbol{0},\langle\boldsymbol{x},\boldsymbol{x}\rangle=\boldsymbol{0}$;　$\boldsymbol{x}\neq\boldsymbol{0},\langle\boldsymbol{x},\boldsymbol{x}\rangle>\boldsymbol{0}$；

(5) $\langle\boldsymbol{x},\boldsymbol{y}\rangle^2\leqslant\langle\boldsymbol{x},\boldsymbol{x}\rangle\langle\boldsymbol{y},\boldsymbol{y}\rangle$，我们从向量的相关性给出(5)的证明，具体如下：

证明：若 $\boldsymbol{x},\boldsymbol{y}$ 线性相关，那么 $\boldsymbol{x}=k\cdot\boldsymbol{y}$ 或者 $\boldsymbol{y}=k\cdot\boldsymbol{x}$，代入得

$$\xrightarrow{\text{当}\boldsymbol{y}=k\boldsymbol{x}}\begin{cases}\langle\boldsymbol{x},\boldsymbol{y}\rangle^2=\langle\boldsymbol{x},k\boldsymbol{x}\rangle^2=k^2\langle\boldsymbol{x},\boldsymbol{x}\rangle^2\\ \langle\boldsymbol{x},\boldsymbol{x}\rangle\langle\boldsymbol{y},\boldsymbol{y}\rangle=\langle\boldsymbol{x},\boldsymbol{x}\rangle\langle k\boldsymbol{x},k\boldsymbol{x}\rangle=k^2\langle\boldsymbol{x},\boldsymbol{x}\rangle^2\end{cases}\Rightarrow\langle\boldsymbol{x},\boldsymbol{y}\rangle^2=\langle\boldsymbol{x},\boldsymbol{x}\rangle\langle\boldsymbol{y},\boldsymbol{y}\rangle$$

若 $\boldsymbol{x},\boldsymbol{y}$ 线性无关，那对于任意实数 k 有 $k\cdot\boldsymbol{x}+\boldsymbol{y}\neq 0$，则

$\langle k\cdot\boldsymbol{x}+\boldsymbol{y},k\cdot\boldsymbol{x}+\boldsymbol{y}\rangle=k^2\langle\boldsymbol{x},\boldsymbol{x}\rangle+2k\langle\boldsymbol{x},\boldsymbol{y}\rangle+\langle\boldsymbol{y},\boldsymbol{y}\rangle>0$，可以看作关于 k 的一元二次方程($a\cdot k^2+b\cdot k+c>0$ 对于任意 k 都成立的条件为 $a>0$, 且$\varDelta=b^2-4ac\leqslant 0$)，即 $\langle\boldsymbol{x},\boldsymbol{x}\rangle>0$ 且 $4\langle\boldsymbol{x},\boldsymbol{y}\rangle^2-4\langle\boldsymbol{x},\boldsymbol{x}\rangle\langle\boldsymbol{y},\boldsymbol{y}\rangle\leqslant 0\Leftrightarrow\langle\boldsymbol{x},\boldsymbol{y}\rangle^2\leqslant\langle\boldsymbol{x},\boldsymbol{x}\rangle\langle\boldsymbol{y},\boldsymbol{y}\rangle$，证毕．

推论　$\boldsymbol{x},\boldsymbol{y}$ 线性相关，$\langle\boldsymbol{x},\boldsymbol{y}\rangle^2=\langle\boldsymbol{x},\boldsymbol{x}\rangle\langle\boldsymbol{y},\boldsymbol{y}\rangle$；$\boldsymbol{x},\boldsymbol{y}$ 线性无关，$\langle\boldsymbol{x},\boldsymbol{y}\rangle^2<\langle\boldsymbol{x},\boldsymbol{x}\rangle\langle\boldsymbol{y},\boldsymbol{y}\rangle$．

3．向量 $\boldsymbol{x},\boldsymbol{y}$ 的夹角 θ

当 $\boldsymbol{x}\neq\boldsymbol{0},\boldsymbol{y}\neq\boldsymbol{0}$ 时，由性质(5)可以看出

$$-1\leqslant\frac{\langle\boldsymbol{x},\boldsymbol{y}\rangle}{\langle\boldsymbol{x},\boldsymbol{x}\rangle\langle\boldsymbol{y},\boldsymbol{y}\rangle}=\frac{\langle\boldsymbol{x},\boldsymbol{y}\rangle}{|\boldsymbol{x}||\boldsymbol{y}|}\leqslant 1$$

定义

$$\cos\theta = \frac{\langle \boldsymbol{x}, \boldsymbol{y} \rangle}{|\boldsymbol{x}||\boldsymbol{y}|} \Leftrightarrow \theta = \arccos\frac{\langle \boldsymbol{x}, \boldsymbol{y} \rangle}{|\boldsymbol{x}||\boldsymbol{y}|}$$

标记为$\theta = \langle \widehat{\boldsymbol{x}, \boldsymbol{y}} \rangle$．若$\theta = \frac{\pi}{2} \Leftrightarrow \langle \widehat{\boldsymbol{x}, \boldsymbol{y}} \rangle = 0$，即向量$\boldsymbol{x}, \boldsymbol{y}$ 正交．规定零向量与任意向量都正交．

4．正交向量组

向量组 A：$\boldsymbol{a}_1, \boldsymbol{a}_2, \cdots, \boldsymbol{a}_m$ 满足任意向量间两两正交，且不为零向量，即$\langle \boldsymbol{a}_i, \boldsymbol{a}_j \rangle = 0(i \neq j)$且$|\boldsymbol{a}_i| \neq 0(i, j = 1, 2, \cdots, m)$．

正交向量组性质：

(1) $\boldsymbol{a}_1, \boldsymbol{a}_2, \cdots, \boldsymbol{a}_m$线性无关；

(2) 若$\boldsymbol{\beta}$与向量组 A：$\boldsymbol{a}_1, \boldsymbol{a}_2, \cdots, \boldsymbol{a}_m$的每一个向量都正交，那么$\boldsymbol{\beta}$与$\boldsymbol{a}_1, \boldsymbol{a}_2, \cdots, \boldsymbol{a}_m$的线性组合也正交，即$\langle \boldsymbol{\beta}, \boldsymbol{a}_i \rangle = 0(i = 1, 2, \cdots, m)$，则$\langle \boldsymbol{\beta}, k_i \cdot \boldsymbol{a}_i \rangle = 0(i = 1, 2, \cdots, m,)$，$k_i$为任意常数．

5．n维向量空间的基

n维向量存在n个线性无关的向量$\boldsymbol{a}_1, \boldsymbol{a}_2, \cdots, \boldsymbol{a}_n$，$n$维空间中的任一向量都可用$\boldsymbol{a}_1, \boldsymbol{a}_2, \cdots, \boldsymbol{a}_n$的线性组合来表示，所以$\boldsymbol{a}_1, \boldsymbol{a}_2, \cdots, \boldsymbol{a}_n$称为 n 维空间的一个基；若它们两两正交，即$\langle \boldsymbol{a}_i, \boldsymbol{a}_j \rangle = 0(i \neq j)$且$(i, j = 1, 2, \cdots, m)$，此时$\boldsymbol{a}_1, \boldsymbol{a}_2, \cdots, \boldsymbol{a}_n$称为 n 维向量空间的正交基；若正交基都是单位向量，即$\langle \boldsymbol{a}_i, \boldsymbol{a}_j \rangle = 0(i \neq j)$且$|\boldsymbol{a}_i| = 1(i, j = 1, 2, \cdots, m)$，则$\boldsymbol{a}_1, \boldsymbol{a}_2, \cdots, \boldsymbol{a}_n$称为 n 维向量空间的标准正交基．

6．向量的标准正交化

将 n 维空间的一个基$\boldsymbol{a}_1, \boldsymbol{a}_2, \cdots, \boldsymbol{a}_n$变成标准正交基$\boldsymbol{\varepsilon}_1, \boldsymbol{\varepsilon}_2, \cdots, \boldsymbol{\varepsilon}_n$，具体步骤如下：

(1) 将基$\boldsymbol{a}_1, \boldsymbol{a}_2, \cdots, \boldsymbol{a}_n$变成正交化基$\boldsymbol{\beta}_1, \boldsymbol{\beta}_2, \cdots, \boldsymbol{\beta}_n$ (施密特正交化其证明如下)：

$$\begin{aligned}
&\boldsymbol{\beta}_1 = \boldsymbol{a}_1 \\
&\boldsymbol{\beta}_2 = \boldsymbol{a}_2 - \frac{\langle \boldsymbol{a}_2, \boldsymbol{\beta}_1 \rangle}{\langle \boldsymbol{\beta}_1, \boldsymbol{\beta}_1 \rangle}\boldsymbol{\beta}_1 \\
&\cdots\cdots \\
&\boldsymbol{\beta}_n = \boldsymbol{a}_n - \frac{\langle \boldsymbol{a}_n, \boldsymbol{\beta}_1 \rangle}{\langle \boldsymbol{\beta}_1, \boldsymbol{\beta}_1 \rangle}\boldsymbol{\beta}_1 - \frac{\langle \boldsymbol{a}_n, \boldsymbol{\beta}_2 \rangle}{\langle \boldsymbol{\beta}_2, \boldsymbol{\beta}_2 \rangle}\boldsymbol{\beta}_2 - \cdots - \frac{\langle \boldsymbol{a}_n, \boldsymbol{\beta}_{n-1} \rangle}{\langle \boldsymbol{\beta}_{n-1}, \boldsymbol{\beta}_{n-1} \rangle}\boldsymbol{\beta}_{n-1}
\end{aligned} \tag{4.8}$$

(2) 将正交化基$\boldsymbol{\beta}_1,\boldsymbol{\beta}_2,\cdots,\boldsymbol{\beta}_n$单位化成$\boldsymbol{\varepsilon}_1,\boldsymbol{\varepsilon}_2,\cdots,\boldsymbol{\varepsilon}_n$：

$$\boldsymbol{\varepsilon}_1=\frac{\boldsymbol{\beta}_1}{|\boldsymbol{\beta}_1|},\boldsymbol{\varepsilon}_2=\frac{\boldsymbol{\beta}_2}{|\boldsymbol{\beta}_2|},\cdots,\boldsymbol{\varepsilon}_n=\frac{\boldsymbol{\beta}_n}{|\boldsymbol{\beta}_n|} \tag{4.9}$$

施密特正交化的证明：

$n=1$，$\boldsymbol{\beta}_1=\boldsymbol{a}_1$

$n=2$，设$\boldsymbol{\beta}_2=\boldsymbol{a}_2+\lambda_1\boldsymbol{\beta}_1$，由于$\langle\boldsymbol{\beta}_2,\boldsymbol{\beta}_1\rangle=0$，即

$$\langle\boldsymbol{\beta}_2,\boldsymbol{\beta}_1\rangle=\langle\boldsymbol{a}_2+\lambda_1\boldsymbol{\beta}_1,\boldsymbol{\beta}_1\rangle=\langle\boldsymbol{a}_2,\boldsymbol{\beta}_1\rangle+\lambda_1\langle\boldsymbol{\beta}_1,\boldsymbol{\beta}_1\rangle=0\Leftrightarrow\lambda_1=-\frac{\langle\boldsymbol{a}_2,\boldsymbol{\beta}_1\rangle}{\langle\boldsymbol{\beta}_1,\boldsymbol{\beta}_1\rangle}$$

$$\Leftrightarrow\boldsymbol{\beta}_2=\boldsymbol{a}_2-\frac{\langle\boldsymbol{a}_2,\boldsymbol{\beta}_1\rangle}{\langle\boldsymbol{\beta}_1,\boldsymbol{\beta}_1\rangle}\boldsymbol{\beta}_1$$

$n=3$，设$\boldsymbol{\beta}_3=\boldsymbol{a}_3+t_1\boldsymbol{\beta}_1+t_2\boldsymbol{\beta}_2$，由于$\langle\boldsymbol{\beta}_3,\boldsymbol{\beta}_1\rangle=0,\langle\boldsymbol{\beta}_3,\boldsymbol{\beta}_1\rangle=0$，即

$$\langle\boldsymbol{\beta}_3,\boldsymbol{\beta}_1\rangle=\langle\boldsymbol{a}_3+t_1\boldsymbol{\beta}_1+t_2\boldsymbol{\beta}_2,\boldsymbol{\beta}_1\rangle=\langle\boldsymbol{a}_3,\boldsymbol{\beta}_1\rangle+t_1\langle\boldsymbol{\beta}_1,\boldsymbol{\beta}_1\rangle+t_2\langle\boldsymbol{\beta}_2,\boldsymbol{\beta}_1\rangle=0$$
$$\langle\boldsymbol{\beta}_3,\boldsymbol{\beta}_2\rangle=\langle\boldsymbol{a}_3+t_1\boldsymbol{\beta}_1+t_2\boldsymbol{\beta}_2,\boldsymbol{\beta}_2\rangle=\langle\boldsymbol{a}_3,\boldsymbol{\beta}_2\rangle+t_1\langle\boldsymbol{\beta}_1,\boldsymbol{\beta}_2\rangle+t_2\langle\boldsymbol{\beta}_2,\boldsymbol{\beta}_2\rangle=0$$

由于

$$\langle\boldsymbol{\beta}_1,\boldsymbol{\beta}_2\rangle=0\Rightarrow\begin{cases}t_1=-\dfrac{\langle\boldsymbol{a}_3,\boldsymbol{\beta}_1\rangle}{\langle\boldsymbol{\beta}_1,\boldsymbol{\beta}_1\rangle}\\t_2=-\dfrac{\langle\boldsymbol{a}_3,\boldsymbol{\beta}_2\rangle}{\langle\boldsymbol{\beta}_2,\boldsymbol{\beta}_2\rangle}\end{cases}\Rightarrow\boldsymbol{\beta}_3=\boldsymbol{a}_3-\frac{\langle\boldsymbol{a}_3,\boldsymbol{\beta}_1\rangle}{\langle\boldsymbol{\beta}_1,\boldsymbol{\beta}_1\rangle}\boldsymbol{\beta}_1-\frac{\langle\boldsymbol{a}_3,\boldsymbol{\beta}_2\rangle}{\langle\boldsymbol{\beta}_2,\boldsymbol{\beta}_2\rangle}\boldsymbol{\beta}_2$$

同理设$\boldsymbol{\beta}_n=\boldsymbol{a}_n+k_1\boldsymbol{\beta}_1+k_2\boldsymbol{\beta}_2\cdots+k_{n-1}\boldsymbol{\beta}_{n-1}$，由于$\langle\boldsymbol{\beta}_n,\boldsymbol{\beta}_i\rangle=0(i\neq n)$，即

$$\langle\boldsymbol{\beta}_n,\boldsymbol{\beta}_i\rangle=\langle\boldsymbol{a}_n+k_1\boldsymbol{\beta}_1+k_2\boldsymbol{\beta}_2\cdots+k_{n-1}\boldsymbol{\beta}_{n-1},\boldsymbol{\beta}_i\rangle\xleftarrow{\text{将}\boldsymbol{\beta}_i\text{正交性代入}}\langle\boldsymbol{\beta}_n,\boldsymbol{\beta}_i\rangle=0(i\neq n)$$

$$=\langle\boldsymbol{a}_n,\boldsymbol{\beta}_i\rangle+\langle k_i\boldsymbol{\beta}_i,\boldsymbol{\beta}_i\rangle=\langle\boldsymbol{a}_n,\boldsymbol{\beta}_i\rangle+k_i\langle\boldsymbol{\beta}_i,\boldsymbol{\beta}_i\rangle=0$$

$$\Rightarrow k_i=-\frac{\langle\boldsymbol{a}_n,\boldsymbol{\beta}_i\rangle}{\langle\boldsymbol{\beta}_i,\boldsymbol{\beta}_i\rangle}$$

故

$$\boldsymbol{\beta}_n=\boldsymbol{a}_n-\frac{\langle \boldsymbol{a}_n,\boldsymbol{\beta}_1\rangle}{\langle \boldsymbol{\beta}_1,\boldsymbol{\beta}_1\rangle}\boldsymbol{\beta}_1-\frac{\langle \boldsymbol{a}_n,\boldsymbol{\beta}_2\rangle}{\langle \boldsymbol{\beta}_2,\boldsymbol{\beta}_2\rangle}\boldsymbol{\beta}_2\cdots\frac{\langle \boldsymbol{a}_n,\boldsymbol{\beta}_{n-1}\rangle}{\langle \boldsymbol{\beta}_{n-1},\boldsymbol{\beta}_{n-1}\rangle}\boldsymbol{\beta}_{n-1}$$

即

$$\begin{cases}\boldsymbol{\beta}_1=\boldsymbol{a}_1\\ \boldsymbol{\beta}_n=\boldsymbol{a}_n-\dfrac{\langle \boldsymbol{a}_n,\boldsymbol{\beta}_1\rangle}{\langle \boldsymbol{\beta}_1,\boldsymbol{\beta}_1\rangle}\boldsymbol{\beta}_1-\dfrac{\langle \boldsymbol{a}_n,\boldsymbol{\beta}_2\rangle}{\langle \boldsymbol{\beta}_2,\boldsymbol{\beta}_2\rangle}\boldsymbol{\beta}_2-\cdots-\dfrac{\langle \boldsymbol{a}_n,\boldsymbol{\beta}_{n-1}\rangle}{\langle \boldsymbol{\beta}_{n-1},\boldsymbol{\beta}_{n-1}\rangle}\boldsymbol{\beta}_{n-1}\end{cases}\Leftrightarrow\begin{cases}\boldsymbol{\beta}_1=\boldsymbol{a}_1\\ \boldsymbol{\beta}_n=\boldsymbol{a}_n-\displaystyle\sum_{j=1}^{n-1}\frac{\langle \boldsymbol{a}_n,\boldsymbol{\beta}_j\rangle}{\langle \boldsymbol{\beta}_j,\boldsymbol{\beta}_j\rangle}\boldsymbol{\beta}_j\end{cases}$$

7．正交矩阵

n 阶方阵 $\boldsymbol{A}$ 满足 $\boldsymbol{A}^{\mathrm{T}}\boldsymbol{A}=\boldsymbol{E}$．此时 $\boldsymbol{A}$ 简称为正交阵．矩阵 $\boldsymbol{A}$ 为正交矩阵的充分必要条件为 $\boldsymbol{A}$ 的列向量都是单位矩阵，并且两两正交．$\boldsymbol{A}^{\mathrm{T}}\boldsymbol{A}=\boldsymbol{E}$ 与 $\boldsymbol{A}\boldsymbol{A}^{\mathrm{T}}=\boldsymbol{E}$ 等价，故 $\boldsymbol{A}$ 的行向量也是单位矩阵，而且两两正交(其推导如下)．

其性质：(1) $\boldsymbol{A}^{-1}=\boldsymbol{A}^{\mathrm{T}}$ 这条性质广泛地应用在量子力学的表象变换中(参阅本书第 7.2 节)．(2) 正交矩阵的转置矩阵 $\boldsymbol{A}^{\mathrm{T}}$ 也是正交矩阵，且 $|\boldsymbol{A}|=|\boldsymbol{A}^{\mathrm{T}}|=1(或-1)$．(3) $\boldsymbol{A},\boldsymbol{B}$ 都是正交矩阵，$\boldsymbol{C}=\boldsymbol{A}\boldsymbol{B}$ 也是正交矩阵．

$$\boldsymbol{A}=\begin{pmatrix}a_{11}&a_{12}&\cdots&a_{1n}\\a_{21}&a_{22}&\cdots&a_{2n}\\\vdots&\vdots&&\vdots\\a_{n1}&a_{n2}&\cdots&a_{nn}\end{pmatrix}=\begin{pmatrix}\boldsymbol{a}_1\\\boldsymbol{a}_2\\\vdots\\\boldsymbol{a}_m\end{pmatrix},\quad \boldsymbol{a}_i=\begin{pmatrix}a_{i1}&a_{i2}&\cdots&a_{in}\end{pmatrix}$$

$$\boldsymbol{E}=\boldsymbol{A}\boldsymbol{A}^{\mathrm{T}}=\begin{pmatrix}a_{11}&a_{12}&\cdots&a_{1n}\\a_{21}&a_{22}&\cdots&a_{2n}\\\vdots&\vdots&&\vdots\\a_{n1}&a_{n2}&\cdots&a_{nn}\end{pmatrix}\begin{pmatrix}a_{11}&a_{21}&\cdots&a_{n1}\\a_{12}&a_{22}&\cdots&a_{n2}\\\vdots&\vdots&&\vdots\\a_{1n}&a_{2n}&\cdots&a_{nn}\end{pmatrix}$$

$$=\begin{pmatrix}\sum\limits_{k=1}^{n}a_{1k}^2&\sum\limits_{k=1}^{n}a_{1k}a_{2k}&\cdots&\sum\limits_{k=1}^{n}a_{1k}a_{nk}\\\sum\limits_{k=1}^{n}a_{2k}a_{1k}&\sum\limits_{k=1}^{n}a_{2k}^2&\cdots&\sum\limits_{k=1}^{n}a_{2k}a_{nk}\\\vdots&\vdots&&\vdots\\\sum\limits_{k=1}^{n}a_{nk}a_{1k}&\sum\limits_{k=1}^{n}a_{nk}a_{2k}&\cdots&\sum\limits_{k=1}^{n}a_{nk}^2\end{pmatrix}=\begin{pmatrix}\boldsymbol{a}_1\cdot\boldsymbol{a}_1&\boldsymbol{a}_1\cdot\boldsymbol{a}_2&\cdots&\boldsymbol{a}_1\cdot\boldsymbol{a}_n\\\boldsymbol{a}_2\cdot\boldsymbol{a}_1&\boldsymbol{a}_2\cdot\boldsymbol{a}_2&\cdots&\boldsymbol{a}_2\cdot\boldsymbol{a}_n\\\vdots&\vdots&&\vdots\\\boldsymbol{a}_n\cdot\boldsymbol{a}_1&\boldsymbol{a}_n\cdot\boldsymbol{a}_2&\cdots&\boldsymbol{a}_n\cdot\boldsymbol{a}_n\end{pmatrix}$$

因此$\begin{cases} \boldsymbol{a}_i \cdot \boldsymbol{a}_j = 0 \\ \boldsymbol{a}_i \cdot \boldsymbol{a}_i = 1 \end{cases} (i \neq j, i = 1, 2, \cdots, n)$，即 $\boldsymbol{A}$ 的每一行都是单位矩阵，而且两两正交.

4.1.3 线性方程组解的线性相关性

由 3.1.3 节可知，齐次线性方程组(4.10)秩 $R(\boldsymbol{B}) = R(\boldsymbol{A}) = r$ 时，其解为

$$\left.\begin{array}{c} a_{11}x_1 + a_{12}x_2 + \cdots + a_{1n}x_n = b_1 \\ a_{21}x_1 + a_{21}x_2 + \cdots + a_{2n}x_n = b_2 \\ \cdots\cdots \\ a_{m1}x_1 + a_{m2}x_2 + \cdots + a_{mn}x_n = b_m \end{array}\right\} \tag{4.10}$$

$$\boldsymbol{X} = \begin{pmatrix} x_1 \\ x_2 \\ \vdots \\ x_r \\ x_{r+1} \\ x_{r+2} \\ \vdots \\ x_n \end{pmatrix} = \begin{pmatrix} b_1' \\ b_2' \\ \vdots \\ b_r' \\ 0 \\ 0 \\ \vdots \\ 0 \end{pmatrix} + \tilde{x}_{r+1} \begin{pmatrix} -a_{1,r+1}' \\ -a_{2,r+1}' \\ \vdots \\ -a_{r,r+1}' \\ 1 \\ 0 \\ \vdots \\ 0 \end{pmatrix} + \tilde{x}_{r+2} \begin{pmatrix} -a_{1,r+2}' \\ -a_{2,r+2}' \\ \vdots \\ -a_{r,r+2}' \\ 0 \\ 1 \\ \vdots \\ 0 \end{pmatrix} + \cdots + \tilde{x}_n \begin{pmatrix} -a_{1n}' \\ -a_{2n}' \\ \vdots \\ -a_{rn}' \\ 0 \\ 0 \\ \vdots \\ 1 \end{pmatrix} \tag{4.11}$$

其中 $\tilde{x}_{r+1}, \cdots, \tilde{x}_n$ 为任意常数，其向量形式为

$$\boldsymbol{X} = \boldsymbol{X}_0 + \tilde{x}_{r+1}\boldsymbol{X}_1 + \tilde{x}_{r+2}\boldsymbol{X}_2 + \cdots + \tilde{x}_n\boldsymbol{X}_{n-r}$$

(1) 当 $\boldsymbol{b} = \boldsymbol{0}$，则齐次线性方程 $\boldsymbol{AX} = \boldsymbol{0}$ 的解集 $\boldsymbol{S} = \{\boldsymbol{X}_1, \boldsymbol{X}_2, \cdots, \boldsymbol{X}_{n-r}\}$ 的秩 $R(\boldsymbol{S}) = n - r$. 其推导如下：

$$[\boldsymbol{X}_1, \boldsymbol{X}_2, \cdots, \boldsymbol{X}_{n-r}] = \begin{bmatrix} -a_{1,r+1}' & -a_{1,r+2}' & \cdots & -a_{1,n-1}' & -a_{1,n}' \\ -a_{2,r+1}' & -a_{2,r+2}' & \cdots & -a_{2,n-1}' & -a_{2,n}' \\ \vdots & \vdots & & \vdots & \vdots \\ -a_{r,r+1}' & -a_{r,r+2}' & \cdots & -a_{r,n-1}' & -a_{r,n}' \\ 1 & 0 & \cdots & 0 & 0 \\ 0 & 1 & \cdots & 0 & 0 \\ \vdots & \vdots & & \vdots & \vdots \\ 0 & 0 & \cdots & 1 & 0 \\ 0 & 0 & \cdots & 0 & 1 \end{bmatrix} \xrightarrow{\text{初等行变换}} \begin{bmatrix} 1 & 0 & \cdots & 0 & 0 \\ 0 & 1 & \cdots & 0 & 0 \\ \vdots & \vdots & & \vdots & \vdots \\ 0 & 0 & \cdots & 1 & 0 \\ 0 & 0 & \cdots & 0 & 1 \\ 0 & 0 & \cdots & 0 & 0 \\ \vdots & \vdots & & \vdots & \vdots \\ 0 & 0 & \cdots & 0 & 0 \\ 0 & 0 & \cdots & 0 & 0 \end{bmatrix}$$

从 $\boldsymbol{S}=\left\{\boldsymbol{X}_1,\boldsymbol{X}_2,\cdots,\boldsymbol{X}_{n-r}\right\}$ 的初等行变换可以看出 $R(\boldsymbol{S})=n-r$，换言之，$\boldsymbol{X}_1,\boldsymbol{X}_2,\cdots,\boldsymbol{X}_{n-r}$ 是线性无关的，因此 $\boldsymbol{X}_1,\boldsymbol{X}_2,\cdots,\boldsymbol{X}_{n-r}$ 可以看作解空间的基向量，方程 $\boldsymbol{AX}=\boldsymbol{0}$ 的基础解系由基向量的线性组合而成，即任一解都表示成 $\boldsymbol{X}=\tilde{x}_{r+1}\boldsymbol{X}_1+\tilde{x}_{r+2}\boldsymbol{X}_2+\cdots+\tilde{x}_n\boldsymbol{X}_{n-r}$ 的形式.

(2) 当 $\boldsymbol{b}\neq\boldsymbol{0}$，则非齐次线性方程 $\boldsymbol{AX}=\boldsymbol{b}$ 的解 $\boldsymbol{AX}_0=\boldsymbol{b}$ 且 $\boldsymbol{AX}_i=\boldsymbol{0}(i=1,2,\cdots,n-r)$，方程通解所构成的向量集合 $\boldsymbol{S}_b=\left\{\boldsymbol{X}_0,\boldsymbol{X}_1,\boldsymbol{X}_2,\cdots,\boldsymbol{X}_{n-r}\right\}$ 的秩 $R(\boldsymbol{S}_b)=n-r+1$. 其反正法证明如下：由①可知 $\left\{\boldsymbol{X}_1,\boldsymbol{X}_2,\cdots,\boldsymbol{X}_{n-r}\right\}$ 是线性无关的，若 $\left\{\boldsymbol{X}_0,\boldsymbol{X}_1,\boldsymbol{X}_2,\cdots,\boldsymbol{X}_{n-r}\right\}$ 是线性相关的，那么存在不为零的 k_i，使得 $\boldsymbol{X}_0=k_1\boldsymbol{X}_1+k_2\boldsymbol{X}_2+\cdots+k_{n-r}\boldsymbol{X}_{n-r}$，则

$$\begin{aligned}\boldsymbol{AX}_0&=\boldsymbol{A}\left(k_1\boldsymbol{X}_1+k_2\boldsymbol{X}_2+\cdots+k_{n-r}\boldsymbol{X}_{n-r}\right)\\&=k_1\boldsymbol{AX}_1+k_2\boldsymbol{AX}_2+\cdots+k_{n-r}\boldsymbol{AX}_{n-r}\\&=k_1\cdot\boldsymbol{0}+k_2\cdot\boldsymbol{0}+\cdots+k_{n-r}\boldsymbol{A}\cdot\boldsymbol{0}\\&=\boldsymbol{0}\neq\boldsymbol{b}\end{aligned}$$

所以假设不成立，因此向量组 $\boldsymbol{S}_b=\left\{\boldsymbol{X}_0,\boldsymbol{X}_1,\boldsymbol{X}_2,\cdots,\boldsymbol{X}_{n-r}\right\}$ 是线性无关的.

4.2 向量空间及向量组线性相关性的典型习题分析

4.2.1 向量空间典型习题分析

习题 1(四川大学数学学院高等数学教研室编《高等数学第三册(第三版)》第四章习题 2) $\mathbf{R}^n$ 空间中，判断下面变量能否构成一个向量空间.

(1) $x_1+x_2+\cdots+x_n=0$； (2) $x_1+x_2+\cdots+x_n=1$.

解：向量空间满足数乘和加法两种运算，并且空间具有封闭性.

(1) 若向量 $\boldsymbol{a}=(a_1,a_2,\cdots,a_n)$，$\boldsymbol{b}=(b_1,b_2,\cdots,b_n)$ 是空间中元素且 $\lambda\in\mathbf{R}$，其分别满足 $a_1+a_2+\cdots+a_n=0$，$b_1+b_2+\cdots+b_n=0$，则

$$\lambda\boldsymbol{a}=\lambda(a_1+a_2+\cdots+a_n)=0$$

$$\boldsymbol{a}+\boldsymbol{b}=(a_1+b_1)+(a_2+b_2)+\cdots+(a_n+b_n)=(a_1+a_2+\cdots+a_n)+(b_1+b_2+\cdots+b_n)=0$$

因此 $x_1+x_2+\cdots+x_n=0$ 可构成一个向量空间.

(2) 若向量 $\boldsymbol{a}=(a_1,a_2,\cdots,a_n)$，$\boldsymbol{b}=(b_1,b_2,\cdots,b_n)$ 是空间中元素且 $\lambda\in\mathbf{R}$，它们分别满足 $a_1+a_2+\cdots+a_n=1$，$b_1+b_2+\cdots+b_n=1$，则

$$\lambda\boldsymbol{a}=\lambda(a_1+a_2+\cdots+a_n)=\lambda\neq1$$

$$\boldsymbol{a}+\boldsymbol{b}=(a_1+b_1)+(a_2+b_2)+\cdots+(a_n+b_n)=(a_1+a_2+\cdots+a_n)+(b_1+b_2+\cdots+b_n)=2\neq1$$

因此$x_1+x_2+\cdots+x_n=1$不能构成一个向量空间.

推论 (1) n元齐次线性方程组的解集$\boldsymbol{S}=\{\boldsymbol{X}\mid \boldsymbol{AX}=\boldsymbol{0}\}$是一个向量空间;

(2) n元非齐次线性方程组的解集$\boldsymbol{S}=\{\boldsymbol{X}\mid \boldsymbol{AX}=\boldsymbol{b}\}$不是一个向量空间.

习题 2(四川大学数学学院高等数学教研室编《高等数学第三册(第三版)》第四章第二节例 2) $\mathbf{R}^3$空间中的基$(\boldsymbol{\alpha}_1,\boldsymbol{\alpha}_2,\boldsymbol{\alpha}_3)$，其中$\boldsymbol{\alpha}_1=(1,1,1)$，$\boldsymbol{\alpha}_2=(1,1,-1)$，$\boldsymbol{\alpha}_3=(1,-1,-1)$，求$\boldsymbol{\alpha}=(1,2,1)$基$(\boldsymbol{\alpha}_1,\boldsymbol{\alpha}_2,\boldsymbol{\alpha}_3)$下的坐标表示.

解法一：设$\mathbf{R}^3$空间中$\boldsymbol{\alpha}$在基$(\boldsymbol{\alpha}_1,\boldsymbol{\alpha}_2,\boldsymbol{\alpha}_3)$下的坐标为$(x_1,x_2,x_3)$，则有

$$\boldsymbol{\alpha}=x_1\boldsymbol{\alpha}_1+x_2\boldsymbol{\alpha}_2+x_3\boldsymbol{\alpha}_3$$

$$\Downarrow$$

$$\begin{aligned}(1,2,1)&=x_1(1,1,1)+x_2(1,1,-1)+x_3(1,-1,-1)\\&=(x_1+x_2+x_3,x_1+x_2-x_3,x_1-x_2-x_3)\end{aligned}$$

因此

$$\begin{cases}x_1+x_2+x_3=1\\x_1+x_2-x_3=2\\x_1-x_2-x_3=1\end{cases}$$

解得$x_1=1,x_2=\dfrac{1}{2},x_3=-\dfrac{1}{2}$.因此$\boldsymbol{\alpha}=(1,2,1)$在$(\boldsymbol{\alpha}_1,\boldsymbol{\alpha}_2,\boldsymbol{\alpha}_3)$下坐标为$\left(1,\dfrac{1}{2},-\dfrac{1}{2}\right)$.

解法二：设$\mathbf{R}^3$空间中$\boldsymbol{\alpha}$在基$(\boldsymbol{\alpha}_1,\boldsymbol{\alpha}_2,\boldsymbol{\alpha}_3)$下的坐标为

$$(x_1,x_2,x_3),\ \boldsymbol{\alpha}=(\boldsymbol{\alpha}_1,\boldsymbol{\alpha}_2,\boldsymbol{\alpha}_3)(x_1,x_2,x_3)^{\mathrm{T}}.$$

$$(\boldsymbol{\alpha}_1,\boldsymbol{\alpha}_2,\boldsymbol{\alpha}_3,\boldsymbol{\alpha})=\begin{pmatrix}1&1&1&1\\1&1&-1&2\\1&-1&-1&1\end{pmatrix}\xrightarrow[r_3-r_1]{r_2-r_1}\begin{pmatrix}1&1&1&1\\0&0&-2&1\\0&-2&-2&0\end{pmatrix}$$

$$\xrightarrow[r_3\leftrightarrow r_2]{\substack{r_2\div(-2)\\r_3\div(-2)}}\begin{pmatrix}1&1&1&1\\0&1&1&0\\0&0&1&-\dfrac{1}{2}\end{pmatrix}\xrightarrow[r_2-r_3]{r_1-r_2}\begin{pmatrix}1&0&0&1\\0&1&0&\dfrac{1}{2}\\0&0&1&-\dfrac{1}{2}\end{pmatrix}$$

$\boldsymbol{\alpha}=(1,2,1)$在$(\boldsymbol{\alpha}_1,\boldsymbol{\alpha}_2,\boldsymbol{\alpha}_3)$下坐标为$\left(1,\frac{1}{2},-\frac{1}{2}\right)$.

习题 3(同济大学数学系编《线性代数(第六版)》例第四章例 24) 设矩阵$\boldsymbol{A}=(\boldsymbol{\alpha}_1,\boldsymbol{\alpha}_2,\boldsymbol{\alpha}_3)$，其中$\boldsymbol{\alpha}_1=(2,2,-1)^{\mathrm{T}}$，$\boldsymbol{\alpha}_2=(2,-1,2)^{\mathrm{T}}$，$\boldsymbol{\alpha}_3=(-1,2,2)$，$\boldsymbol{B}=(\boldsymbol{b}_1,\boldsymbol{b}_2)$，$\boldsymbol{b}_1=(1,0,-4)^{\mathrm{T}}$，$\boldsymbol{b}_2=(4,3,2)^{\mathrm{T}}$，证明$\boldsymbol{\alpha}_1,\boldsymbol{\alpha}_2,\boldsymbol{\alpha}_3$是$\mathbf{R}^3$空间中的一个基，并求出$\boldsymbol{b}_1,\boldsymbol{b}_2$在$\boldsymbol{\alpha}_1,\boldsymbol{\alpha}_2,\boldsymbol{\alpha}_3$基中的表示.

解析： $\mathbf{R}^3$空间的秩为 3，现在有$\boldsymbol{\alpha}_1,\boldsymbol{\alpha}_2,\boldsymbol{\alpha}_3$三个向量，只需证明其线性无关即可，证明方法① $R(\boldsymbol{A})=3$，② $|\boldsymbol{A}|\neq 0$，③ $\boldsymbol{A}\xrightarrow{\text{初等变换}}\boldsymbol{E}$；与此同时，向量的坐标表示可以转换成$\boldsymbol{AX}=\boldsymbol{b}$的问题求解．一般选取$(\boldsymbol{A},\boldsymbol{b})\xrightarrow{\text{初等变换}}(\boldsymbol{E},\boldsymbol{A}^{-1}\boldsymbol{b})$方法求解，这样既可以判断$\boldsymbol{\alpha}_1,\boldsymbol{\alpha}_2,\boldsymbol{\alpha}_3$是否能作为空间的基，还可以把$\boldsymbol{b}_1,\boldsymbol{b}_2$在该空间的基表示求出，一举两得.

解：

$$(\boldsymbol{A},\boldsymbol{b})=(\boldsymbol{\alpha}_1,\boldsymbol{\alpha}_2,\boldsymbol{\alpha}_3,\boldsymbol{b}_1,\boldsymbol{b}_2)=\begin{pmatrix}2&2&-1&1&4\\2&-1&2&0&3\\-1&2&2&-4&2\end{pmatrix}\xrightarrow[\substack{r_2+2r_3\\(-1)\times r_3}]{r_1+2r_3}\begin{pmatrix}0&6&3&-7&8\\0&3&6&-8&7\\1&-2&-2&4&-2\end{pmatrix}$$

$$\xrightarrow[r_3\leftrightarrow r_1]{r_1-2r_2}\begin{pmatrix}1&-2&-2&4&-2\\0&3&6&-8&7\\0&0&-9&9&-6\end{pmatrix}\xrightarrow[r_3\div(-9)]{r_2\div 3}\begin{pmatrix}1&-2&-2&4&-2\\0&1&2&-8/3&7/3\\0&0&1&-1&2/3\end{pmatrix}$$

$$\xrightarrow{r_2-2r_3}\begin{pmatrix}1&-2&-2&4&-2\\0&1&0&-2/3&1\\0&0&1&-1&2/3\end{pmatrix}\xrightarrow[r_1+2r_3]{r_1+2r_2}\begin{pmatrix}1&0&0&2/3&4/3\\0&1&0&-2/3&1\\0&0&1&-1&-2/3\end{pmatrix}$$

由上式可以看出，$\boldsymbol{A}\xrightarrow{\text{初等变换}}\boldsymbol{E}$，$\boldsymbol{\alpha}_1,\boldsymbol{\alpha}_2,\boldsymbol{\alpha}_3$线性无关，它们可以作为空间的基，且$(\boldsymbol{b}_1,\boldsymbol{b}_2)$在该空间的基表示为$\begin{pmatrix}2/3&4/3\\-2/3&1\\-1&-2/3\end{pmatrix}$.

4.2.2 向量组线性相关性的典型习题分析

习题 4(同济大学数学系编《线性代数附册学习辅导与习题全解(第六版)》例

4.3)　设 n 阶方阵 $\boldsymbol{A}$ 满足 $\boldsymbol{A}^k\boldsymbol{\alpha}=\boldsymbol{0}$，而 $\boldsymbol{A}^{k-1}\boldsymbol{\alpha}\neq\boldsymbol{0}$，其中 $\boldsymbol{\alpha}$ 是向量，证明向量组 $\boldsymbol{\alpha},\boldsymbol{A\alpha},\cdots,\boldsymbol{A}^{k-1}\boldsymbol{\alpha}$ 线性无关.

解析：分析 $\boldsymbol{A}^k\boldsymbol{\alpha}=\boldsymbol{0}$ 而 $\boldsymbol{A}^{k-1}\boldsymbol{\alpha}\neq\boldsymbol{0}$ 可以看出 $|\boldsymbol{A}|=0,|\boldsymbol{\alpha}|\neq 0$，像这样的矩阵是存在的，比如：

$$\boldsymbol{B}=\begin{pmatrix}0&b&0\\0&0&b\\0&0&0\end{pmatrix}\Rightarrow\boldsymbol{B}^3=\boldsymbol{0},\boldsymbol{C}=\begin{pmatrix}0&0&c\\0&0&0\\0&0&0\end{pmatrix}\Rightarrow\boldsymbol{C}^2=\boldsymbol{0}$$

像这样的矩阵还有很多．向量组 $\boldsymbol{\alpha},\boldsymbol{A\alpha},\cdots,\boldsymbol{A}^{k-1}\boldsymbol{\alpha}$ 无法构成矩阵，不能采用矩阵行列式或者求秩的方法证明线性无关，所以只能用它们的线性表示方法求证线性无关，即证明 $k_0\boldsymbol{\alpha}+k_1\boldsymbol{A\alpha}+\cdots+k_{k-1}\boldsymbol{A}^{k-1}\boldsymbol{\alpha}=\boldsymbol{0}$ 中 $k_0=k_1=\cdots k_{k-1}=0$.

解：设存在常数 $k_0,k_1,\cdots,k_{k-1}$，它们满足：

$$k_0\boldsymbol{\alpha}+k_1\boldsymbol{A\alpha}+\cdots+k_{k-1}\boldsymbol{A}^{k-1}\boldsymbol{\alpha}=\boldsymbol{0} \qquad ①$$

为凑出 $\boldsymbol{A}^k\boldsymbol{\alpha}=\boldsymbol{0}$ 项，利用 $\boldsymbol{A}^k\boldsymbol{\alpha}=\boldsymbol{0}$，及 $\boldsymbol{A}^{k+m}\boldsymbol{\alpha}=\boldsymbol{A}^m\left(\boldsymbol{A}^k\boldsymbol{\alpha}\right)=\boldsymbol{A}^m\boldsymbol{0}=\boldsymbol{0}(m\geqslant 0)$，

对式①两边同乘 $\boldsymbol{A}^{k-1}$ 可得

$$\left.\begin{array}{l}\boldsymbol{A}^{k-1}\left(k_0\boldsymbol{\alpha}+k_1\boldsymbol{A\alpha}+\cdots+k_{k-1}\boldsymbol{A}^{k-1}\boldsymbol{\alpha}\right)=\boldsymbol{A}^{k-1}\boldsymbol{0}=\boldsymbol{0}\\ \Rightarrow\left(k_0\boldsymbol{A}^{k-1}\boldsymbol{\alpha}+k_1\boldsymbol{A}^k\boldsymbol{\alpha}+\cdots+k_{k-1}\boldsymbol{A}^{2k-2}\boldsymbol{\alpha}\right)\end{array}\right\} \qquad ②$$

$$\xrightarrow[\boldsymbol{A}^{k+m}\boldsymbol{\alpha}=0(m\geqslant 0)]{\boldsymbol{A}^{k-1}\boldsymbol{\alpha}\neq 0}k_0=0$$

同理两边同乘 $\boldsymbol{A}^{k-2}$ 可得

$$\left.\begin{array}{l}\boldsymbol{A}^{k-2}\left(k_0\boldsymbol{\alpha}+k_1\boldsymbol{A\alpha}+\cdots+k_{k-1}\boldsymbol{A}^{k-1}\boldsymbol{\alpha}\right)=\boldsymbol{A}^{k-2}0=0\\ \Rightarrow\left(k_0\boldsymbol{A}^{k-2}\boldsymbol{\alpha}+k_1\boldsymbol{A}^{k-1}\boldsymbol{\alpha}+\cdots+k_{k-1}\boldsymbol{A}^{2k-3}\boldsymbol{\alpha}\right)\end{array}\right\} \qquad ③$$

$$\xrightarrow[\boldsymbol{A}^{k+m}\boldsymbol{\alpha}=0(m\geqslant 0)]{\boldsymbol{A}^{k-1}\boldsymbol{\alpha}\neq 0,k_0=0}k_1=0$$

以此类推，可知$k_0 = k_1 = \cdots k_{k-1} = 0$.

习题 5(同济大学数学系编《线性代数(第六版)》第五章例 2) 设

$$\boldsymbol{\alpha}_1=\begin{pmatrix}1\\2\\-1\end{pmatrix}，\boldsymbol{\alpha}_2=\begin{pmatrix}-1\\3\\1\end{pmatrix}，\boldsymbol{\alpha}_3=\begin{pmatrix}4\\-1\\0\end{pmatrix}$$

用施密特法则将这组向量标准正交化.

解析：本题相对简单，对应公式(4.8)与式(4.9)，可直接根据施密特法则

$$\begin{cases}\boldsymbol{\beta}_1=\boldsymbol{a}_1\\ \boldsymbol{\beta}_n=\boldsymbol{a}_n-\sum\limits_{j=1}^{n-1}\dfrac{\langle \boldsymbol{a}_n,\boldsymbol{\beta}_j\rangle}{\langle \boldsymbol{\beta}_j,\boldsymbol{\beta}_j\rangle}\boldsymbol{\beta}_j\end{cases}$$

先正交化，然后标准化，$\boldsymbol{\varepsilon}_1=\dfrac{\boldsymbol{\beta}_1}{|\boldsymbol{\beta}_1|},\boldsymbol{\varepsilon}_2=\dfrac{\boldsymbol{\beta}_2}{|\boldsymbol{\beta}_2|},\cdots\cdots,\boldsymbol{\varepsilon}_n=\dfrac{\boldsymbol{\beta}_n}{|\boldsymbol{\beta}_n|}$

即将$\boldsymbol{\beta}_1,\boldsymbol{\beta}_2,\cdots,\boldsymbol{\beta}_n$单位化成$\boldsymbol{\varepsilon}_1,\boldsymbol{\varepsilon}_2,\cdots,\boldsymbol{\varepsilon}_n$. 注：可选取$\boldsymbol{\alpha}_1,\boldsymbol{\alpha}_2,\boldsymbol{\alpha}_3$任一向量为$\boldsymbol{\beta}_1$.

解：构建正交向量$\boldsymbol{\beta}_1,\boldsymbol{\beta}_2,\boldsymbol{\beta}_3$，则

$$\begin{cases}\boldsymbol{\beta}_1=\boldsymbol{a}_1=\begin{pmatrix}1\\2\\-1\end{pmatrix}\\ \boldsymbol{\beta}_2=\boldsymbol{a}_2-\dfrac{\langle \boldsymbol{a}_2,\boldsymbol{\beta}_1\rangle}{\langle \boldsymbol{\beta}_1,\boldsymbol{\beta}_1\rangle}\boldsymbol{\beta}_1=\begin{pmatrix}-1\\3\\1\end{pmatrix}-\dfrac{4}{6}\begin{pmatrix}1\\2\\-1\end{pmatrix}=\dfrac{5}{3}\begin{pmatrix}-1\\1\\1\end{pmatrix}\\ \boldsymbol{\beta}_3=\boldsymbol{a}_3-\dfrac{\langle \boldsymbol{a}_3,\boldsymbol{\beta}_1\rangle}{\langle \boldsymbol{\beta}_1,\boldsymbol{\beta}_1\rangle}\boldsymbol{\beta}_1-\dfrac{\langle \boldsymbol{a}_3,\boldsymbol{\beta}_2\rangle}{\langle \boldsymbol{\beta}_2,\boldsymbol{\beta}_2\rangle}\boldsymbol{\beta}_2=\begin{pmatrix}4\\-1\\0\end{pmatrix}-\dfrac{1}{3}\begin{pmatrix}1\\2\\-1\end{pmatrix}+\dfrac{5}{3}\begin{pmatrix}-1\\1\\1\end{pmatrix}=2\begin{pmatrix}1\\0\\1\end{pmatrix}\end{cases}$$

再将$\boldsymbol{\beta}_1,\boldsymbol{\beta}_2,\boldsymbol{\beta}_3$单位化成$\boldsymbol{\varepsilon}_1,\boldsymbol{\varepsilon}_2,\boldsymbol{\varepsilon}_3$，有

$$
\begin{cases}
\varepsilon_1 = \dfrac{\boldsymbol{\beta}_1}{|\boldsymbol{\beta}_1|} = \dfrac{1}{\sqrt{6}}\begin{pmatrix}1\\2\\-1\end{pmatrix}\\
\varepsilon_2 = \dfrac{\boldsymbol{\beta}_2}{|\boldsymbol{\beta}_2|} = \dfrac{1}{\sqrt{3}}\begin{pmatrix}-1\\1\\1\end{pmatrix}\\
\varepsilon_3 = \dfrac{\boldsymbol{\beta}_3}{|\boldsymbol{\beta}_3|}\boldsymbol{\beta}_3 \dfrac{1}{\sqrt{2}}\begin{pmatrix}1\\0\\1\end{pmatrix}
\end{cases}
$$

习题 6(四川大学数学学院高等数学教研室编《高等数学第三册(第三版)》第六章习题 3)　向量$\boldsymbol{\alpha},\boldsymbol{\beta}$ 正交的充分必要条件为对于任意实数 k 恒有$|\boldsymbol{\alpha}+k\boldsymbol{\beta}|\geqslant|\boldsymbol{\alpha}|$.

解：充分性证明，即$|\boldsymbol{\alpha}+k\boldsymbol{\beta}|\geqslant|\boldsymbol{\alpha}|\xrightarrow{\text{恒成立}}\langle\boldsymbol{\alpha},\ \boldsymbol{\beta}\rangle=0$.

$$|\boldsymbol{\alpha}+k\boldsymbol{\beta}|\geqslant|\boldsymbol{\alpha}|\xrightarrow{\text{等式两边平方}}|\boldsymbol{\alpha}+k\boldsymbol{\beta}|^2\geqslant|\boldsymbol{\alpha}|^2$$

即

$$|\boldsymbol{\alpha}|^2+k^2|\boldsymbol{\beta}|^2+2k\langle\boldsymbol{\alpha},\boldsymbol{\beta}\rangle\geqslant|\boldsymbol{\alpha}|^2\Rightarrow k^2|\boldsymbol{\beta}|^2+2k\langle\boldsymbol{\alpha},\boldsymbol{\beta}\rangle\geqslant 0$$

对于一元二次方程$a\cdot x^2+b\cdot x+c\geqslant 0$的条件为$a>0$，且$\Delta=b^2-4ac\leqslant 0$.
因此

$$4\langle\boldsymbol{\alpha},\boldsymbol{\beta}\rangle^2-4|\boldsymbol{\beta}|^2\cdot 0\leqslant 0\Rightarrow\langle\boldsymbol{\alpha},\boldsymbol{\beta}\rangle^2\leqslant 0\oplus\langle\boldsymbol{\alpha},\boldsymbol{\beta}\rangle^2\geqslant 0\text{(向量内积的性质)}$$

故$\langle\boldsymbol{\alpha},\boldsymbol{\beta}\rangle=0\Rightarrow\boldsymbol{\alpha},\boldsymbol{\beta}$ 正交.

必要性证明，即$\langle\boldsymbol{\alpha},\boldsymbol{\beta}\rangle=0\xrightarrow{\text{成立}}|\boldsymbol{\alpha}+k\boldsymbol{\beta}|\geqslant|\boldsymbol{\alpha}|$. 对等式两边平方，有

$$|\boldsymbol{\alpha}|^2+k^2|\boldsymbol{\beta}|^2+2k\langle\boldsymbol{\alpha},\boldsymbol{\beta}\rangle\geqslant|\boldsymbol{\alpha}|^2\Rightarrow k^2|\boldsymbol{\beta}|^2+2k\langle\boldsymbol{\alpha},\boldsymbol{\beta}\rangle\geqslant 0$$

$\boldsymbol{\alpha},\boldsymbol{\beta}$ 正交$\Rightarrow\langle\boldsymbol{\alpha},\boldsymbol{\beta}\rangle=0\oplus|\boldsymbol{\beta}|^2\geqslant 0$，故原式成立.

习题 7　非零实向量$\boldsymbol{\alpha},\boldsymbol{\beta}$，证明$\langle\boldsymbol{\alpha},\boldsymbol{\beta}\rangle^2\leqslant\langle\boldsymbol{\alpha},\boldsymbol{\alpha}\rangle\langle\boldsymbol{\beta},\boldsymbol{\beta}\rangle$.

解：要在等式中同时凑出$\langle\boldsymbol{\alpha},\boldsymbol{\beta}\rangle,\langle\boldsymbol{\alpha},\boldsymbol{\alpha}\rangle,\langle\boldsymbol{\beta},\boldsymbol{\beta}\rangle$三项，故

$$0\leqslant\langle\boldsymbol{\alpha}+t\cdot\boldsymbol{\beta},\boldsymbol{\alpha}+t\cdot\boldsymbol{\beta}\rangle=\langle\boldsymbol{\alpha},\boldsymbol{\alpha}\rangle+2t\cdot\langle\boldsymbol{\alpha},\boldsymbol{\beta}\rangle+t^2\langle\boldsymbol{\beta},\boldsymbol{\beta}\rangle$$

将其看作一元二次方程 $a\cdot t^2+b\cdot t+c\geqslant 0$，其中 $a=\langle\boldsymbol{\beta},\boldsymbol{\beta}\rangle,b=2\cdot\langle\boldsymbol{\alpha},\boldsymbol{\beta}\rangle,c=\langle\boldsymbol{\alpha},\boldsymbol{\alpha}\rangle$，方程恒成立的条件为$a>0$，且它的判别式为$\Delta=b^2-4ac=4\cdot\langle\boldsymbol{\alpha},\boldsymbol{\beta}\rangle^2-4\langle\boldsymbol{\alpha},\boldsymbol{\alpha}\rangle\langle\boldsymbol{\beta},\boldsymbol{\beta}\rangle<0$，从表达式中可以看出 $a=\langle\boldsymbol{\beta},\boldsymbol{\beta}\rangle>0$，$\Delta<0\Rightarrow\langle\boldsymbol{\alpha},\boldsymbol{\beta}\rangle^2\leqslant\langle\boldsymbol{\alpha},\boldsymbol{\alpha}\rangle\langle\boldsymbol{\beta},\boldsymbol{\beta}\rangle$，即等式成立.

第五章　线性变换及其矩阵表示

由第四章知识可知，m 维空间中能找到 m 个线性无关的向量 $\boldsymbol{a}_1,\boldsymbol{a}_2,\cdots,\boldsymbol{a}_m$，且空间中的任一向量 $\boldsymbol{c}=\lambda_1\boldsymbol{a}_1+\lambda_2\boldsymbol{a}_2+\cdots+\lambda_m\boldsymbol{a}_m$，而且表示方式是唯一的．若 m 维空间的另一组线性无关的向量 $\boldsymbol{b}_1,\boldsymbol{b}_2,\cdots,\boldsymbol{b}_m$，那么 $\boldsymbol{c}=\gamma_1\boldsymbol{b}_1+\gamma_2\boldsymbol{b}_2+\cdots+\gamma_m\boldsymbol{b}_m$，这两组坐标表示 $(\lambda_1,\lambda_2,\cdots,\lambda_m)$ 与 $(\gamma_1,\gamma_2,\cdots,\gamma_m)$ 关联性是本章重点讲述．本章主要内容有线性变换概念、线性变换的矩阵表示、基变换及过渡矩阵．

5.1　线性变换的知识体系和基本概念

5.1.1 线性变换的概念

向量空间又称为线性空间，满足向量的加法和数乘两种线性运算方式．本章仅研究向量空间的线性变换．在介绍线性变换前先温习映射的知识．

1．映射

映射 T：两个非空集合 X 和 Y，存在一个确定的法则 T，使得 X 中的每个元素 x 与 Y 中唯一的元素 y 对应，标记 $y=T(x)$．映射实际上是把 x 变成 y，所以 y 称为 x 在映射 T 下的像，x 称为 y 在映射 T 下的原像．X 称作映射 T 的定义域，Y 称作像集．

2．线性变换

线性变换 T：线性空间 V 上的一个映射 T 满足下面条件(1)，(2)，则称为线性映射或线性变换．

(1) 任意 $\boldsymbol{x},\boldsymbol{y}\in V$ 且 $\boldsymbol{x}+\boldsymbol{y}\in V$，那么 $T(\boldsymbol{x}+\boldsymbol{y})=T(\boldsymbol{x})+T(\boldsymbol{y})$；

(2) $\boldsymbol{x}\in V$ 且 $\lambda\in\mathbf{R}$，则 $T(\lambda\boldsymbol{x})=\lambda\cdot T(\boldsymbol{x})$．

映射 T 是线性变换的充要条件是对于任意 $a,b\in\mathbf{R},x,y\in V$，$T(a\boldsymbol{x}+b\boldsymbol{y})=aT(\boldsymbol{x})+bT(\boldsymbol{y})$ 恒成立．

3．线性变换的性质

线性变换 T 的性质：

(1) 线性变换下零向量不变，其证明为 $T(\mathbf{0}\boldsymbol{x})=\mathbf{0}\cdot T(\boldsymbol{x})\Rightarrow T(\mathbf{0})=\mathbf{0}$．

(2) 线性变换对向量组的线性变换满足

$$T\left(a_1\boldsymbol{x}_1+\cdots+a_n\boldsymbol{x}_n\right)=a_1T\left(\boldsymbol{x}_1\right)+\cdots+a_nT\left(\boldsymbol{x}_n\right)$$

(3) 若 $\boldsymbol{x}_1,\boldsymbol{x}_2,\cdots,\boldsymbol{x}_n$ 是线性相关的，$T\left(\boldsymbol{x}_1\right),T\left(\boldsymbol{x}_2\right),\cdots,T\left(\boldsymbol{x}_n\right)$ 也是线性相关的.

线性变换性质(3)的证明：设 $\boldsymbol{x}_1,\boldsymbol{x}_2,\cdots,\boldsymbol{x}_n$ 线性相关，则它们满足 $a_1\boldsymbol{x}_1+a_2\boldsymbol{x}_2+\cdots+a_n\boldsymbol{x}_n=\boldsymbol{0}$，且 $a_1,a_2,\cdots,a_n$ 存在不全为零.

$$T\left(a_1\boldsymbol{x}_1+a_2\boldsymbol{x}_2+\cdots+a_n\boldsymbol{x}_n\right)=T\left(\boldsymbol{0}\right)=\boldsymbol{0}$$

$$\xrightarrow{\text{根据性质(2)}}T\left(a_1\boldsymbol{x}_1\right)+T\left(a_2\boldsymbol{x}_2\right)+\cdots+T\left(a_n\boldsymbol{x}_n\right)=\boldsymbol{0}$$

$$\Rightarrow a_1T\left(\boldsymbol{x}_1\right)+a_2T\left(\boldsymbol{x}_2\right)+\cdots+a_nT\left(\boldsymbol{x}_n\right)=\boldsymbol{0}$$

所以向量组 $T\left(\boldsymbol{x}_1\right),T\left(\boldsymbol{x}_2\right),\cdots,T\left(\boldsymbol{x}_n\right)$ 线性相关.

5.1.2 线性变换的矩阵表示方式

像 2.2.1 节旋转矩阵所对应的变换 T 就是一种典型的线性变换，它能把任一向量 $\begin{pmatrix}x\\y\end{pmatrix}=\begin{pmatrix}r\cos\theta\\r\sin\theta\end{pmatrix}$ 按逆时针旋转 φ 角，它的关系式为 $T\begin{pmatrix}x\\y\end{pmatrix}=\begin{pmatrix}\cos\varphi & -\sin\varphi\\\sin\varphi & \cos\varphi\end{pmatrix}\begin{pmatrix}x\\y\end{pmatrix}$，

而 $T\begin{pmatrix}x\\y\end{pmatrix}=\begin{pmatrix}x\cos\varphi-y\sin\varphi\\x\sin\varphi+y\cos\varphi\end{pmatrix}=\begin{pmatrix}r\cos\theta\cos\varphi-r\sin\theta\sin\varphi\\r\cos\theta\sin\varphi+r\sin\theta\cos\varphi\end{pmatrix}=\begin{pmatrix}r\cos\left(\theta+\varphi\right)\\r\sin\left(\theta+\varphi\right)\end{pmatrix}$. 转动矩阵即 T 变换的矩阵表达式. 类似下面的 n 阶线性方程组求解也可以看作是一种线性变换.

$$\begin{cases}a_{11}x_1+a_{12}x_2+\cdots+a_{1n}x_n=b_1\\a_{21}x_1+a_{21}x_2+\cdots+a_{2n}x_n=b_2\\\quad\cdots\cdots\\a_{n1}x_1+a_{n2}x_2+\cdots+a_{nn}x_n=b_n\end{cases}\Rightarrow \boldsymbol{A}=\begin{pmatrix}a_{11} & a_{12} & \cdots & a_{1n}\\a_{21} & a_{22} & \cdots & a_{2n}\\\vdots & \vdots & & \vdots\\a_{n1} & a_{n2} & \cdots & a_{nn}\end{pmatrix}\begin{pmatrix}x_1\\x_2\\\vdots\\x_n\end{pmatrix}=\begin{pmatrix}b_1\\b_2\\\vdots\\b_n\end{pmatrix}$$

$$\text{令 }\boldsymbol{A}=\begin{pmatrix}a_{11} & a_{12} & \cdots & a_{1n}\\a_{21} & a_{22} & \cdots & a_{2n}\\\vdots & \vdots & & \vdots\\a_{n1} & a_{n2} & \cdots & a_{nn}\end{pmatrix}=\left(\boldsymbol{\beta}_1\quad\boldsymbol{\beta}_2\quad\cdots\quad\boldsymbol{\beta}_n\right),\begin{pmatrix}x_1\\x_2\\\vdots\\x_n\end{pmatrix}=\boldsymbol{x},\begin{pmatrix}b_1\\b_2\\\vdots\\b_n\end{pmatrix}=\boldsymbol{b}$$

即 $\left(\boldsymbol{\beta}_1\quad\boldsymbol{\beta}_2\quad\cdots\quad\boldsymbol{\beta}_n\right)\boldsymbol{x}=\boldsymbol{b}$，则 $T\left(\boldsymbol{x}\right)=\boldsymbol{A}\boldsymbol{x}$. T 为线性变换，$\boldsymbol{A}$ 是 T 线性变换的矩阵. 通过上面的例子可以看出，线性变换 T 与 n 阶矩阵间联系密切，因此矩阵可作为线性变换 T 的表达方式.

基坐标 $\boldsymbol{\varepsilon}_1, \boldsymbol{\varepsilon}_2, \cdots, \boldsymbol{\varepsilon}_n$ 下的线性变换矩阵：$\boldsymbol{\varepsilon}_1, \boldsymbol{\varepsilon}_2, \cdots, \boldsymbol{\varepsilon}_n$ 是 n 维空间的一个基，任一向量 $\boldsymbol{\alpha} = x_1\boldsymbol{\varepsilon}_1 + x_2\boldsymbol{\varepsilon}_2 + \cdots + x_n\boldsymbol{\varepsilon}_n$，其中 $(x_1, x_2, \cdots, x_n)$ 是唯一的，是向量 $\boldsymbol{\alpha}$ 在基 $\boldsymbol{\varepsilon}_1, \boldsymbol{\varepsilon}_2, \cdots, \boldsymbol{\varepsilon}_n$ 下的坐标表示．T 是 n 维空间的线性变换，T 对向量 $\boldsymbol{\alpha}$ 的变换满足：

$$T\boldsymbol{\alpha}=T(x_1\boldsymbol{\varepsilon}_1 + x_2\boldsymbol{\varepsilon}_2 + \cdots + x_n\boldsymbol{\varepsilon}_n)=x_1T(\boldsymbol{\varepsilon}_1) + x_2T(\boldsymbol{\varepsilon}_2) + \cdots + x_nT(\boldsymbol{\varepsilon}_n) \tag{5.1}$$

由于 T 是线性变换，$T(\boldsymbol{\varepsilon}_i)$ 也能用 $\boldsymbol{\varepsilon}_1, \boldsymbol{\varepsilon}_2, \cdots, \boldsymbol{\varepsilon}_n$ 线性表示，即满足：

$$\left.\begin{array}{c} T(\varepsilon_1) = a_{11}\varepsilon_1 + a_{21}\varepsilon_2 + \cdots a_{n1}\varepsilon_n \\ T(\varepsilon_2) = a_{11}\varepsilon_1 + a_{22}\varepsilon_2 + \cdots a_{n2}\varepsilon_n \\ \cdots\cdots \\ T(\varepsilon_n) = a_{1n}\varepsilon_1 + a_{2n}\varepsilon_2 + \cdots a_{nn}\varepsilon_n \end{array}\right\} \tag{5.2}$$

为找出线性变换 T 的矩阵表达式，我们变换式(5.1)的表达方式：

$$T\boldsymbol{\alpha}=(T(\boldsymbol{\varepsilon}_1), T(\boldsymbol{\varepsilon}_2), \cdots, T(\boldsymbol{\varepsilon}_n))\begin{pmatrix} x_1 \\ x_2 \\ \vdots \\ x_n \end{pmatrix} = (\boldsymbol{\varepsilon}_1, \boldsymbol{\varepsilon}_2, \cdots, \boldsymbol{\varepsilon}_n)\begin{pmatrix} a_{11} & a_{12} & \cdots & a_{1n} \\ a_{21} & a_{22} & \cdots & a_{2n} \\ \vdots & \vdots & & \vdots \\ a_{n1} & a_{n2} & \cdots & a_{nn} \end{pmatrix}\begin{pmatrix} x_1 \\ x_2 \\ \vdots \\ x_n \end{pmatrix}$$

即

$$\begin{aligned} &T\boldsymbol{\alpha}=(T(\boldsymbol{\varepsilon}_1), T(\boldsymbol{\varepsilon}_2), \cdots, T(\boldsymbol{\varepsilon}_n))\boldsymbol{x} = (\boldsymbol{\varepsilon}_1, \boldsymbol{\varepsilon}_2, \cdots, \boldsymbol{\varepsilon}_n)\boldsymbol{A}\boldsymbol{x} \\ &\Rightarrow T(\boldsymbol{\varepsilon}_1, \boldsymbol{\varepsilon}_2, \cdots, \boldsymbol{\varepsilon}_n) = (\boldsymbol{\varepsilon}_1, \boldsymbol{\varepsilon}_2, \cdots, \boldsymbol{\varepsilon}_n)\boldsymbol{A} \end{aligned} \tag{5.3}$$

矩阵 $\boldsymbol{A}$ 称为线性变换 T 在基 $\boldsymbol{\varepsilon}_1, \boldsymbol{\varepsilon}_2, \cdots, \boldsymbol{\varepsilon}_n$ 下的矩阵表示．由于 $\boldsymbol{\varepsilon}_1, \boldsymbol{\varepsilon}_2, \cdots, \boldsymbol{\varepsilon}_n$ 是线性无关的，所以 $T(\boldsymbol{\varepsilon}_i)$ 在基下的坐标表示是唯一的，线性变换 T 的矩阵表示也是唯一的．矩阵 $\boldsymbol{A}$ 的第 i 列是 $T(\boldsymbol{\varepsilon}_i)$ 在基 $\boldsymbol{\varepsilon}_1, \boldsymbol{\varepsilon}_2, \ldots, \boldsymbol{\varepsilon}_n$ 下的坐标表示，即

$$(\boldsymbol{\varepsilon}_1, \boldsymbol{\varepsilon}_2, \cdots, \boldsymbol{\varepsilon}_n, T(\boldsymbol{\varepsilon}_1), T(\boldsymbol{\varepsilon}_2), \cdots, T(\boldsymbol{\varepsilon}_n)) \xrightarrow{\text{初等变换}} (\boldsymbol{E}_n, \boldsymbol{A}_n) \tag{5.4}$$

例如将 $\mathbf{R}^3$ 空间中向量投影到 XOZ 平面，所对应的线性变换为 $T(x\boldsymbol{i} + y\boldsymbol{j} + z\boldsymbol{k}) = x\boldsymbol{i} + y\boldsymbol{j}$，若取 $\boldsymbol{i}, \boldsymbol{j}, \boldsymbol{k}$ 为基，则 T 所对应的矩阵为

$$T(\boldsymbol{i}, \boldsymbol{j}, \boldsymbol{k}) = (\boldsymbol{i}, \boldsymbol{j}, \boldsymbol{k})\begin{pmatrix} 1 & 0 & 0 \\ 0 & 1 & 0 \\ 0 & 0 & 0 \end{pmatrix}$$

若取 $\boldsymbol{\alpha} = \boldsymbol{i},\ \boldsymbol{\beta} = \boldsymbol{j},\ \boldsymbol{\gamma} = \boldsymbol{i} + \boldsymbol{j} + \boldsymbol{k}$ 为基，则 T 所对应的矩阵为

$$T(\boldsymbol{\alpha})=T(\boldsymbol{i})=\boldsymbol{i}=\boldsymbol{\alpha},\quad T(\boldsymbol{\beta})=T(\boldsymbol{j})=\boldsymbol{j}=\boldsymbol{\beta}$$

$$T(\boldsymbol{\gamma})=T(\boldsymbol{i}+\boldsymbol{j}+\boldsymbol{k})=\boldsymbol{i}+\boldsymbol{j}=\boldsymbol{\alpha}+\boldsymbol{\beta}\text{，故}T(\boldsymbol{\alpha},\boldsymbol{\beta},\boldsymbol{\gamma})=(\boldsymbol{\alpha},\boldsymbol{\beta},\boldsymbol{\gamma})\begin{pmatrix}1&0&1\\0&1&1\\0&0&0\end{pmatrix}$$

从中可以看出虽然是同一个线性变换，但是由于选取空间基的不同，线性变换 T 的表达式也不同.

5.1.3 不同基下线性变换矩阵的关系

从上述的例子可以看出，线性变换 T 的矩阵表达式与选取的空间基有关，那么不同空间的基所对应的线性变换 T 的矩阵表达式也存在一定的联系.

1．同一线性变换在不同基下矩阵表示联系

为了区分两组基，设 n 维空间原来的基(旧基)$(\boldsymbol{\varepsilon}_1,\boldsymbol{\varepsilon}_2,\cdots,\boldsymbol{\varepsilon}_n)$ 和空间新的基(新基)$(\boldsymbol{\eta}_1,\boldsymbol{\eta}_2,\cdots,\boldsymbol{\eta}_n)$．旧基 $(\boldsymbol{\varepsilon}_1,\boldsymbol{\varepsilon}_2,\cdots,\boldsymbol{\varepsilon}_n)$ 到新基 $(\boldsymbol{\eta}_1,\boldsymbol{\eta}_2,\cdots,\boldsymbol{\eta}_n)$ 的过渡矩阵为 $\boldsymbol{M}$，$\boldsymbol{M}$ 满足：

$$(\boldsymbol{\eta}_1,\boldsymbol{\eta}_2,\cdots,\boldsymbol{\eta}_n)=(\boldsymbol{\varepsilon}_1,\boldsymbol{\varepsilon}_2,\cdots,\boldsymbol{\varepsilon}_n)\boldsymbol{M} \tag{5.5}$$

由式(5.3)、式(5.4)，可知 $\boldsymbol{M}$ 的第 i 列是 $\boldsymbol{\eta}_i$ 在基 $\boldsymbol{\varepsilon}_1,\boldsymbol{\varepsilon}_2,\cdots,\boldsymbol{\varepsilon}_n$ 下的坐标表示.

在(旧基)$(\boldsymbol{\varepsilon}_1,\boldsymbol{\varepsilon}_2,\cdots,\boldsymbol{\varepsilon}_n)$ 和空间新的基(新基)$(\boldsymbol{\eta}_1,\boldsymbol{\eta}_2,\cdots,\boldsymbol{\eta}_n)$ 下 T 变换的矩阵分别为 $\boldsymbol{A}$ 和 $\boldsymbol{B}$，它们满足：

$$\left.\begin{aligned}T(\boldsymbol{\varepsilon}_1,\boldsymbol{\varepsilon}_2,\cdots,\boldsymbol{\varepsilon}_n)=(T(\boldsymbol{\varepsilon}_1),T(\boldsymbol{\varepsilon}_2),\cdots,T(\boldsymbol{\varepsilon}_n))=(\boldsymbol{\varepsilon}_1,\boldsymbol{\varepsilon}_2,\cdots,\boldsymbol{\varepsilon}_n)\boldsymbol{A}\\T(\boldsymbol{\eta}_1,\boldsymbol{\eta}_2,\cdots,\boldsymbol{\eta}_n)=(T(\boldsymbol{\eta}_1),T(\boldsymbol{\eta}_2),\cdots,T(\boldsymbol{\eta}_n))=(\boldsymbol{\eta}_1,\boldsymbol{\eta}_2,\cdots,\boldsymbol{\eta}_n)\boldsymbol{B}\end{aligned}\right\} \tag{5.6}$$

将式(5.5)代入式(5.6)，可得 $\boldsymbol{A}$，$\boldsymbol{B}$ 满足：

$$\begin{aligned}&T(\boldsymbol{\eta}_1,\boldsymbol{\eta}_2,\cdots,\boldsymbol{\eta}_n)=T((\boldsymbol{\varepsilon}_1,\boldsymbol{\varepsilon}_2,\cdots,\boldsymbol{\varepsilon}_n)\boldsymbol{M})\xleftarrow[\boldsymbol{M}\text{可以提出}]{\boldsymbol{M}\text{是新基在旧基中的坐标表示}}\\&=(T(\boldsymbol{\varepsilon}_1,\boldsymbol{\varepsilon}_2,\cdots,\boldsymbol{\varepsilon}_n))\boldsymbol{M}=(T(\boldsymbol{\varepsilon}_1),T(\boldsymbol{\varepsilon}_2),\cdots,T(\boldsymbol{\varepsilon}_n))\boldsymbol{M}\\&=(\boldsymbol{\varepsilon}_1,\boldsymbol{\varepsilon}_2,\cdots,\boldsymbol{\varepsilon}_n)\boldsymbol{A}\boldsymbol{M}=(\boldsymbol{\eta}_1,\boldsymbol{\eta}_2,\cdots,\boldsymbol{\eta}_n)\boldsymbol{M}^{-1}\boldsymbol{A}\boldsymbol{M}\\&\Rightarrow\boldsymbol{B}=\boldsymbol{M}^{-1}\boldsymbol{A}\boldsymbol{M}\end{aligned} \tag{5.7}$$

式(5.7)代表同一线性变换在不同基下矩阵表示联系.

2. 不同基下向量 $\boldsymbol{\alpha}$ 的坐标表示联系

向量 $\boldsymbol{\alpha}$ 在(旧基) $(\boldsymbol{\varepsilon}_1,\boldsymbol{\varepsilon}_2,\cdots,\boldsymbol{\varepsilon}_n)$ 下的坐标表示为 $\boldsymbol{x}$，在新基 $(\boldsymbol{\eta}_1,\boldsymbol{\eta}_2,\cdots,\boldsymbol{\eta}_n)$ 下的坐标表示为 $\boldsymbol{y}$，则

$$\boldsymbol{\alpha}=(\boldsymbol{\varepsilon}_1,\boldsymbol{\varepsilon}_2,\cdots,\boldsymbol{\varepsilon}_n)\boldsymbol{x}=(\boldsymbol{\varepsilon}_1,\boldsymbol{\varepsilon}_2,\cdots,\boldsymbol{\varepsilon}_n)\begin{pmatrix}x_1\\x_2\\x_3\\x_4\end{pmatrix},\quad \boldsymbol{\alpha}=(\boldsymbol{\eta}_1,\boldsymbol{\eta}_2,\cdots,\boldsymbol{\eta}_n)\boldsymbol{y}=(\boldsymbol{\eta}_1,\boldsymbol{\eta}_2,\cdots,\boldsymbol{\eta}_n)\begin{pmatrix}y_1\\y_2\\y_3\\y_4\end{pmatrix}$$

将 $(\boldsymbol{\eta}_1,\boldsymbol{\eta}_2,\cdots,\boldsymbol{\eta}_n)=(\boldsymbol{\varepsilon}_1,\boldsymbol{\varepsilon}_2,\cdots,\boldsymbol{\varepsilon}_n)\boldsymbol{M}$ 代入，得

$$\boldsymbol{M}\begin{pmatrix}y_1\\y_2\\y_3\\y_4\end{pmatrix}=\begin{pmatrix}x_1\\x_2\\x_3\\x_4\end{pmatrix}\Rightarrow\begin{pmatrix}y_1\\y_2\\y_3\\y_4\end{pmatrix}=\boldsymbol{M}^{-1}\begin{pmatrix}x_1\\x_2\\x_3\\x_4\end{pmatrix}\Leftrightarrow\boldsymbol{My}=\boldsymbol{x}\Rightarrow\boldsymbol{y}=\boldsymbol{M}^{-1}\boldsymbol{x}\qquad(5.8)$$

式(5.8)代表同一向量在不同基下坐标表示联系.

3. 相似矩阵

n 阶矩阵 $\boldsymbol{A}$ 和 $\boldsymbol{B}$，若存在可逆矩阵 $\boldsymbol{M}$，使 $\boldsymbol{B}=\boldsymbol{M}^{-1}\boldsymbol{AM}$ 成立，矩阵 $\boldsymbol{A}$ 与矩阵 $\boldsymbol{B}$ 相似，标记为 $\boldsymbol{A}\sim\boldsymbol{B}$.$\boldsymbol{M}$ 称为 $\boldsymbol{A}$ 变成 $\boldsymbol{B}$ 的相似变换矩阵.

相似矩阵的性质：

(1) 自反性 $\boldsymbol{A}\sim\boldsymbol{A}$；

(2) 对称性 $\boldsymbol{A}\sim\boldsymbol{B}\Leftrightarrow\boldsymbol{B}\sim\boldsymbol{A}$；

(3) 传递性 $\boldsymbol{A}\sim\boldsymbol{B},\boldsymbol{B}\sim\boldsymbol{C}\Rightarrow\boldsymbol{A}\sim\boldsymbol{C}$；

(4) $|\boldsymbol{A}|=|\boldsymbol{B}|$，这是由于

$$|\boldsymbol{B}|=|\boldsymbol{M}^{-1}\boldsymbol{AM}|=|\boldsymbol{M}^{-1}||\boldsymbol{AM}|=|\boldsymbol{M}^{-1}||\boldsymbol{A}||\boldsymbol{M}|=|\boldsymbol{M}^{-1}||\boldsymbol{M}||\boldsymbol{A}|=|\boldsymbol{M}^{-1}\boldsymbol{M}||\boldsymbol{A}|=|\boldsymbol{A}|$$

相似矩阵的性质应用参考第六章.

5.2　线性变换典型习题分析

5.2.1 线性变换的判定

习题 1(四川大学数学学院高等数学教研室编《高等数学第三册(第三版)》第

五章第一节例 3)　空间 $\mathbf{R}^2$ 一映射 T 满足 $T(\boldsymbol{x}_1,\boldsymbol{x}_2)=(\boldsymbol{x}_1{}^2,\boldsymbol{x}_2)$，求证其是否是线性变换.

解：此题考查线性变换基本条件：V 空间的线性变换满足①任意 $\boldsymbol{x},\boldsymbol{y}\in V$ 且 $\boldsymbol{x}+\boldsymbol{y}\in V$，那么 $T(\boldsymbol{x}+\boldsymbol{y})=T(\boldsymbol{x})+T(\boldsymbol{y})$；② $\boldsymbol{x}\in V$ 且 $\lambda\in\mathbf{R}$，则 $T(\lambda\boldsymbol{x})=\lambda\cdot T(\boldsymbol{x})$

设 $\boldsymbol{\alpha},\boldsymbol{\beta}$ 是空间 $\mathbf{R}^2$ 的两个元素，$\boldsymbol{\alpha}=(x_1,y_1),\boldsymbol{\beta}=(x_2,y_2)\in\mathbf{R}^2$

$$T(\boldsymbol{\alpha})=T(x_1,y_1)=(x_1{}^2,y_1),T(\boldsymbol{\beta})=(x_2,y_2)=(x_2{}^2,y_2).$$

$$\Rightarrow T(\boldsymbol{\alpha})+T(\boldsymbol{\beta})=(x_1{}^2+x_2{}^2,y_1+y_2)$$

而根据公式

$$T(\boldsymbol{\alpha}+\boldsymbol{\beta})=T(x_1+x_2,y_1+y_2)=\left((x_1+x_2)^2,(y_1+y_2)\right)$$

可以看出

$$T(\boldsymbol{\alpha})+T(\boldsymbol{\beta})\neq T(\boldsymbol{\alpha}+\boldsymbol{\beta})$$

因此 T 不是线性变换.

习题 2　证明线性相关向量组的线性变换 T 还是线性相关的向量组.

证明：设 $(\boldsymbol{\varepsilon}_1,\boldsymbol{\varepsilon}_2,\cdots,\boldsymbol{\varepsilon}_n)$ 是线性相关的向量组，则存在 $k_1\boldsymbol{\varepsilon}_1+k_2\boldsymbol{\varepsilon}_2+\cdots+k_n\boldsymbol{\varepsilon}_n=\mathbf{0}$，

其中 $k_1,k_2,\cdots,k_n$ 不全为零，则 $T(k_1\boldsymbol{\varepsilon}_1+k_2\boldsymbol{\varepsilon}_2+\cdots+k_n\boldsymbol{\varepsilon}_n)=T(\mathbf{0})$，由于 $T(\mathbf{0})=\mathbf{0}$(线性变换性质线性变换下零向量不变)，因此 $k_1T(\boldsymbol{\varepsilon}_1)+k_2T(\boldsymbol{\varepsilon}_2)+\cdots+k_nT(\boldsymbol{\varepsilon}_n)=\mathbf{0}$，由于 $k_1,k_2,\cdots,k_n$ 不全为零，所以 $T(\boldsymbol{\varepsilon}_1),T(\boldsymbol{\varepsilon}_2),\cdots,T(\boldsymbol{\varepsilon}_n)$ 线性相关.

5.2.2 线性变换矩阵求解

习题 3(四川大学数学学院高等数学教研室编《高等数学第三册(第三版)》第五章第二节例 2)　空间 $\mathbf{R}^3$ 中线性变换 T 满足 $T(\boldsymbol{e}_1)=(-1,1,0)$, $T(\boldsymbol{e}_2)=(2,1,1)$, $T(\boldsymbol{e}_3)=(0,-1,-1)$, 其中 $\boldsymbol{e}_1=(1,0,0)$, $\boldsymbol{e}_2=(0,1,0)$, $\boldsymbol{e}_3=(0,0,1)$, 求

(1) T 在 $(\boldsymbol{e}_1,\boldsymbol{e}_2,\boldsymbol{e}_3)$ 基下的矩阵表示 $\boldsymbol{A}$.

(2) 若空间的基为 $(\boldsymbol{\varepsilon}_1,\boldsymbol{\varepsilon}_2,\boldsymbol{\varepsilon}_3)$ 是 T 的矩阵表示 $\boldsymbol{B}$，其中 $\boldsymbol{\varepsilon}_1=(1,1,1)$, $\boldsymbol{\varepsilon}_2=(1,1,0)$, $\boldsymbol{\varepsilon}_3=(1,0,0)$.

解：根据线性变换 T 的矩阵求解公式(5.3) $T(\boldsymbol{\varepsilon}_1,\boldsymbol{\varepsilon}_2,\boldsymbol{\varepsilon}_3)=(\boldsymbol{\varepsilon}_1,\boldsymbol{\varepsilon}_2,\boldsymbol{\varepsilon}_3)\boldsymbol{A}$ 可得

(1) 基$(\boldsymbol{e}_1,\boldsymbol{e}_2,\boldsymbol{e}_3)$的情况：

$$\begin{cases}T(\boldsymbol{e}_1)=(-1,1,0)=(\boldsymbol{e}_1,\boldsymbol{e}_2,\boldsymbol{e}_3)\begin{pmatrix}-1\\1\\0\end{pmatrix}\\T(\boldsymbol{e}_2)=(2,1,1)=(\boldsymbol{e}_1,\boldsymbol{e}_2,\boldsymbol{e}_3)\begin{pmatrix}2\\1\\1\end{pmatrix}\\T(\boldsymbol{e}_3)=(0,-1,-1)=(\boldsymbol{e}_1,\boldsymbol{e}_2,\boldsymbol{e}_3)\begin{pmatrix}0\\-1\\-1\end{pmatrix}\end{cases}\Rightarrow\begin{cases}T(\boldsymbol{e}_1,\boldsymbol{e}_2,\boldsymbol{e}_3)=(\boldsymbol{e}_1,\boldsymbol{e}_2,\boldsymbol{e}_3)\boldsymbol{A}\\=(\boldsymbol{e}_1,\boldsymbol{e}_2,\boldsymbol{e}_3)\begin{pmatrix}-1&2&0\\1&1&-1\\0&1&-1\end{pmatrix}\end{cases}$$

$$\Rightarrow\boldsymbol{A}=\begin{pmatrix}-1&2&0\\1&1&-1\\0&1&-1\end{pmatrix}\qquad①$$

(2) 基$(\boldsymbol{\varepsilon}_1,\boldsymbol{\varepsilon}_2,\boldsymbol{\varepsilon}_3)$的情况，解法一：

$T(\boldsymbol{\varepsilon}_1,\boldsymbol{\varepsilon}_2,\boldsymbol{\varepsilon}_3)=(\boldsymbol{\varepsilon}_1,\boldsymbol{\varepsilon}_2,\boldsymbol{\varepsilon}_3)\boldsymbol{B}$，由于$(\boldsymbol{\varepsilon}_1,\boldsymbol{\varepsilon}_2,\boldsymbol{\varepsilon}_3)$是$(\boldsymbol{e}_1,\boldsymbol{e}_2,\boldsymbol{e}_3)$的函数，可以将变换到$(\boldsymbol{e}_1,\boldsymbol{e}_2,\boldsymbol{e}_3)$空间计算.

$$\begin{cases}\boldsymbol{\varepsilon}_1=\boldsymbol{e}_1+\boldsymbol{e}_2+\boldsymbol{e}_3\\\boldsymbol{\varepsilon}_2=\boldsymbol{e}_1+\boldsymbol{e}_2\\\boldsymbol{\varepsilon}_3=\boldsymbol{e}_1\end{cases}\Rightarrow\begin{cases}T(\boldsymbol{\varepsilon}_1)=T(\boldsymbol{e}_1+\boldsymbol{e}_2+\boldsymbol{e}_3)=T(\boldsymbol{e}_1)+T(\boldsymbol{e}_2)+T(\boldsymbol{e}_3)\\T(\boldsymbol{\varepsilon}_2)=T(\boldsymbol{e}_1+\boldsymbol{e}_2)=T(\boldsymbol{e}_1)+T(\boldsymbol{e}_2)\\T(\boldsymbol{\varepsilon}_3)=T(\boldsymbol{e}_1)\end{cases}\qquad②$$

将式①代入，得

$$\begin{cases}T(\boldsymbol{\varepsilon}_1)=T(\boldsymbol{e}_1)+T(\boldsymbol{e}_2)+T(\boldsymbol{e}_3)=(-\boldsymbol{e}_1+\boldsymbol{e}_2)+(2\boldsymbol{e}_1+\boldsymbol{e}_2+\boldsymbol{e}_3)+(-\boldsymbol{e}_2-\boldsymbol{e}_3)=\boldsymbol{e}_1+\boldsymbol{e}_2\\T(\boldsymbol{\varepsilon}_2)=T(\boldsymbol{e}_1)+T(\boldsymbol{e}_2)=(-\boldsymbol{e}_1+\boldsymbol{e}_2)+(2\boldsymbol{e}_1+\boldsymbol{e}_2+\boldsymbol{e}_3)=\boldsymbol{e}_1+2\boldsymbol{e}_2+\boldsymbol{e}_3\\T(\boldsymbol{\varepsilon}_3)=T(\boldsymbol{e}_1)=-\boldsymbol{e}_1+\boldsymbol{e}_2\end{cases}\qquad③$$

将式②中$(\boldsymbol{\varepsilon}_1,\boldsymbol{\varepsilon}_2,\boldsymbol{\varepsilon}_3)$与$(\boldsymbol{e}_1,\boldsymbol{e}_2,\boldsymbol{e}_3)$的关系代入式③得

$$\begin{cases}T(\boldsymbol{\varepsilon}_1)=\boldsymbol{e}_1+\boldsymbol{e}_2=\boldsymbol{\varepsilon}_2\\T(\boldsymbol{\varepsilon}_2)=\boldsymbol{e}_1+2\boldsymbol{e}_2+\boldsymbol{e}_3=\boldsymbol{\varepsilon}_1+\boldsymbol{\varepsilon}_2-\boldsymbol{\varepsilon}_3\\T(\boldsymbol{\varepsilon}_3)=-\boldsymbol{e}_1+\boldsymbol{e}_2=\boldsymbol{\varepsilon}_2-2\boldsymbol{\varepsilon}_3\end{cases}\Rightarrow\begin{cases}T(\boldsymbol{\varepsilon}_1,\boldsymbol{\varepsilon}_2,\boldsymbol{\varepsilon}_3)=(\boldsymbol{\varepsilon}_1,\boldsymbol{\varepsilon}_2,\boldsymbol{\varepsilon}_3)\boldsymbol{B}\\=(\boldsymbol{\varepsilon}_1,\boldsymbol{\varepsilon}_2,\boldsymbol{\varepsilon}_3)\begin{pmatrix}0&1&0\\1&1&1\\0&-1&-2\end{pmatrix}\end{cases}$$

$$\Rightarrow \boldsymbol{B}=\begin{pmatrix}0&1&0\\1&1&1\\0&-1&-2\end{pmatrix} \tag{④}$$

(3) 基 $(\boldsymbol{\varepsilon}_1,\boldsymbol{\varepsilon}_2,\boldsymbol{\varepsilon}_3)$ 的情况，解法二：$T(\boldsymbol{\varepsilon}_1,\boldsymbol{\varepsilon}_2,\boldsymbol{\varepsilon}_3)=(\boldsymbol{\varepsilon}_1,\boldsymbol{\varepsilon}_2,\boldsymbol{\varepsilon}_3)\boldsymbol{B}$，且 $(\boldsymbol{\varepsilon}_1,\boldsymbol{\varepsilon}_2,\boldsymbol{\varepsilon}_3)$ 是 $(\boldsymbol{e}_1,\boldsymbol{e}_2,\boldsymbol{e}_3)$ 的函数，可看作矩阵在不同基下的坐标表示问题求解．根据式(5.7)可知

$$\left.\begin{aligned}&T(\boldsymbol{e}_1,\boldsymbol{e}_2,\boldsymbol{e}_3)=(\boldsymbol{e}_1,\boldsymbol{e}_2,\boldsymbol{e}_3)\boldsymbol{A}\\&T(\boldsymbol{\varepsilon}_1,\boldsymbol{\varepsilon}_2,\boldsymbol{\varepsilon}_3)=(\boldsymbol{\varepsilon}_1,\boldsymbol{\varepsilon}_2,\boldsymbol{\varepsilon}_3)\boldsymbol{B}\Rightarrow \boldsymbol{B}=\boldsymbol{M}^{-1}\boldsymbol{A}\boldsymbol{M}\\&(\boldsymbol{\varepsilon}_1,\boldsymbol{\varepsilon}_2,\boldsymbol{\varepsilon}_3)=(\boldsymbol{e}_1,\boldsymbol{e}_2,\boldsymbol{e}_3)\boldsymbol{M}\end{aligned}\right\} \tag{⑤}$$

其中 $\boldsymbol{A}=\begin{pmatrix}-1&2&0\\1&1&-1\\0&1&-1\end{pmatrix}$，$(\boldsymbol{\varepsilon}_1,\boldsymbol{\varepsilon}_2,\boldsymbol{\varepsilon}_3)=(\boldsymbol{e}_1,\boldsymbol{e}_2,\boldsymbol{e}_3)\boldsymbol{M}=(\boldsymbol{e}_1,\boldsymbol{e}_2,\boldsymbol{e}_3)\begin{pmatrix}1&1&1\\1&1&0\\1&0&0\end{pmatrix}$

即

$$\boldsymbol{M}=\begin{pmatrix}1&1&1\\1&1&0\\1&0&0\end{pmatrix},\boldsymbol{M}^{-1}=\begin{pmatrix}0&0&1\\0&1&-1\\1&-1&0\end{pmatrix}$$

将其代入式⑤得

$$\boldsymbol{B}=\boldsymbol{M}^{-1}\boldsymbol{A}\boldsymbol{M}=\begin{pmatrix}0&0&1\\0&1&-1\\1&-1&0\end{pmatrix}\begin{pmatrix}-1&2&0\\1&1&-1\\0&1&-1\end{pmatrix}\begin{pmatrix}1&1&1\\1&1&0\\1&0&0\end{pmatrix}=\begin{pmatrix}0&1&0\\1&1&1\\0&-1&-2\end{pmatrix}$$

此题解法二，不涉及基的二次换算，因此更容易些．

习题 4(同济大学数学系编《线性代数(第六版)》第六章例 7) 空间 $P[x]_3$ 中取两组基 $(\boldsymbol{e}_1,\boldsymbol{e}_2,\boldsymbol{e}_3,\boldsymbol{e}_4)$，$(\boldsymbol{\varepsilon}_1,\boldsymbol{\varepsilon}_2,\boldsymbol{\varepsilon}_3,\boldsymbol{\varepsilon}_4)$，求坐标变换公式：

$$\begin{cases}\boldsymbol{e}_1=x^3+2x^2-x\\\boldsymbol{e}_2=x^3-x^2+x+1\\\boldsymbol{e}_3=-x^3+2x^2+x+1\\\boldsymbol{e}_4=-x^3-x^2+1\end{cases},\quad\begin{cases}\boldsymbol{\varepsilon}_1=2x^3+x^2+1\\\boldsymbol{\varepsilon}_2=x^2+2x+2\\\boldsymbol{\varepsilon}_3=-2x^3+x^2+x+2\\\boldsymbol{\varepsilon}_4=x^3+3x^2+x+2\end{cases}$$

解析：称 $(\boldsymbol{e}_1,\boldsymbol{e}_2,\boldsymbol{e}_3,\boldsymbol{e}_4)$ 为旧坐标基，$(\boldsymbol{\varepsilon}_1,\boldsymbol{\varepsilon}_2,\boldsymbol{\varepsilon}_3,\boldsymbol{\varepsilon}_4)$ 为新坐标基，它们间的

过渡矩阵 $\boldsymbol{M}$ 满足 $(\boldsymbol{\varepsilon}_1,\boldsymbol{\varepsilon}_2,\boldsymbol{\varepsilon}_3,\boldsymbol{\varepsilon}_4)=(\boldsymbol{e}_1,\boldsymbol{e}_2,\boldsymbol{e}_3,\boldsymbol{e}_4)\boldsymbol{M}$，旧坐标基下坐标为 $(x_1,x_2,x_3,x_4)^{\mathrm{T}}$，新坐标基下的坐标为 $(x_1',x_2',x_3',x_4')^{\mathrm{T}}$，则它们满足 $(x_1',x_2',x_3',x_4')^{\mathrm{T}}=\boldsymbol{M}^{-1}(x_1,x_2,x_3,x_4)^{\mathrm{T}}$.

解：

$$(\boldsymbol{e}_1,\boldsymbol{e}_2,\boldsymbol{e}_3,\boldsymbol{e}_4)=(x^3,x^2,x^1,1)\boldsymbol{A}=(x^3,x^2,x^1,1)\begin{pmatrix}1&1&-1&-1\\2&-1&2&-1\\-1&1&1&0\\0&1&1&1\end{pmatrix}$$

$$(\boldsymbol{\varepsilon}_1,\boldsymbol{\varepsilon}_2,\boldsymbol{\varepsilon}_3,\boldsymbol{\varepsilon}_4)=(x^3,x^2,x^1,1)\boldsymbol{B}=(x^3,x^2,x^1,1)\begin{pmatrix}2&0&-2&1\\1&1&1&3\\0&2&1&1\\1&2&2&2\end{pmatrix}$$

$(\boldsymbol{\varepsilon}_1,\boldsymbol{\varepsilon}_2,\boldsymbol{\varepsilon}_3,\boldsymbol{\varepsilon}_4)=(x^3,x^2,x^1,1)\boldsymbol{B}=(\boldsymbol{e}_1,\boldsymbol{e}_2,\boldsymbol{e}_3,\boldsymbol{e}_4)\boldsymbol{A}^{-1}\boldsymbol{B}$，即 $\boldsymbol{M}=\boldsymbol{A}^{-1}\boldsymbol{B}$

$(x_1',x_2',x_3',x_4')^{\mathrm{T}}=\boldsymbol{M}^{-1}(x_1,x_2,x_3,x_4)^{\mathrm{T}}=\boldsymbol{B}^{-1}\boldsymbol{A}(x_1,x_2,x_3,x_4)^{\mathrm{T}}$

$\boldsymbol{B}^{-1}\boldsymbol{A}$ 的求解方法矩阵的初等变换 $(\boldsymbol{B},\boldsymbol{A})\xrightarrow{\text{初等行变换}}(\boldsymbol{E},\boldsymbol{B}^{-1}\boldsymbol{A})$，即

$$(\boldsymbol{B},\boldsymbol{A})=\left(\begin{array}{cccc:cccc}2&0&-2&1&1&1&-1&-1\\1&1&1&3&2&-1&2&-1\\0&2&1&1&-1&1&1&0\\1&2&2&2&0&1&1&1\end{array}\right)$$

$$\xrightarrow{\text{初等行变换}}\left(\begin{array}{cccc:cccc}1&0&0&0&0&1&-1&1\\0&1&0&0&-1&1&0&0\\0&0&1&0&0&0&0&1\\0&0&0&1&1&-1&1&-1\end{array}\right)$$

于是新旧坐标系下坐标变换满足：

$$\begin{pmatrix}x_1'\\x_2'\\x_3'\\x_4'\end{pmatrix}=\begin{pmatrix}0&1&-1&1\\-1&1&0&0\\0&0&0&1\\1&-1&1&-1\end{pmatrix}\begin{pmatrix}x_1\\x_2\\x_3\\x_4\end{pmatrix}$$

习题 5(四川大学数学学院高等数学教研室编《高等数学第三册(第三版)》第五章习题 8) 二阶对称矩阵全体对于矩阵线性运算构成空间为

$V_3=\left\{\boldsymbol{A}=\begin{pmatrix}x_1 & x_2\\ x_2 & x_3\end{pmatrix}\middle| x_1,x_2,x_3\in\mathbf{R}\right\}$. 令 $T(\boldsymbol{A})=\begin{pmatrix}1 & 0\\ 1 & 1\end{pmatrix}\boldsymbol{A}\begin{pmatrix}1 & 1\\ 0 & 1\end{pmatrix},\boldsymbol{A}\in V_3$ 证明 T 变换是线性变换，并求出 T 变换在基 $(\boldsymbol{A}_1,\boldsymbol{A}_2,\boldsymbol{A}_3)$ 下的矩阵表示，其中

$$\boldsymbol{A}_1=\begin{pmatrix}1 & 0\\ 0 & 0\end{pmatrix},\boldsymbol{A}_2=\begin{pmatrix}0 & 1\\ 1 & 0\end{pmatrix},\boldsymbol{A}_3=\begin{pmatrix}0 & 0\\ 0 & 1\end{pmatrix}$$

解析：证明 T 线性无关，需要证明 $T(\boldsymbol{a}+\boldsymbol{b})=T(\boldsymbol{a})+T(\boldsymbol{b}),T(\lambda\boldsymbol{a})=\lambda T(\boldsymbol{a})$，$T$ 的矩阵表示即求 $T(\boldsymbol{A}_1,\boldsymbol{A}_2,\boldsymbol{A}_3)=(\boldsymbol{A}_1,\boldsymbol{A}_2,\boldsymbol{A}_3)\boldsymbol{M}$ 中 $\boldsymbol{M}$ 矩阵.

证明：$\boldsymbol{A}=\begin{pmatrix}x_1 & x_2\\ x_2 & x_3\end{pmatrix}$，$\boldsymbol{B}=\begin{pmatrix}y_1 & y_2\\ y_2 & y_3\end{pmatrix}$，$\boldsymbol{A}+\boldsymbol{B}=\begin{pmatrix}x_1+y_1 & x_2+y_2\\ x_2+y_2 & x_3+y_3\end{pmatrix}$

$$T(\boldsymbol{A})=\begin{pmatrix}1 & 0\\ 1 & 1\end{pmatrix}\boldsymbol{A}\begin{pmatrix}1 & 1\\ 0 & 1\end{pmatrix}=\begin{pmatrix}1 & 0\\ 1 & 1\end{pmatrix}\begin{pmatrix}x_1 & x_2\\ x_2 & x_3\end{pmatrix}\begin{pmatrix}1 & 1\\ 0 & 1\end{pmatrix}=\begin{pmatrix}x_1 & x_1+x_2\\ x_1+x_2 & x_1+2x_2+x_3\end{pmatrix} \quad ⑥$$

同理可得 $T(\boldsymbol{B})=\begin{pmatrix}y_1 & y_1+y_2\\ y_1+y_2 & y_1+2y_2+y_3\end{pmatrix}$，及 $T(\boldsymbol{A})+T(\boldsymbol{B})$.

$$T(\boldsymbol{A})+T(\boldsymbol{B})=\begin{pmatrix}x_1+y_1 & x_1+x_2+y_1+y_2\\ x_1+x_2+y_1+y_2 & x_1+2x_2+x_3+y_1+2y_2+y_3\end{pmatrix}$$

$$T(\boldsymbol{A}+\boldsymbol{B})=\begin{pmatrix}x_1+y_1 & (x_1+y_1)+(x_2+y_2)\\ (x_1+y_1)+(x_2+y_2) & (x_1+y_1)+2(x_2+y_2)+(x_3+y_3)\end{pmatrix}$$

故

$$T(\boldsymbol{A}+\boldsymbol{B})=T(\boldsymbol{A})+T(\boldsymbol{B}) \quad ⑦$$

$$T(\lambda \boldsymbol{A})=\begin{pmatrix}1&0\\1&1\end{pmatrix}\boldsymbol{A}\begin{pmatrix}1&1\\0&1\end{pmatrix}=\begin{pmatrix}1&0\\1&1\end{pmatrix}\begin{pmatrix}\lambda x_1&\lambda x_2\\\lambda x_2&\lambda x_3\end{pmatrix}\begin{pmatrix}1&1\\0&1\end{pmatrix}$$

$$=\begin{pmatrix}1&0\\1&1\end{pmatrix}\cdot\lambda\cdot\begin{pmatrix}x_1&x_2\\x_2&x_3\end{pmatrix}\begin{pmatrix}1&1\\0&1\end{pmatrix}=\lambda T(\boldsymbol{A}),\text{其中}\lambda\neq 0 \qquad ⑧$$

由式⑦、式⑧可知 T 是线性变换.

由式⑥可得

$$\boldsymbol{A}_1=\begin{pmatrix}1&0\\0&0\end{pmatrix},\boldsymbol{A}_2=\begin{pmatrix}0&1\\1&0\end{pmatrix},\boldsymbol{A}_3=\begin{pmatrix}0&0\\0&1\end{pmatrix}$$

$$T(\boldsymbol{A}_1)=\begin{pmatrix}1&1\\1&1\end{pmatrix}=\boldsymbol{A}_1+\boldsymbol{A}_2+\boldsymbol{A}_3=(\boldsymbol{A}_1,\boldsymbol{A}_2,\boldsymbol{A}_3)\begin{pmatrix}1\\1\\1\end{pmatrix}$$

$$T(\boldsymbol{A}_2)=\begin{pmatrix}0&1\\1&2\end{pmatrix}=\boldsymbol{A}_2+2\boldsymbol{A}_3=(\boldsymbol{A}_1,\boldsymbol{A}_2,\boldsymbol{A}_3)\begin{pmatrix}0\\1\\2\end{pmatrix}$$

$$T(\boldsymbol{A}_3)=\begin{pmatrix}0&0\\0&1\end{pmatrix}=\boldsymbol{A}_3=(\boldsymbol{A}_1,\boldsymbol{A}_2,\boldsymbol{A}_3)\begin{pmatrix}0\\0\\1\end{pmatrix}$$

$$T(\boldsymbol{A}_1,\boldsymbol{A}_2,\boldsymbol{A}_3)=(\boldsymbol{A}_1,\boldsymbol{A}_2,\boldsymbol{A}_3)\begin{pmatrix}1&0&0\\1&1&0\\1&2&1\end{pmatrix}$$

因此 T 在基 $(\boldsymbol{A}_1,\boldsymbol{A}_2,\boldsymbol{A}_3)$ 的矩阵表示为 $\begin{pmatrix}1&0&0\\1&1&0\\1&2&1\end{pmatrix}$.

第六章　相似矩阵及方阵的标准化

第五章简单介绍了相似矩阵的定义和性质，如果能找到任意矩阵 $\boldsymbol{A}$ 的相似对角矩阵 $\boldsymbol{B}$，那么在求 $\boldsymbol{A}^n$ 时则更加简单．另外，如何用相似矩阵的方法将 n 元实二次型函数转化成标准型，这是本章的目标．本章的主要内容涉及矩阵的特征值、特征向量、矩阵对角化、矩阵标准化．

6.1　相似矩阵及方阵标准化的知识体系和基本概念

6.1.1 相似矩阵特征值、特征向量

由相似矩阵的性质可知，n 阶相似矩阵 $\boldsymbol{A},\boldsymbol{B}$ 满足 $\boldsymbol{B}=\boldsymbol{M}^{-1}\boldsymbol{A}\boldsymbol{M}$，它们的行列式值相同，即 $|\boldsymbol{A}|=|\boldsymbol{B}|$，那么如何找到与 $\boldsymbol{A}$ 相似的矩阵 $\boldsymbol{B}$．特别是若 $\boldsymbol{B}$ 矩阵是对角的，$\boldsymbol{A}^n=\boldsymbol{M}\boldsymbol{B}^n\boldsymbol{M}^{-1}$ 计算更方便．找 $\boldsymbol{A}$ 矩阵的相似对角矩阵需要涉及 $\boldsymbol{A}$ 矩阵特征值、特征向量的求解．

1．特征值、特征向量

n 阶矩阵 $\boldsymbol{A}$，若存在数 λ 和非零向量 $\boldsymbol{x}$ 使得 $\boldsymbol{A}\boldsymbol{x}=\lambda\boldsymbol{x}$ 成立，那么 λ 称为矩阵 $\boldsymbol{A}$ 的特征值(特征根)，向量 $\boldsymbol{x}$ 称为 $\boldsymbol{A}$ 对应于特征值 λ 的特征向量．

n 阶矩阵 $\boldsymbol{A}$，若存在数 λ 和非零向量 $\boldsymbol{x}$ 使得 $\boldsymbol{A}\boldsymbol{x}=\lambda\boldsymbol{x}$ 成立，那么 λ 称为矩阵 $\boldsymbol{A}$ 的特征值(特征根)，向量 $\boldsymbol{x}$ 称为 $\boldsymbol{A}$ 对应于特征值 λ 的特征向量，则有

$$\boldsymbol{A}\boldsymbol{x}=\lambda\boldsymbol{x}\Leftrightarrow(\boldsymbol{A}-\lambda\boldsymbol{E})\boldsymbol{x}=\boldsymbol{0}$$

$$\Rightarrow\begin{pmatrix} a_{11}-\lambda & a_{12} & \cdots & a_{1n} \\ a_{21} & a_{22}-\lambda & \cdots & a_{2n} \\ \vdots & \vdots & & \vdots \\ a_{n1} & a_{n2} & \cdots & a_{nn-\lambda} \end{pmatrix}\begin{pmatrix} x_1 \\ x_2 \\ \vdots \\ x_n \end{pmatrix}=\boldsymbol{0} \tag{6.1}$$

方程式(6.1)有非零解(即向量 $\boldsymbol{x}\neq\boldsymbol{0}$)的条件是 $R(\boldsymbol{A}-\lambda\boldsymbol{E})<n$，即

$$|\boldsymbol{A}-\lambda\boldsymbol{E}|=0$$

$$\Rightarrow\begin{vmatrix} a_{11}-\lambda & a_{12} & \cdots & a_{1n} \\ a_{21} & a_{22}-\lambda & \cdots & a_{2n} \\ \vdots & \vdots & & \vdots \\ a_{n1} & a_{n2} & \cdots & a_{nn-\lambda} \end{vmatrix}=0 \tag{6.2}$$

方程(6.2)称作矩阵$\boldsymbol{A}$的特征方程，$f(\lambda)=|\boldsymbol{A}-\lambda\boldsymbol{E}|$是$\lambda$的$n$次多项式，称为$\boldsymbol{A}$矩阵的特征多项式．该特征多项式有$n$个根($k$重根按照重数$k$个计算)即$\lambda_1,\lambda_2,\cdots,\lambda_n$，它们也是特征方程(6.2)的解．特征值所满足性质：

①$\lambda_1+\lambda_2+\cdots+\lambda_n=a_{11}+a_{22}+\cdots+a_{nn}=\operatorname{tr}(\boldsymbol{A})$，其中$\operatorname{tr}(\boldsymbol{A})$称为矩阵$\boldsymbol{A}$的迹，②$\lambda_1\lambda_2\cdots\lambda_n=|\boldsymbol{A}|$，其证明如下：

$$f(\lambda)=|\boldsymbol{A}-\lambda\boldsymbol{E}|=\begin{vmatrix} a_{11}-\lambda & a_{12} & \cdots & a_{1n} \\ a_{21} & a_{22}-\lambda & \cdots & a_{2n} \\ \vdots & \vdots & & \vdots \\ a_{n1} & a_{n2} & \cdots & a_{nn-\lambda} \end{vmatrix} \tag{6.3}$$

$$=|\boldsymbol{A}|\lambda^0+\cdots+(a_{11}+a_{22}+\cdots+a_{nn})(-1)^{n-1}\lambda^{n-1}+(-1)^n\lambda^n$$

特征多项式$f(\lambda)=|\boldsymbol{A}-\lambda\boldsymbol{E}|$的展开式中$\lambda^0$的系数即矩阵行列式$\boldsymbol{A}$的值$|\boldsymbol{A}|$(假设$\lambda=0$，$f(\lambda)=|\boldsymbol{A}|$)，展开式中$\lambda^{n-1}$的系数$(a_{11}+a_{22}+\cdots+a_{nn})(-1)^{n-1}$(只有多项式$(a_{11}-\lambda)(a_{22}-\lambda)\cdots(a_{nn}-\lambda)$存在$\lambda^{n-1}$项，若$(a_{11}-\lambda)$中选$a_{11}$则剩余项$(a_{ii}-\lambda)$只能选择$(-\lambda)$项，故该项为$a_{11}(-\lambda)^{n-1}$，以此类推可求出$\lambda^{n-1}$的系数)．另一方面，$\lambda_1,\lambda_2,\cdots,\lambda_n$是特征多项式$f(\lambda)$的根，那么$f(\lambda)$的表达式为$f(\lambda)=(\lambda_1-\lambda)(\lambda_2-\lambda)\cdots(\lambda_n-\lambda)$，$f(\lambda)$中$\lambda^0$的系数$\lambda_1\lambda_2\cdots\lambda_n$，$\lambda^{n-1}$的系数$(\lambda_1+\lambda_2+\cdots+\lambda_n)(-1)^{n-1}$．因此可推导出①②成立．

2．特征值、特征向量性质

(1) 相似矩阵特征值相同．

其推导如下：$\boldsymbol{A}\sim\boldsymbol{B}$，则$\boldsymbol{B}=\boldsymbol{M}^{-1}\boldsymbol{A}\boldsymbol{M}$，其中$\boldsymbol{M}$可逆，

$$f(\lambda)=|\boldsymbol{B}-\lambda\boldsymbol{E}|=|\boldsymbol{M}^{-1}\boldsymbol{A}\boldsymbol{M}-\lambda\boldsymbol{E}|=|\boldsymbol{M}^{-1}||\boldsymbol{A}-\lambda\boldsymbol{E}||\boldsymbol{M}|=|\boldsymbol{A}-\lambda\boldsymbol{E}|$$

$\boldsymbol{A}$，$\boldsymbol{B}$具有相同的特征多项式，所以它们的特征值相同．

(2) $\boldsymbol{A}\boldsymbol{x}=\lambda\boldsymbol{x}$，$\boldsymbol{A}^2\boldsymbol{x}=\lambda^2\boldsymbol{x}$．

(3) $\boldsymbol{A}\boldsymbol{x}=\lambda\boldsymbol{x}$，且$\boldsymbol{A}$是可逆矩阵，则$\boldsymbol{A}^{-1}\boldsymbol{x}=\lambda^{-1}\boldsymbol{x}$，其推导$\boldsymbol{A}^{-1}(\boldsymbol{A}\boldsymbol{x})=\boldsymbol{A}^{-1}(\lambda\boldsymbol{x})\Rightarrow\boldsymbol{x}=\lambda\boldsymbol{A}^{-1}\boldsymbol{x}$，由于$\boldsymbol{x}\neq\boldsymbol{0}$，所以$\lambda\neq\boldsymbol{0}$，因此$\boldsymbol{A}^{-1}\boldsymbol{x}=\lambda^{-1}\boldsymbol{x}$．

(4) 矩阵$\boldsymbol{A}$不同特征值所对应的特征向量线性无关．

特征值、特征向量性质(3)证明，数学归纳法：

设$\boldsymbol{A}\boldsymbol{x}=\lambda\boldsymbol{x}$，特征值$\lambda_1,\lambda_2,\cdots,\lambda_n$，且$\lambda_i\neq\lambda_j\ (i,j=1,2,\cdots,n)$特征值互不相等，它们所对应的特征向量为$\boldsymbol{x}_1,\boldsymbol{x}_2,\cdots,\boldsymbol{x}_n$，当$n=1$时，只有一个向量$\boldsymbol{x}_1$线性无关．当$n>1$时，假设$n-1$个特征向量$\boldsymbol{x}_1,\boldsymbol{x}_2,\cdots,\boldsymbol{x}_{n-1}$线性无关，则存在一组数使得

$k_1\boldsymbol{x}_1+k_2\boldsymbol{x}_2+\cdots+k_n\boldsymbol{x}_n=\boldsymbol{0}$，用 $\boldsymbol{A}$ 乘以等式，则 $k_1\boldsymbol{A}\boldsymbol{x}_1+k_2\boldsymbol{A}\boldsymbol{x}_2+\cdots+k_n\boldsymbol{A}\boldsymbol{x}_n=\boldsymbol{0}$，由于 $\boldsymbol{A}\boldsymbol{x}_i=\lambda_i\boldsymbol{x}_i$ 成立，将其代入可得 $k_1\lambda_1\boldsymbol{x}_1+k_2\lambda_2\boldsymbol{x}_2+\cdots+k_n\lambda_n\boldsymbol{x}_n=\boldsymbol{0}$．该式与 $k_1\boldsymbol{x}_1+k_2\boldsymbol{x}_2+\cdots+k_n\boldsymbol{x}_n=\boldsymbol{0}$ 做差可得

$$k_1\lambda_1\boldsymbol{x}_1+k_2\lambda_2\boldsymbol{x}_2+\cdots+k_n\lambda_n\boldsymbol{x}_n-\lambda_n\left(k_1\boldsymbol{x}_1+k_2\boldsymbol{x}_2+\cdots+k_n\boldsymbol{x}_n\right)=\boldsymbol{0}$$
$$\Rightarrow k_1\left(\lambda_1-\lambda_n\right)\boldsymbol{x}_1+k_2\left(\lambda_2-\lambda_n\right)\boldsymbol{x}_2+\cdots+k_{n-1}\left(\lambda_{n-1}-\lambda_n\right)\boldsymbol{x}_{n-1}=\boldsymbol{0}$$

由于 $\lambda_1,\lambda_2,\cdots,\lambda_n$，互不相同，所以 $k_1=k_2=\cdots=k_{n-1}=0$，代入 $k_1\boldsymbol{x}_1+k_2\boldsymbol{x}_2+\cdots+k_n\boldsymbol{x}_n=\boldsymbol{0}$，则 $k_n=0$，即所有系数全为零，所以 $\boldsymbol{x}_1,\boldsymbol{x}_2,\cdots,\boldsymbol{x}_n$ 线性无关.

6.1.2 方阵对角化的概念

由上述可知，相似矩阵的特征值相同，特征多项式也相同．设 $\lambda_1,\lambda_2,\cdots,\lambda_n$ 是 n 阶方阵 $\boldsymbol{A}$ 的特征值，若存在可逆矩阵 $\boldsymbol{M}$ 使得

$$\boldsymbol{M}^{-1}\boldsymbol{A}\boldsymbol{M}=\begin{pmatrix}\lambda_1 & & & \\ & \lambda_2 & & \\ & & \ddots & \\ & & & \lambda_n\end{pmatrix}$$

成立，$\boldsymbol{M}^{-1}\boldsymbol{A}\boldsymbol{M}$ 为对角矩阵，此过程称为矩阵的对角化．设 $\boldsymbol{x}_1,\boldsymbol{x}_2,\cdots,\boldsymbol{x}_n$ 是 $\boldsymbol{A}$ 的 n 个线性无关的特征向量，且满足 $\boldsymbol{A}\boldsymbol{x}_i=\lambda_i\boldsymbol{x}_i\left(i=1,2,\cdots,n\right)$，则 $\boldsymbol{M}=\left(\boldsymbol{x}_1,\boldsymbol{x}_2,\cdots,\boldsymbol{x}_n\right)$，其矩阵表示为

$$\boldsymbol{A}\boldsymbol{M}=\boldsymbol{A}\left(\boldsymbol{x}_1,\boldsymbol{x}_2,\cdots,\boldsymbol{x}_n\right)=\left(\boldsymbol{x}_1,\boldsymbol{x}_2,\cdots,\boldsymbol{x}_n\right)\begin{pmatrix}\lambda_1 & & & \\ & \lambda_2 & & \\ & & \ddots & \\ & & & \lambda_n\end{pmatrix}=\boldsymbol{M}\begin{pmatrix}\lambda_1 & & & \\ & \lambda_2 & & \\ & & \ddots & \\ & & & \lambda_n\end{pmatrix} \tag{6.4}$$

$$\Rightarrow \boldsymbol{M}^{-1}\boldsymbol{A}\boldsymbol{M}=\begin{pmatrix}\lambda_1 & & & \\ & \lambda_2 & & \\ & & \ddots & \\ & & & \lambda_n\end{pmatrix}$$

从式(6.4)可以看出，矩阵 $\boldsymbol{A}$ 对角化时，$\boldsymbol{M}$ 中特征向量 $\boldsymbol{x}_1,\boldsymbol{x}_2,\cdots,\boldsymbol{x}_n$ 排列顺序决定了对角矩阵中特征值的顺序，且 $\boldsymbol{M}$ 不是唯一的.

1．矩阵对角化条件

(1) n 阶方阵 $\boldsymbol{A}$ 与对角矩阵相似($\boldsymbol{A}$ 可以对角化)的充要条件是矩阵 $\boldsymbol{A}$ 存在 n 个线性无关的特征向量 $\boldsymbol{x}_1,\boldsymbol{x}_2,\cdots,\boldsymbol{x}_n$.

(2) 若 n 阶方阵 $\boldsymbol{A}$ 的特征值 $\lambda_1,\lambda_2,\cdots,\lambda_n$，互不相同，则矩阵 $\boldsymbol{A}$ 与对角矩阵相似．这是由于特征值 $\lambda_1,\lambda_2,\cdots,\lambda_n$ 不同，则特征向量不同，故可以构成 n 个线性无关的向量．

(3) 重根情况下，n 阶方阵 $\boldsymbol{A}$ 相似于对角矩阵($\boldsymbol{A}$ 可以对角化)充要条件对应每一个 k 重根 λ 能找到 k 个线性无关的特征向量，即 $R\left(\boldsymbol{A}-\lambda\boldsymbol{E}\right)=n-k$．这是由于若 $\boldsymbol{R}\left(\boldsymbol{A}-\lambda\boldsymbol{E}\right)=n-k$，则 $\left(\boldsymbol{A}-\lambda\boldsymbol{E}\right)\boldsymbol{x}=\boldsymbol{0}$ 能找到 k 个线性无关的基础解析，因此能找到 n 个线性无关的特征向量．

2．对称矩阵

对称矩阵 $\left(\boldsymbol{A}=\boldsymbol{A}^{\mathrm{T}}，\boldsymbol{A}\boldsymbol{x}_i=\lambda_i\boldsymbol{x}_i\left(i=1,2,\cdots,n\right)\right)$ 的性质：

(1) 对称矩阵的特征值 λ_i (特征根)为实数；

(2) 不同特征值 λ_i 所对应的特征向量 $\boldsymbol{x}_i$ 正交，即 $\left\langle\boldsymbol{x}_i\mid\boldsymbol{x}_j\right\rangle=0\left(i\neq j\right)$．

(3) n 阶对称矩阵必有正交矩阵 $\boldsymbol{P}$ 使得 $\boldsymbol{A}$ 对角化．

性质证明如下：

(1) $\overline{\boldsymbol{x}}$ 表示向量 $\boldsymbol{x}$ 的复共轭，$\overline{\lambda}$ 表示 λ 的共轭复数，$\overline{\boldsymbol{x}}^{\mathrm{T}}\boldsymbol{A}\boldsymbol{x}=\overline{\boldsymbol{x}}^{\mathrm{T}}\lambda\boldsymbol{x}=\lambda\overline{\boldsymbol{x}}^{\mathrm{T}}\boldsymbol{x}$，及 $\overline{\boldsymbol{x}}^{\mathrm{T}}\boldsymbol{A}\boldsymbol{x}=\left(\overline{\boldsymbol{x}}^{\mathrm{T}}\boldsymbol{A}^{\mathrm{T}}\right)\boldsymbol{x}=\left(\boldsymbol{A}\overline{\boldsymbol{x}}\right)^{\mathrm{T}}\boldsymbol{x}=\overline{\lambda}\,\overline{\boldsymbol{x}}^{\mathrm{T}}\boldsymbol{x}$，两式相同且 $\boldsymbol{x}\neq\boldsymbol{0}$，所以 $\lambda=\overline{\lambda}$，所以 λ 为实数．

(2) $\boldsymbol{A}\boldsymbol{x}_1=\lambda_1\boldsymbol{x}_1,\boldsymbol{A}\boldsymbol{x}_2=\lambda_2\boldsymbol{x}_2$，$\lambda_1\boldsymbol{x}_1^{\mathrm{T}}=\left(\lambda_1\boldsymbol{x}_1\right)^{\mathrm{T}}=\left(\boldsymbol{A}\boldsymbol{x}_1\right)^{\mathrm{T}}=\boldsymbol{x}_1^{\mathrm{T}}\boldsymbol{A}^{\mathrm{T}}$，于是

$$\lambda_1\boldsymbol{x}_1^{\mathrm{T}}\boldsymbol{x}_2=\left(\lambda_1\boldsymbol{x}_1\right)^{\mathrm{T}}\boldsymbol{x}_2=\left(\boldsymbol{A}\boldsymbol{x}_1\right)^{\mathrm{T}}\boldsymbol{x}_2=\boldsymbol{x}_1^{\mathrm{T}}\boldsymbol{A}^{\mathrm{T}}\boldsymbol{x}_2=\boldsymbol{x}_1^{\mathrm{T}}\boldsymbol{A}\boldsymbol{x}_2=\boldsymbol{x}_1^{\mathrm{T}}\lambda_2\boldsymbol{x}_2=\lambda_1\boldsymbol{x}_1^{\mathrm{T}}\boldsymbol{x}_2$$

$$\Rightarrow\left(\lambda_1-\lambda_2\right)\boldsymbol{x}_1^{\mathrm{T}}\boldsymbol{x}_2=0,$$

因 $\lambda_1\neq\lambda_2$，故 $\boldsymbol{x}_1^{\mathrm{T}}\boldsymbol{x}_2=0$，即不同特征值所对应的特征向量正交．

(3) $\left(\boldsymbol{A}-\lambda\boldsymbol{E}\right)\boldsymbol{x}=\boldsymbol{0}$，$\boldsymbol{A}$ 与对角矩阵 $\boldsymbol{\varLambda}$ 相似(即 $\boldsymbol{A}\sim\boldsymbol{\varLambda}$)，由相似矩阵的性质可得，它们有相同的特征值和特征向量．$\left(\boldsymbol{A}-\lambda\boldsymbol{E}\right)\sim\left(\boldsymbol{\varLambda}-\lambda\boldsymbol{E}\right)$，当 λ 是 $\boldsymbol{A}$ 的 k 重特征值时，$R\left(\boldsymbol{A}-\lambda\boldsymbol{E}\right)=R\left(\boldsymbol{\varLambda}-\lambda\boldsymbol{E}\right)=n-k$，方程 $\left(\boldsymbol{A}-\lambda\boldsymbol{E}\right)\boldsymbol{x}=\boldsymbol{0}$ 有 k 个线性无关的特征向量，故 $\left(\boldsymbol{A}-\lambda\boldsymbol{E}\right)\boldsymbol{x}=\boldsymbol{0}$ 能找出 n 个线性无关的特征向量，因此 $\boldsymbol{A}$ 必有正交矩阵 $\boldsymbol{P}$ 使得 $\boldsymbol{P}^{-1}\boldsymbol{A}\boldsymbol{P}=\boldsymbol{\varLambda}$．

3．对称矩阵 A 对角化步骤

(1) $\boldsymbol{A}\boldsymbol{x}_i=\lambda_i\boldsymbol{x}_i\left(i=1,2,\cdots,n\right)$ 找出对角矩阵 $\boldsymbol{A}$ 全部的特征值和特征向量；

(2) 若 λ_i 是重根，则求 $\boldsymbol{A}\boldsymbol{x}_i=\lambda_i\boldsymbol{x}_i$ 的基础解系 $\boldsymbol{x}_i$；并将 $\boldsymbol{x}_i$ 施密特正交化，进而归一化；

(3) 经过前两步可得到 n 个两两正交的单位特征向量；

(4) 把这 n 个两两正交的向量构成正交矩阵 $\boldsymbol{P}$，则 $\boldsymbol{P}^{-1}\boldsymbol{A}\boldsymbol{P}=\boldsymbol{\Lambda}$，$\boldsymbol{\Lambda}$ 是对称矩阵 $\boldsymbol{A}$ 的对角矩阵，对角矩阵 $\boldsymbol{\Lambda}$ 元素(即 $\boldsymbol{A}$ 的特征值)的排列顺序与 $\boldsymbol{P}$ 中特征向量的排列顺序一致.

6.1.3 方阵标准化的概念

解析几何中二次曲线 $ax^2+bxy+cy^2=1$，选取适当的坐标变换 $x=x'\cos\theta-y'\sin\theta$，$y=x'\sin\theta+y'\cos\theta$，则方程可转化成标准形式 $mx'^2+ny'^2=1$. 类似可以将 n 个变量的二次函数转化成标准型.

1．n 元二次型函数

$$\begin{aligned}f\left(x_1,x_2,\cdots,x_n\right)=&a_{11}x_1^2+a_{22}x_2^2+\cdots a_{nn}x_n^2+\\&2a_{12}x_1x_2+2a_{13}x_1x_3+\cdots+2a_{n-1,n}x_{n-1}x_n\end{aligned}\tag{6.5}$$

将交叉项拆分，$2a_{ij}x_ix_j=a_{ij}x_ix_j+a_{ji}x_ix_j\left(i<j\right)$，此时 $a_{ij}=a_{ji}$. 式(6.5)可以转换成

$$f\left(x_1,x_2,\cdots,x_n\right)=\left(x_1,x_2,\cdots,x_n\right)\begin{pmatrix}a_{11}&a_{12}&\cdots&a_{1n}\\a_{21}&a_{22}&\cdots&a_{2n}\\\vdots&\vdots&&\vdots\\a_{n1}&a_{n2}&\cdots&a_{nn}\end{pmatrix}\begin{pmatrix}x_1\\x_2\\\vdots\\x_n\end{pmatrix}=\boldsymbol{X}^{\mathrm{T}}\boldsymbol{A}\boldsymbol{X}\tag{6.6}$$

$f\left(x_1,x_2,\cdots,x_n\right)$ 称为矩阵 $\boldsymbol{A}$ 的二次型，由于 $a_{ij}=a_{ji}$，所以 $\boldsymbol{A}=\boldsymbol{A}^{\mathrm{T}}$，$\boldsymbol{A}$ 是个对称矩阵. 本章只讨论实二次型(a_{ij} 为实数)，对称矩阵 $\boldsymbol{A}$ 称为二次型 f 的矩阵，$\boldsymbol{A}$ 的秩称作二次型 f 的秩. 由对称矩阵的性质可知，$\boldsymbol{A}$ 必存在可逆矩阵 $\boldsymbol{C}$，并且 $\boldsymbol{C}$ 是正交矩阵($\boldsymbol{C}^{\mathrm{T}}\boldsymbol{C}=\boldsymbol{E}$)，它满足 $\boldsymbol{X}=\boldsymbol{C}\boldsymbol{Y}$，将其代入式(6.6)，$f\left(x_1,x_2,\cdots,x_n\right)=\left(\boldsymbol{C}\boldsymbol{Y}\right)^{\mathrm{T}}\boldsymbol{A}\left(\boldsymbol{C}\boldsymbol{Y}\right)=\boldsymbol{Y}^{\mathrm{T}}\left(\boldsymbol{C}^{\mathrm{T}}\boldsymbol{A}\boldsymbol{C}\right)\boldsymbol{Y}$，设 $\boldsymbol{B}=\boldsymbol{C}^{\mathrm{T}}\boldsymbol{A}\boldsymbol{C}$，此时称 $\boldsymbol{A}$ 与 $\boldsymbol{B}$ 合同(它们是合同矩阵). 正交矩阵 $\boldsymbol{C}$ 的求解方法：

(1) 正交变换法：参照对称矩阵对角化步骤.

(2) 配方法.

(3) 合同变换法：依据设 $\boldsymbol{C}=\boldsymbol{F}_1\boldsymbol{F}_2\cdots\boldsymbol{F}_n$，$\boldsymbol{C}^{\mathrm{T}}=\boldsymbol{F}_n^{\mathrm{T}}\boldsymbol{F}_{n-1}^{\mathrm{T}}\cdots\boldsymbol{F}_1^{\mathrm{T}}$，

$\boldsymbol{C}^{\mathrm{T}}\boldsymbol{AC}=\boldsymbol{\Lambda}$(对角矩阵)，根据矩阵的初等变换可知 $\boldsymbol{C}^{\mathrm{T}}\boldsymbol{A}$ 是对矩阵 $\boldsymbol{A}$ 的行操作，而 $\boldsymbol{AC}$ 是对矩阵 $\boldsymbol{A}$ 进行列操作，由于 $\boldsymbol{A}$、$\boldsymbol{\Lambda}$ 都是对称矩阵，所以对 $\boldsymbol{A}$ 的初等行与列的变换也应该是相同的，而对于扩展矩阵中的单位矩阵而言只需要列操作即可(扩展矩阵的每一列代表一个等式)，即

$$\begin{pmatrix}\boldsymbol{A}\\ \boldsymbol{E}\end{pmatrix}\xrightarrow[\boldsymbol{F}_1\boldsymbol{F}_2\cdots\boldsymbol{F}_n]{\boldsymbol{F}_n^{\mathrm{T}}\boldsymbol{F}_{n-1}^{\mathrm{T}}\cdots\boldsymbol{F}_1^{\mathrm{T}}\boldsymbol{A}\boldsymbol{F}_1\boldsymbol{F}_2\cdots\boldsymbol{F}_n}\begin{pmatrix}\boldsymbol{\Lambda}\\ \boldsymbol{C}\end{pmatrix}.$$

这三种方法在 6.2.3 节的习题中有详细讨论.

若 $f(x_1,x_2,\cdots,x_n)$ 能化简成

$$f(y_1,y_2,\cdots,y_n)=(y_1,y_2,\cdots,y_n)\begin{pmatrix}d_1&&&\\&d_2&&\\&&\ddots&\\&&&d_n\end{pmatrix}\begin{pmatrix}y_1\\y_2\\\vdots\\y_n\end{pmatrix}=\boldsymbol{Y}^{\mathrm{T}}\boldsymbol{DY} \tag{6.7}$$

$$=d_1y_1^2+d_2y_2^2+\cdots+d_ny_n^2$$

像式(6.7)这样只含有二次方的二次型，称为标准型，这个定理称作惯性定理，$d_1,d_2,\cdots,d_n$ 中正数的个数称为正惯性指数，负数的个数称作负惯性指数．任一 n 元二次型 f，总有正交变换 $\boldsymbol{X}=\boldsymbol{pY}$ （$\boldsymbol{p}^{\mathrm{T}}\boldsymbol{p}=\boldsymbol{E}$，$\boldsymbol{p}$ 为正交矩阵)，使得 f 变换成标准型，其中 $d_1,d_2,\cdots,d_n$ 是矩阵 $\boldsymbol{A}$ 的特征值．构造正交 $\boldsymbol{p}$ 的方法与对称矩阵对角化时的正交矩阵一样.

2．二次型分类

(1) 正定二次型：对于任意 $\boldsymbol{X}\neq\boldsymbol{0}$，都有 $\boldsymbol{X}^{\mathrm{T}}\boldsymbol{AX}>0$，判定方法：
1) $\boldsymbol{A}$ 的特征值全是正值；
2) $\boldsymbol{A}$ 矩阵左上角的各阶子式(顺序主子式)都大于零；3)正惯性指数为 n；
(2) 负定二次型：对于任意 $\boldsymbol{X}\neq\boldsymbol{0}$，都有 $\boldsymbol{X}^{\mathrm{T}}\boldsymbol{AX}<0$，判定方法：
1) $\boldsymbol{A}$ 矩阵左上角的奇数阶顺序主子式都小于零，且偶数阶顺序主子式都大于零；
2) 负惯性指数为 n.

6.2 相似矩阵对角化及方阵对角化和标准化的典型习题分析

6.2.1 相似矩阵求值的典型习题分析

习题 1(同济大学数学系编《线性代数(第六版)》第二章例 14) $\boldsymbol{p}=\begin{pmatrix}1&2\\1&4\end{pmatrix}$，

$\boldsymbol{\Lambda}=\begin{pmatrix}1&0\\0&2\end{pmatrix}$，且 $\boldsymbol{p\Lambda}=\boldsymbol{Ap}$，求 $\boldsymbol{A}^n$.

解： $\boldsymbol{p\Lambda}=\boldsymbol{Ap}$，该形式与相似矩阵形式很相似，若 $\boldsymbol{p}$ 可逆，则 $\boldsymbol{p\Lambda p}^{-1}=\boldsymbol{A}$，$\boldsymbol{\Lambda},\boldsymbol{A}$ 相似，即 $\boldsymbol{\Lambda}\sim\boldsymbol{A}$，并且 $\boldsymbol{\Lambda}$ 是对角矩阵，所以 $\boldsymbol{A}^n$ 可转换成 $\boldsymbol{\Lambda}^n$ 计算，这样更方便，所以我们首先要确保 $\boldsymbol{p}$ 可逆，并求出 $\boldsymbol{p}$ 的逆矩阵 $\boldsymbol{p}^{-1}$.

$$\boldsymbol{p}=\begin{pmatrix}1&2\\1&4\end{pmatrix}\Rightarrow|\boldsymbol{p}|=\begin{vmatrix}1&2\\1&4\end{vmatrix}=4-2=2\Rightarrow\boldsymbol{p}^{-1}=\frac{\boldsymbol{p}^*}{|\boldsymbol{p}|}=\frac{1}{2}\begin{pmatrix}\boldsymbol{A}_{11}&\boldsymbol{A}_{21}\\\boldsymbol{A}_{12}&\boldsymbol{A}_{22}\end{pmatrix}=\frac{1}{2}\begin{pmatrix}4&-2\\-1&1\end{pmatrix}$$

$|\boldsymbol{p}|\neq0$，所以 $\boldsymbol{p}$ 可逆，由于 $\boldsymbol{p}$ 是二阶矩阵，用伴随矩阵法易求出其逆矩阵 $\boldsymbol{p}^{-1}$.

$$\boldsymbol{A}=\boldsymbol{p\Lambda p}^{-1},\boldsymbol{A}^2=\boldsymbol{p\Lambda p}^{-1}\cdot\boldsymbol{p\Lambda p}^{-1}=\boldsymbol{p\Lambda}\left(\boldsymbol{p}^{-1}\cdot\boldsymbol{p}\right)\boldsymbol{\Lambda p}^{-1}=\boldsymbol{p\Lambda E\Lambda p}^{-1}=\boldsymbol{p\Lambda}^2\boldsymbol{p}^{-1}$$

$$\boldsymbol{A}^n=\underbrace{\boldsymbol{p\Lambda p}^{-1}\cdots\boldsymbol{p\Lambda p}^{-1}}_{n}=\boldsymbol{p}\underbrace{\boldsymbol{\Lambda p}^{-1}\boldsymbol{p}\cdots\boldsymbol{\Lambda p}^{-1}\boldsymbol{p}}_{n-1}\boldsymbol{\Lambda p}^{-1}=\boldsymbol{p}\underbrace{\boldsymbol{\Lambda E}\cdots\boldsymbol{\Lambda E}}_{n-1}\boldsymbol{\Lambda p}^{-1}=\boldsymbol{p\Lambda}^n\boldsymbol{p}^{-1}$$

$$\boldsymbol{\Lambda}^n=\begin{pmatrix}1^n&0\\0&2^n\end{pmatrix},\ \boldsymbol{A}^n=\boldsymbol{p\Lambda}^n\boldsymbol{p}^{-1}=\begin{pmatrix}1&2\\1&4\end{pmatrix}\begin{pmatrix}1^n&0\\0&2^n\end{pmatrix}\frac{1}{2}\begin{pmatrix}4&-2\\-1&1\end{pmatrix}=\begin{pmatrix}2-2^n&2^n-1\\2-2^{n+1}&2^{n+1}-1\end{pmatrix}$$

习题 2(同济大学数学系编《线性代数(第六版)》第二章习题 22) $\boldsymbol{p\Lambda}=\boldsymbol{Ap}$，

其中 $\boldsymbol{p}=\begin{pmatrix}1&1&1\\1&0&-2\\1&-1&1\end{pmatrix}$，$\boldsymbol{\Lambda}=\begin{pmatrix}-1&&\\&1&\\&&5\end{pmatrix}$，求 $\varphi(\boldsymbol{A})=\boldsymbol{A}^8\left(5\boldsymbol{E}-6\boldsymbol{A}+\boldsymbol{A}^2\right)$.

解： 此题与习题 1 相似，涉及 $\boldsymbol{A}^n$ 求解，所以与习题 1 方法相似. $|\boldsymbol{p}|=-6$，

$\boldsymbol{p\Lambda p}^{-1}=\boldsymbol{A}$，$\boldsymbol{\Lambda},\boldsymbol{A}$相似，则有

$$\varphi(\boldsymbol{A})=\boldsymbol{p}\varphi(\boldsymbol{\Lambda})\boldsymbol{p}^{-1}，\varphi(\boldsymbol{\Lambda})=\begin{pmatrix}12&&\\&0&\\&&0\end{pmatrix}$$

$$\varphi(\boldsymbol{A})=\boldsymbol{p}\varphi(\boldsymbol{\Lambda})\boldsymbol{p}^{-1}=\begin{pmatrix}1&1&1\\1&0&-2\\1&-1&1\end{pmatrix}\begin{pmatrix}12&&\\&0&\\&&0\end{pmatrix}\left(-\frac{\boldsymbol{p}^*}{6}\right)$$

由于$\varphi(\boldsymbol{\Lambda})$只有(1，1)元素不为零，其余均为零，所以$\boldsymbol{p}$的伴随矩阵$\boldsymbol{p}^*$只需计算其第一行的元素$A_{11},A_{21},A_{31}$即可．其中$A_{11}=-2$，$A_{21}=-2$，$A_{31}=-2$．

$$\begin{aligned}\varphi(\boldsymbol{A})&=\begin{pmatrix}1&1&1\\1&0&-2\\1&-1&1\end{pmatrix}\begin{pmatrix}12&&\\&0&\\&&0\end{pmatrix}\left(-\frac{1}{6}\right)\begin{pmatrix}-2&-2&-2\\ *&*&*\\ *&*&*\end{pmatrix}\\&=\begin{pmatrix}12&0&0\\12&0&0\\12&0&0\end{pmatrix}\left(-\frac{1}{6}\right)\begin{pmatrix}-2&-2&-2\\ *&*&*\\ *&*&*\end{pmatrix}=(-2)\begin{pmatrix}1&0&0\\1&0&0\\1&0&0\end{pmatrix}\begin{pmatrix}-2&-2&-2\\ *&*&*\\ *&*&*\end{pmatrix}\\&=4\begin{pmatrix}1&1&1\\1&1&1\\1&1&1\end{pmatrix}\end{aligned}$$

习题 3(同济大学数学系编《线性代数(第六版)》第五章例 8)　(1)设 3 阶方阵$\boldsymbol{A}$的特征值为$\lambda_1=1,\lambda_2=-1,\lambda_3=2$，求$\varphi(\boldsymbol{A})=\boldsymbol{A}^*+3\boldsymbol{A}-2\boldsymbol{E}$的特征值．(2) 3 阶方阵$\boldsymbol{A}$其秩$R(\boldsymbol{A})=2$，且满足$\boldsymbol{A}^3+2\boldsymbol{A}^2=\boldsymbol{0}$，求$\boldsymbol{A}$的全部特征值．(3) 正交矩阵$\boldsymbol{A}$，且$|\boldsymbol{A}|=-1$，则$\lambda=-1$是$\boldsymbol{A}$的特征值．

解：(1) $|\boldsymbol{A}|=\lambda_1\lambda_2\lambda_3=-2\neq0$，所以$\boldsymbol{A}$可逆，$\boldsymbol{A}^*=|\boldsymbol{A}|\boldsymbol{A}^*$．

$\varphi(\boldsymbol{A})=-2\boldsymbol{A}^{-1}+3\boldsymbol{A}-2\boldsymbol{E}$，其特征值$\varphi(\lambda)=-2\lambda^{-1}+3\lambda-2$，$\varphi(1)=-1$，$\varphi(-1)=-3$，$\varphi(2)=3$．

(2) 设λ是矩阵$\boldsymbol{A}$的特征值，$\boldsymbol{A}^3+2\boldsymbol{A}^2=\boldsymbol{0}\Rightarrow\lambda^3+2\lambda^2=0\Rightarrow\lambda=0$或$-2$，那么与$\boldsymbol{A}$相似的对角矩阵可能有

$$\boldsymbol{\Lambda}_1=\begin{pmatrix}0&&\\&-2&\\&&-2\end{pmatrix}，\boldsymbol{\Lambda}_2=\begin{pmatrix}0&&\\&0&\\&&-2\end{pmatrix}$$

$R(A_1)=2$ 符合条件，$R(A_2)=1$ 不符合条件，所以 $\boldsymbol{A}$ 的全部特征值为 0，−2，−2.

(3) 要证明 $\lambda=-1$ 是矩阵 $\boldsymbol{A}$ 的特征值，即证明 $|\boldsymbol{A}-\lambda\boldsymbol{E}|=|\boldsymbol{A}+\boldsymbol{E}|=0$．正交矩阵满足：

$$\boldsymbol{A}\cdot\boldsymbol{A}^{\mathrm{T}}=\boldsymbol{E}$$

$$|\boldsymbol{A}+\boldsymbol{E}|=|\boldsymbol{A}+\boldsymbol{A}\boldsymbol{A}^{\mathrm{T}}|=|(\boldsymbol{E}+\boldsymbol{A}^{\mathrm{T}})\boldsymbol{A}|=|(\boldsymbol{E}+\boldsymbol{A}^{\mathrm{T}})||\boldsymbol{A}|=-|(\boldsymbol{E}+\boldsymbol{A})^{\mathrm{T}}|=-|(\boldsymbol{E}+\boldsymbol{A})|$$

即

$$|\boldsymbol{A}+\boldsymbol{E}|=-|(\boldsymbol{E}+\boldsymbol{A})|\Rightarrow|\boldsymbol{A}+\boldsymbol{E}|=0$$

习题 4(同济大学数学系编《线性代数(第六版)》第 5 章例 11)　(1)选择适当的 x 值使得矩阵 $\boldsymbol{A}=\begin{pmatrix}0&0&1\\1&1&x\\1&0&0\end{pmatrix}$ 对角化；(2)判断 $\boldsymbol{B}=\begin{pmatrix}2&0&0\\1&1&0\\1&1&1\end{pmatrix}$ 是否能对角化.

解： n 阶矩阵 $\boldsymbol{A}$，$\boldsymbol{B}$ 能否对角化，即能否找出 n 个线性无关的特征向量.

(1) $|\boldsymbol{A}-\lambda\boldsymbol{E}|=\begin{vmatrix}-\lambda&0&1\\1&1-\lambda&x\\1&0&-\lambda\end{vmatrix}=-(\lambda-1)^2(\lambda+1)$，得 $\lambda_1=-1,\lambda_2=\lambda_3=1$．

当 $\lambda_1=-1$(单根)时，$R(\boldsymbol{A}+\boldsymbol{E})=2$ 有一个线性无关的特征向量.

当 $\lambda_2=\lambda_3=1$ 时，需要有两个线性无关的特征向量，

$$\boldsymbol{A}-\boldsymbol{E}=\begin{pmatrix}-1&0&1\\1&0&x\\1&0&-1\end{pmatrix}\xrightarrow{\text{初等行变换}}\begin{pmatrix}-1&0&1\\0&0&x+1\\0&0&0\end{pmatrix}$$

故 $R(\boldsymbol{A}-\boldsymbol{E})=1$，$x=-1$，即 $x=-1$，矩阵 $\boldsymbol{A}$ 能对角化.

(2) $|\boldsymbol{B}-\lambda\boldsymbol{E}|=\begin{vmatrix}2-\lambda&0&0\\1&1-\lambda&0\\1&1&1-\lambda\end{vmatrix}=(1-\lambda)^2(2-\lambda)$，得 $\lambda_1=2,\lambda_2=\lambda_3=1$．

当 $\lambda_1=2$(单根)时，$R(\boldsymbol{B}-2\boldsymbol{E})=2$，有一个线性无关的特征向量.

当 $\lambda_2=\lambda_3=1$ 时，有两个线性无关的特征向量，即

$$\boldsymbol{B}-\boldsymbol{E}=\begin{pmatrix}1&0&0\\1&0&0\\1&1&0\end{pmatrix}\xrightarrow{\text{初等行变换}}\begin{pmatrix}1&0&0\\0&1&0\\0&0&0\end{pmatrix}$$

故 $R(\boldsymbol{B}-\boldsymbol{E})=2$，特征值为 $\lambda_2=\lambda_3=1$，只有一个特征向量，所以矩阵不能对角化.

6.2.2 方阵对角化典型习题分析

习题 5　将矩阵 $\boldsymbol{A}$ 对角化，$\boldsymbol{A}=\begin{pmatrix}2&3&4\\0&-6&8\\0&8&6\end{pmatrix}$，求 $\boldsymbol{A}^n$.

解：$|\boldsymbol{A}-\lambda\boldsymbol{E}|=\begin{vmatrix}2-\lambda&3&4\\0&-6-\lambda&8\\0&8&6-\lambda\end{vmatrix}=-(\lambda-2)(\lambda+10)(\lambda-10)$

可以看出，$\boldsymbol{A}$ 的特征值各不相同，且 $\lambda_1=2,\lambda_2=10,\lambda_3=-10$. 将特征值 λ 代入 $(\boldsymbol{A}-\lambda\boldsymbol{E})\boldsymbol{x}=\boldsymbol{0}$，求得特征向量.

当 $\lambda_1=2$ 时，有

$$\boldsymbol{A}-2\boldsymbol{E}=\begin{pmatrix}0&3&4\\0&-8&8\\0&8&4\end{pmatrix}\xrightarrow{\text{初等变换}}\begin{pmatrix}0&1&0\\0&0&1\\0&0&0\end{pmatrix}，解得\ \boldsymbol{x}_1=\begin{pmatrix}1\\0\\0\end{pmatrix}$$

当 $\lambda_2=10$ 时，有

$$\boldsymbol{A}-10\boldsymbol{E}=\begin{pmatrix}-8&3&4\\0&-16&8\\0&8&-4\end{pmatrix}\xrightarrow{\text{初等变换}}\begin{pmatrix}-8&3&4\\0&2&-1\\0&0&0\end{pmatrix}，解得\ \boldsymbol{x}_2=\begin{pmatrix}11/8\\1\\2\end{pmatrix}$$

当 $\lambda_3=-10$ 时，有

$$\boldsymbol{A}+10\boldsymbol{E}=\begin{pmatrix}12&3&4\\0&4&8\\0&8&16\end{pmatrix}\xrightarrow{\text{初等变换}}\begin{pmatrix}12&3&4\\0&1&2\\0&0&0\end{pmatrix}，解得\ \boldsymbol{x}_3=\begin{pmatrix}1/6\\-2\\1\end{pmatrix}$$

设 $\boldsymbol{M}=\begin{pmatrix}1&11/8&1/6\\0&1&-2\\0&2&1\end{pmatrix}$，则 $\boldsymbol{M}^{-1}\boldsymbol{A}\boldsymbol{M}=\begin{pmatrix}2&&\\&10&\\&&-10\end{pmatrix}$.

$$A^n = M\underbrace{M^{-1}AMM^{-1}AMM^{-1}AM}_{n}M^{-1}$$

$$=\begin{pmatrix}1 & 11/8 & 1/6\\0 & 1 & -2\\0 & 2 & 1\end{pmatrix}\begin{pmatrix}2 & & \\ & 10 & \\ & & -10\end{pmatrix}^n\begin{pmatrix}1 & 11/8 & 1/6\\0 & 1 & -2\\0 & 2 & 1\end{pmatrix}^{-1}$$

$$=\begin{pmatrix}1 & 11/8 & 1/6\\0 & 1 & -2\\0 & 2 & 1\end{pmatrix}\begin{pmatrix}2^n & & \\ & 10^n & \\ & & (-10)^n\end{pmatrix}\begin{pmatrix}1 & 11/8 & 1/6\\0 & 1 & -2\\0 & 2 & 1\end{pmatrix}^{-1}$$

从本题解题过程中可以看出，①$\boldsymbol{A}$ 的特征值不同，特征向量线性无关，$\boldsymbol{M}$ 线性无关，$\boldsymbol{M}$ 逆矩阵 $\boldsymbol{M}^{-1}$ 存在；②$\boldsymbol{M}$ 中特征向量的排列方式为 $\boldsymbol{M}=(\boldsymbol{x}_1,\boldsymbol{x}_2,\boldsymbol{x}_3)$，特征向量的排列顺序与对角化矩阵 $\boldsymbol{MAM}^{-1}=\mathrm{diag}(2,10,-10)$ 的排列顺序一致．③将 $\boldsymbol{A}$ 先对角化，然后求 $\boldsymbol{A}^n$ 方法比用矩阵乘法计算 $\boldsymbol{A}^n$ 更方便，而且具有通用性．

习题 6(四川大学数学学院高等数学教研室编《高等数学第三册(第三版)》第五章第三节例 1)　将下列矩阵对角化．

$$\boldsymbol{A}=\begin{pmatrix}-2 & 1 & 1\\0 & 2 & 0\\-4 & 1 & 3\end{pmatrix}$$

解：$$|\boldsymbol{A}-\lambda\boldsymbol{E}|=\begin{vmatrix}-2-\lambda & 1 & 1\\0 & 2-\lambda & 0\\-4 & 1 & 3-\lambda\end{vmatrix}=-(\lambda+1)(\lambda-2)^2$$

可以看出，$\boldsymbol{A}$ 的特征值 $\lambda_1=-1$，$\lambda_2=\lambda_3=2$，特征值有重根．$\lambda_2=\lambda_3=2$ 是二重根，若存在 2 个线性无关的解，那么也可以对角化．

当 $\lambda_1=-1$ 时，有

$$\boldsymbol{A}+\boldsymbol{E}=\begin{pmatrix}-1 & 1 & 1\\0 & 3 & 0\\-4 & 1 & 4\end{pmatrix}\xrightarrow{\text{初等变换}}\begin{pmatrix}1 & 0 & -1\\0 & 1 & 0\\0 & 0 & 0\end{pmatrix}，解得\ \boldsymbol{x}_1=\begin{pmatrix}1\\0\\1\end{pmatrix};$$

当 $\lambda_2=\lambda_3=2$ 时，有

$$\boldsymbol{A}-2\boldsymbol{E}=\begin{pmatrix}-4&1&1\\0&0&0\\-4&1&1\end{pmatrix}\xrightarrow{\text{初等变换}}\begin{pmatrix}4&-1&-1\\0&0&0\\0&0&0\end{pmatrix}，解得\ \boldsymbol{x}_2=\begin{pmatrix}1\\0\\4\end{pmatrix}，\ \boldsymbol{x}_3=\begin{pmatrix}1\\4\\0\end{pmatrix}$$

若$\boldsymbol{M}=\begin{pmatrix}1&1&1\\0&0&4\\1&4&0\end{pmatrix}$或$\boldsymbol{M}=\begin{pmatrix}1&1&1\\0&4&0\\1&0&4\end{pmatrix}$，则$\boldsymbol{M}^{-1}\boldsymbol{A}\boldsymbol{M}=\begin{pmatrix}-1&&\\&2&\\&&2\end{pmatrix}$；

而$\boldsymbol{M}=\begin{pmatrix}1&1&1\\4&0&0\\0&4&1\end{pmatrix}$或$\boldsymbol{M}=\begin{pmatrix}1&1&1\\0&4&0\\4&0&1\end{pmatrix}$，则$\boldsymbol{M}^{-1}\boldsymbol{A}\boldsymbol{M}=\begin{pmatrix}2&&\\&2&\\&&-1\end{pmatrix}$.

习题 7(四川大学数学学院高等数学教研室编《高等数学第三册(第三版)》第五章第三节例 3) 将矩阵$\boldsymbol{A}=\begin{pmatrix}3&3&2\\1&1&-2\\-3&-1&0\end{pmatrix}$对角化.

解： $$|\boldsymbol{A}-\lambda\boldsymbol{E}|=\begin{vmatrix}3-\lambda&3&2\\1&1-\lambda&-2\\-3&-1&-\lambda\end{vmatrix}=-(\lambda-4)(\lambda^2+4)^2$$

可以看出$\boldsymbol{A}$的特征值$\lambda_1=4$，$\lambda_2=2\mathrm{i}$，$\lambda_3=-2\mathrm{i}$，特征值有复数根.

当$\lambda_1=4$时，有

$$\boldsymbol{A}-4\boldsymbol{E}=\begin{pmatrix}-1&3&2\\1&-3&-2\\-3&-1&-4\end{pmatrix}\xrightarrow{\text{初等变换}}\begin{pmatrix}-1&3&2\\0&0&0\\-3&-1&-4\end{pmatrix}，解得\ \boldsymbol{x}_1=\begin{pmatrix}-1\\-1\\1\end{pmatrix}$$

当$\lambda_2=2\mathrm{i}$时，有

$$\boldsymbol{A}-2\mathrm{i}\boldsymbol{E}=\begin{pmatrix}3-2\mathrm{i}&3&2\\1&1-2\mathrm{i}&-2\\-3&-1&-2\mathrm{i}\end{pmatrix}\xrightarrow{\text{初等变换}}\begin{pmatrix}3-2\mathrm{i}&3&2\\1&1&0\\0&0&0\end{pmatrix}，解得\ \boldsymbol{x}_2=\begin{pmatrix}-1\\1\\-\mathrm{i}\end{pmatrix}$$

当$\lambda_2=-2\mathrm{i}$时，有

$$A+2\mathrm{i}E=\begin{pmatrix}3+2\mathrm{i} & 3 & 2\\ 1 & 1+2\mathrm{i} & -2\\ -3 & -1 & 2\mathrm{i}\end{pmatrix}\xrightarrow{\text{初等变换}}\begin{pmatrix}3+2\mathrm{i} & 3 & 2\\ 1 & 1 & 0\\ 0 & 0 & 0\end{pmatrix}，解得\ x_2=\begin{pmatrix}-1\\ 1\\ \mathrm{i}\end{pmatrix}$$

若 $M=\begin{pmatrix}-1 & -1 & -1\\ -1 & 1 & 1\\ 1 & -\mathrm{i} & \mathrm{i}\end{pmatrix}$，$M^{-1}=\dfrac{1}{4}\begin{pmatrix}-2 & -2 & 0\\ -1+\mathrm{i} & 1+\mathrm{i} & 2\mathrm{i}\\ -1-\mathrm{i} & 1-\mathrm{i} & -2\mathrm{i}\end{pmatrix}$，则 $M^{-1}AM=\begin{pmatrix}4 & & \\ & 2\mathrm{i} & \\ & & -2\mathrm{i}\end{pmatrix}$.

从中可以看出，当特征值为复数时，特征向量依然可以求解，求解方法与特征向量为实数的情况完全一致.

习题 8　若 λ 是矩阵 A 的特征值，证明 λ^k (k 为正整数)是 A^k 特征值，且多项式 $f(\lambda)=a_m\lambda^m+\cdots+a_1\lambda+a_0$ 是 $f(A)=a_mA^m+\cdots+a_1A^1+a_0E$ 特征值.

解析：证明特征值的方法 $AX=\lambda X$，其中 X 不为零，故要将所求解问题转成类似形式.

解：λ 是矩阵 A 的特征值，则

$$AX=\lambda X$$

$$A^kX=A^{k-1}\cdot AX=A^{k-1}\cdot\lambda X=\lambda A^{k-1}X=\cdots=\lambda^kX$$

$$\begin{aligned}f(A)X&=(a_mA^m+\cdots+a_1A+a_0E)X=a_mA^mX+\cdots+a_1AX+a_0EX\\&=a_m\lambda^mX+\cdots+a_1\lambda X+a_0\lambda X=(a_m\lambda^m+\cdots+a_1\lambda+a_0\lambda)X\end{aligned}$$

由于 X 不为零，所以 $f(\lambda)=a_m\lambda^m+\cdots+a_1\lambda+a_0$ 是 $f(A)=a_mA^m+\cdots+a_1A^1+a_0E$ 特征值.

同理推论：(1) 若 $\lambda_1,\lambda_2,\cdots,\lambda_n$ 是 n 阶矩阵 A 的特征值，则 $f(\lambda_i)$ 是 $f(A)$ 特征值.

(2) n 阶矩阵的特征多项式若为 $f(\lambda)=|\lambda E-A|=\lambda^n+a_{n-1}\lambda^{n-1}+\cdots+a_1\lambda+a_0$，则 A 是 $f(A)$ 的零矩阵，即 $f(A)=A^n+a_{n-1}A^{n-1}+\cdots+a_1A+a_0E=0$.

习题9　若 $A=\begin{pmatrix}1 & 0 & 0\\ 1 & 0 & 1\\ 0 & 1 & 0\end{pmatrix}$，证明当 $n\geqslant 3$ 时恒有 $A^n=A^{n-2}+A^2-E$，并求 A^{100}.

解法一：数学归纳法.

$$A^2=\begin{pmatrix}1&0&0\\1&0&1\\0&1&0\end{pmatrix}\begin{pmatrix}1&0&0\\1&0&1\\0&1&0\end{pmatrix}=\begin{pmatrix}1&0&0\\1&1&0\\1&0&1\end{pmatrix}$$

$$A^3=A^2A=\begin{pmatrix}1&0&0\\1&1&0\\1&0&1\end{pmatrix}\begin{pmatrix}1&0&0\\1&0&1\\0&1&0\end{pmatrix}=\begin{pmatrix}1&0&0\\2&0&1\\1&1&0\end{pmatrix}$$

$$=\begin{pmatrix}1&0&0\\1&1&0\\1&0&1\end{pmatrix}+\begin{pmatrix}1&0&0\\1&0&1\\0&1&0\end{pmatrix}-\begin{pmatrix}1&0&0\\0&1&0\\0&0&1\end{pmatrix}=A^2+A-E$$

当 n=3 时，公式成立.

假设 n=k 时，公式 $A^k=A^{k-2}+A^2-E$ 成立.

则 n=k+1 时，有

$$A^{k+1}=A^kA=\left(A^{k-2}+A^2-E\right)A=A^{k-1}+A^3-A$$

$$=A^{k-1}+\left(A^2+A-E\right)-A=A^{(k+1)-2}+A^2-E$$

故得 $n\geqslant 3$ 时，$A^n=A^{n-2}+A^2-E$ 恒成立.

解法二：利用本征多项式计算.

$$f(\lambda)=|A-\lambda E|=\begin{vmatrix}1-\lambda&0&0\\1&-\lambda&1\\0&1&\lambda\end{vmatrix}=-\left(\lambda^3-\lambda^2-\lambda+1\right)$$

根据习题 9 推论(2) $f(A)=-\left(A^3-A^2-A+E\right)=\mathbf{0}$ 同样采用数学归纳法证明 $A^n=A^{n-2}+A^2-E$ 成立.

$A^{100}=A^{98}+A^2-E$ (可以看出 A 的指数次幂降二次，多出一项 A^2-E)，故

$$A^{100}=A^2+49\left(A^2-E\right)=50A^2-49E$$

$$=50\begin{pmatrix}1&0&0\\1&1&0\\1&0&1\end{pmatrix}-49\begin{pmatrix}1&0&0\\0&1&0\\0&0&1\end{pmatrix}=\begin{pmatrix}1&0&0\\50&1&0\\50&0&1\end{pmatrix}$$

习题 10　n 阶非零方阵 A，满足 $A^k=O$，其中 k 为正整数，求(1)A 的特征值；(2)证明 A 不能对角化；(3)$|E+A|=1$.

解：(1) 特征值的求解 $\boldsymbol{AX}=\lambda\boldsymbol{X}$，$\lambda$ 称为 $\boldsymbol{A}$ 的特征值，$\boldsymbol{X}\neq\boldsymbol{0}$ 称为 $\boldsymbol{A}$ 的特征向量，

$$\boldsymbol{0}=\boldsymbol{A}^k\boldsymbol{X}=\boldsymbol{A}^{k-1}\cdot\boldsymbol{AX}=\boldsymbol{A}^{k-1}\cdot\lambda\boldsymbol{X}=\cdots=\lambda^k\boldsymbol{X}$$

即 $\lambda^k=0\Rightarrow\lambda=0$.

(2) $\boldsymbol{A}$ 对角化的关键在于能否找到 n 个线性无关的特征向量．$\boldsymbol{A}\neq\boldsymbol{0}$，$\boldsymbol{R}(\boldsymbol{A})\geqslant 1$，然而将特征值 $\lambda=0$ 代入特征方程

$$(\boldsymbol{A}-\lambda\boldsymbol{E})\boldsymbol{X}=\boldsymbol{0}\Rightarrow(\boldsymbol{A}-0\cdot\boldsymbol{E})\boldsymbol{X}=\boldsymbol{0}\Rightarrow\boldsymbol{AX}=\boldsymbol{0}$$

基础解析的个数 $r=n-\boldsymbol{R}(\boldsymbol{A})\leqslant n-1$，所以 $\boldsymbol{A}$ 不能对角化．

(3) $\boldsymbol{A}$ 的特征值 $\lambda=0$，因此 $|\boldsymbol{E}+\boldsymbol{A}|=1$ 成立，只需保证其特征值全是 1 即可，

$$\boldsymbol{AX}=\lambda\boldsymbol{X}=0\cdot\boldsymbol{X}\Rightarrow(\boldsymbol{A}+\boldsymbol{E})\boldsymbol{X}=(\lambda+1)\boldsymbol{X}=(0+1)\boldsymbol{X}=1\cdot\boldsymbol{X}$$

所以 1 是 $|\boldsymbol{E}+\boldsymbol{A}|$ 的全部特征值，因此 $|\boldsymbol{E}+\boldsymbol{A}|=1$.

6.2.3 方阵标准化典型习题分析

习题 11(四川大学数学学院高等数学教研室编《高等数学第三册(第三版)》第七章习题 6)　判断二次型类型为正定二次型或负定二次型．

(1) $f=x_1^2+2x_2^2+5x_3^2+2x_1x_2-4x_2x_3$；

(2) $f=x_1^2-x_2^2-x_3^2$；

(3) $f=-5x_1^2-6x_2^2-4x_3^2+4x_1x_2+4x_1x_3$.

解：(1) $f=x_1^2+2x_2^2+5x_3^2+2x_1x_2-4x_2x_3=(x_1\quad x_2\quad x_3)\begin{pmatrix}1&1&0\\1&2&-2\\0&-2&5\end{pmatrix}\begin{pmatrix}x_1\\x_2\\x_3\end{pmatrix}$

三个顺序子式为 1，$\begin{vmatrix}1&1\\1&2\end{vmatrix}=1$，$\begin{vmatrix}1&1&0\\1&2&-2\\0&-2&5\end{vmatrix}=1$，全部为正，所以 f 是正定二次型．

(2) $f=x_1^2-x_2^2-x_3^2=(x_1\quad x_2\quad x_3)\begin{pmatrix}1&0&0\\0&-1&0\\0&0&-1\end{pmatrix}\begin{pmatrix}x_1\\x_2\\x_3\end{pmatrix}$

三个顺序子式为 1，$\begin{vmatrix}1&0\\0&-1\end{vmatrix}$，$\begin{vmatrix}1&0&0\\0&-1&0\\0&0&-1\end{vmatrix}=1$，二阶顺序子式不为正，所以 f

既不是正定二次型，也不是负定二次型.

(3) $f=-5x_1^2-6x_2^2-4x_3^2+4x_1x_2+4x_1x_3=\begin{pmatrix}x_1 & x_2 & x_3\end{pmatrix}\begin{pmatrix}-5 & 2 & 2\\ 2 & -6 & 0\\ 2 & 0 & -4\end{pmatrix}\begin{pmatrix}x_1\\ x_2\\ x_3\end{pmatrix}$

三个顺序子式为-5，$\begin{vmatrix}-5 & 2\\ 2 & -6\end{vmatrix}=26$，$\begin{vmatrix}-5 & 2 & 2\\ 2 & -6 & 0\\ 2 & 0 & -4\end{vmatrix}=-80$，奇数阶顺序子式为负，偶数阶顺序子式为正，所以 f 是负定二次型.

习题 12(四川大学数学学院高等数学教研室编《高等数学第三册(第三版)》第七章第三节例 1)　求对称矩阵 $\boldsymbol{A}=\begin{pmatrix}4 & 2 & 2\\ 2 & 4 & 2\\ 2 & 2 & 4\end{pmatrix}$的正交矩阵 $\boldsymbol{C}$.

解：采用正交变换法对此题求 $\boldsymbol{C}$，对称矩阵的正交矩阵 $\boldsymbol{C}$ 是由其正交的单位特征向量构成的，故解题步骤为

(1) 求对称矩阵 $\boldsymbol{A}$ 的全部特征值：

$$(\boldsymbol{A}-\lambda\boldsymbol{E})=\begin{vmatrix}4-\lambda & 2 & 2\\ 2 & 4-\lambda & 2\\ 2 & 2 & 4-\lambda\end{vmatrix}=-(\lambda-2)^2(\lambda-8)$$

解的特征值 $\lambda_1=\lambda_2=2,\lambda_3=8$.

(2) 求 $\boldsymbol{A}$ 每个特征值所对应的特征向量.

对于二重根 $\lambda_1=\lambda_2=2$，解齐次线性方程组 $(\boldsymbol{A}-2\boldsymbol{E})\boldsymbol{X}=\boldsymbol{0}$，即

$$\begin{pmatrix}2 & 2 & 2\\ 2 & 2 & 2\\ 2 & 2 & 2\end{pmatrix}\begin{pmatrix}x_1\\ x_2\\ x_3\end{pmatrix}=\boldsymbol{0}$$

其基础解系为

$$\boldsymbol{X}_1=\begin{pmatrix}-1\\ 1\\ 0\end{pmatrix},\ \boldsymbol{X}_2=\begin{pmatrix}-1\\ 0\\ 1\end{pmatrix}$$

将特征向量正交标准化可得

$$\boldsymbol{\varepsilon}_1=\frac{\boldsymbol{X}_1}{\sqrt{2}}=\frac{1}{\sqrt{2}}\begin{pmatrix}-1\\1\\0\end{pmatrix},\ \boldsymbol{\varepsilon}_2=\frac{\boldsymbol{X}_2}{\sqrt{2}}=\frac{1}{\sqrt{2}}\begin{pmatrix}-1\\0\\1\end{pmatrix}$$

对于单根 $\lambda_3=8$，解齐次线性方程组 $(\boldsymbol{A}-8\boldsymbol{E})\boldsymbol{X}=0$，即

$$\begin{pmatrix}-4&2&2\\2&-4&2\\2&2&-4\end{pmatrix}\begin{pmatrix}x_1\\x_2\\x_3\end{pmatrix}=0\text{，其解为 }\boldsymbol{X}_3=\begin{pmatrix}1\\1\\1\end{pmatrix}$$

将其单位化为

$$\boldsymbol{\varepsilon}_3=\frac{\boldsymbol{X}_3}{\sqrt{3}}=\frac{1}{\sqrt{3}}\begin{pmatrix}1\\1\\1\end{pmatrix}$$

(3) 以 $\boldsymbol{\varepsilon}_1,\boldsymbol{\varepsilon}_2,\boldsymbol{\varepsilon}_3$ 为列构成正交矩阵 $\boldsymbol{C}$，即 $\boldsymbol{C}=(\boldsymbol{\varepsilon}_1,\boldsymbol{\varepsilon}_2,\boldsymbol{\varepsilon}_3)$.

$$\boldsymbol{C}=(\boldsymbol{\varepsilon}_1,\boldsymbol{\varepsilon}_2,\boldsymbol{\varepsilon}_3)=\begin{pmatrix}-\frac{1}{\sqrt{2}}&-\frac{1}{\sqrt{6}}&\frac{1}{\sqrt{3}}\\\frac{1}{\sqrt{2}}&-\frac{1}{\sqrt{6}}&\frac{1}{\sqrt{3}}\\0&\frac{2}{\sqrt{6}}&\frac{1}{\sqrt{3}}\end{pmatrix},\quad \boldsymbol{C}^{\mathrm{T}}\boldsymbol{A}\boldsymbol{C}=\begin{pmatrix}2&&\\&2&\\&&8\end{pmatrix}$$

习题 13(四川大学数学学院高等数学教研室编《高等数学第三册(第三版)》第七章第三节例 2) 将二次型 $f=2x_1x_2+2x_1x_3-2x_1x_4-2x_2x_3+2x_2x_4+2x_3x_4$ 变换成标准型，并求出正交变换 $\boldsymbol{X}=\boldsymbol{C}\boldsymbol{Y}$.

解： 按照习题 9 相同的步骤求解.

(1) 写出二次型 f 的所对应的对称矩阵 $\boldsymbol{A}$：

$$\boldsymbol{A}=\begin{pmatrix}0&1&1&-1\\1&0&-1&1\\1&-1&0&1\\-1&1&1&0\end{pmatrix}$$

(2) 计算 $\boldsymbol{A}$ 的特征值：

$$\left|\boldsymbol{A}-\lambda\boldsymbol{E}\right|=\begin{vmatrix}-\lambda & 1 & 1 & -1\\ 1 & -\lambda & -1 & 1\\ 1 & -1 & -\lambda & 1\\ -1 & 1 & 1 & -\lambda\end{vmatrix}=(\lambda-1)^3(\lambda+3)$$

$\boldsymbol{A}$ 的特征值为 $\lambda_1=-3$, $\lambda_2=\lambda_3=\lambda_4=1$.

(3) 求 $\boldsymbol{A}$ 特征向量：

$\lambda_1=-3$，解齐次线性方程组 $(\boldsymbol{A}+3\boldsymbol{E})\boldsymbol{X}=\boldsymbol{0}$，即

$$\boldsymbol{A}+3\boldsymbol{E}=\begin{pmatrix}3 & 1 & 1 & -1\\ 1 & 3 & -1 & 1\\ 1 & -1 & 3 & 1\\ -1 & 1 & 1 & 3\end{pmatrix}\xrightarrow{\text{初等行变换}}\begin{pmatrix}1 & -1 & -1 & -3\\ 0 & 1 & 0 & 1\\ 0 & 0 & 1 & 1\\ 0 & 0 & 0 & 0\end{pmatrix}$$

其对应的基础解系 $\boldsymbol{X}_1=\begin{pmatrix}1\\ -1\\ -1\\ 1\end{pmatrix}$, 将 $\boldsymbol{X}_1$ 单位化得 $\boldsymbol{\varepsilon}_1=\begin{pmatrix}\frac{1}{2}\\ -\frac{1}{2}\\ -\frac{1}{2}\\ \frac{1}{2}\end{pmatrix}$.

对于 $\lambda_2=\lambda_3=\lambda_4=1$，解齐次线性方程组 $(\boldsymbol{A}-\boldsymbol{E})\boldsymbol{X}=\boldsymbol{0}$，由

$$\boldsymbol{A}+3\boldsymbol{E}=\begin{pmatrix}-1 & 1 & 1 & -1\\ 1 & -1 & -1 & 1\\ 1 & -1 & -1 & 1\\ -1 & 1 & 1 & -1\end{pmatrix}\xrightarrow{\text{初等行变换}}\begin{pmatrix}1 & -1 & -1 & 1\\ 0 & 0 & 0 & 0\\ 0 & 0 & 0 & 0\\ 0 & 0 & 0 & 0\end{pmatrix}$$

它的基础解系为

$$\boldsymbol{X}_2=\begin{pmatrix}1\\ 1\\ 1\\ 0\end{pmatrix},\boldsymbol{X}_3=\begin{pmatrix}1\\ 0\\ 1\\ 0\end{pmatrix},\boldsymbol{X}_4=\begin{pmatrix}-1\\ 0\\ 0\\ 1\end{pmatrix}$$

采用施密特法则将 $\boldsymbol{X}_2$，$\boldsymbol{X}_3$，$\boldsymbol{X}_4$ 正交化，然后标准化得

$$\boldsymbol{\varepsilon}_2=\begin{pmatrix}\frac{1}{\sqrt{2}}\\ \frac{1}{\sqrt{2}}\\ 0\\ 0\end{pmatrix},\quad \boldsymbol{\varepsilon}_3=\begin{pmatrix}\frac{1}{\sqrt{6}}\\ -\frac{1}{\sqrt{6}}\\ \frac{1}{\sqrt{6}}\\ 0\end{pmatrix},\quad \boldsymbol{\varepsilon}_4=\begin{pmatrix}-\frac{1}{\sqrt{12}}\\ \frac{1}{\sqrt{12}}\\ \frac{1}{\sqrt{12}}\\ \frac{1}{\sqrt{12}}\end{pmatrix}$$

正交矩阵 $\boldsymbol{C}=\left(\boldsymbol{\varepsilon}_1,\boldsymbol{\varepsilon}_2,\boldsymbol{\varepsilon}_3,\boldsymbol{\varepsilon}_4\right)$，$\boldsymbol{C}^{\mathrm{T}}\boldsymbol{A}\boldsymbol{C}=\mathrm{diag}(-3,1,1,1)$，

$$f=\left(x_1,x_2,x_3,x_4\right)\boldsymbol{A}\begin{pmatrix}x_1\\ x_2\\ x_3\end{pmatrix}=\left(x_1,x_2,x_3,x_4\right)\boldsymbol{A}\begin{pmatrix}x_1\\ x_2\\ x_3\\ x_4\end{pmatrix}=\left(x_1,x_2,x_3,x_4\right)\boldsymbol{C}\begin{pmatrix}-3&&&\\ &1&&\\ &&1&\\ &&&1\end{pmatrix}\boldsymbol{C}^{\mathrm{T}}\begin{pmatrix}x_1\\ x_2\\ x_3\\ x_4\end{pmatrix}$$

$$=\left(y_1,y_2,y_3,y_4\right)\begin{pmatrix}-3&&&\\ &1&&\\ &&1&\\ &&&1\end{pmatrix}\begin{pmatrix}y_1\\ y_2\\ y_3\\ y_4\end{pmatrix}=-3y_1^2+y_2^2+y_3^2+y_4^2$$

$$\boldsymbol{C}^{\mathrm{T}}\begin{pmatrix}x_1\\ x_2\\ x_3\\ x_4\end{pmatrix}=\begin{pmatrix}y_1\\ y_2\\ y_3\\ y_4\end{pmatrix}\Rightarrow\begin{pmatrix}x_1\\ x_2\\ x_3\\ x_4\end{pmatrix}=\boldsymbol{C}\begin{pmatrix}y_1\\ y_2\\ y_3\\ y_4\end{pmatrix}=\left(\boldsymbol{\varepsilon}_1,\boldsymbol{\varepsilon}_2,\boldsymbol{\varepsilon}_3,\boldsymbol{\varepsilon}_4\right)\begin{pmatrix}y_1\\ y_2\\ y_3\\ y_4\end{pmatrix}$$

习题 14(四川大学数学学院高等数学教研室编《高等数学第三册(第三版)》第七章第一节例 1)　用配方法将下面二次型变换成标准型，并求出其坐标变换：

$$f\left(x_1,x_2,x_3,x_4\right)=x_1^2+x_3^2+2x_4^2+4x_1x_2+2x_1x_3+4x_1x_4+2x_2x_3+2x_2x_4+2x_3x_4$$

解析：配方法依据多项式的二次型展开，为了方便，令 $a_1=1$，按照 $x_i\left(i=1,2\cdots\right)$

幂指数由高到低排列，下面是 4 个参数的二项式展开公式：

$$(a_1x_1+a_2x_2+a_3x_3+a_4x_4)^2=a_1^2x_1^2+2a_1a_2x_1x_2+a_2^2x_2^2+2a_1a_3x_1x_3+2a_2a_3x_2x_3+a_3^2x_3^2+\cdots$$

解： $f(x_1,x_2,x_3,x_4)=(x_1^2+4x_1x_2+2x_1x_3+4x_1x_4)+x_3^2+2x_4^2+2x_2x_3+2x_2x_4+2x_3x_4$

$$=x_1^2+2x_1(2x_2+x_3+2x_4)+x_3^2+2x_4^2+2x_2x_3+2x_2x_4+2x_3x_4$$

$$=(x_1+2x_2+x_3+2x_4)^2-(2x_2+x_3+2x_4)^2+x_3^2+2x_4^2+2x_2x_3+2x_2x_4+2x_3x_4$$

$$=(x_1+2x_2+x_3+2x_4)^2-4x_2^2-2x_4^2-2x_2x_3-6x_2x_4-2x_3x_4$$

$$=(x_1+2x_2+x_3+2x_4)^2-(4x_2^2+2x_2x_3+6x_2x_4)-2x_3x_4-2x_4^2$$

$$=(x_1+2x_2+x_3+2x_4)^2-\left((2x)_2^2+2\times 2x_2\left(\frac{x_3+3x_4}{2}\right)\right)-2x_3x_4-2x_4^2$$

$$=(x_1+2x_2+x_3+2x_4)^2-\left(2x_2+\frac{x_3+3x_4}{2}\right)^2-\left(\frac{x_3+3x_4}{2}\right)^2-2x_3x_4-2x_4^2$$

$$=(x_1+2x_2+x_3+2x_4)^2-\left(2x_2+\frac{x_3+3x_4}{2}\right)^2+\left(\frac{x_3-x_4}{2}\right)^2$$

$$\begin{cases}y_1=x_1+2x_2+x_3+2x_4\\ y_2=2x_2+\dfrac{x_3+3x_4}{2}\\ y_3=\dfrac{x_3-x_4}{2}\\ y_4=x_4\end{cases}\Rightarrow\begin{cases}x_1=y_1-2y_2-5y_4\\ x_2=y_2-y_3-2y_4\\ x_3=2y_3+y_4\\ x_4=y_4\end{cases}，\quad f(x_1,x_2,x_3)=y_1^2+y_2^2-y_3^2$$

习题 15(陈治中编《线性代数与解析几何》第八章例 8-4)　用配方法将二次型 f 变换成标准型，并求出所对应的坐标变换：

$$f(x_1,x_2,x_3)=x_1^2+2x_2^2+2x_3^2-2x_1x_2+4x_1x_3-6x_2x_3$$

解：

$$
\begin{aligned}
f(x_1,x_2,x_3) &= x_1^2+2x_1(-x_2+2x_3)+2x_2^2+2x_3^2-6x_2x_3 \\
&= (x_1-x_2+2x_3)^2+x_2^2-2x_2\cdot x_3+2x_3^2 \\
&= (x_1-x_2+2x_3)^2+(x_2-x_3)^2-x_3^2
\end{aligned}
$$

$$
\begin{cases} y_1=x_1-x_2+2x_3 \\ y_2=x_2-x_3 \\ y_3=x_3 \end{cases} \Rightarrow f(x_1,x_2,x_3)=y_1^2+y_2^2-3y_3^2
$$

标准化所对应的坐标为

$$
\begin{cases} x_1=y_1-y_2+2y_3 \\ x_2=y_2-y_3 \\ x_3=y_3 \end{cases}
$$

习题 16 配方法将 f 变换成标准型，并求出所对应的线性变换：

$$
f(x_1,x_2,x_3,x_4)=2x_1x_2+2x_1x_3-2x_1x_4-2x_2x_3+2x_2x_4+2x_3x_4
$$

解析：观察可以发现二次型 f 中没有变量 x 的平方项，而是只有 x 的交叉乘积项，先将交叉项转化为平方项：

解：令

$$
\begin{cases} x_1=y_1+y_2 \\ x_2=y_1-y_2 \\ x_3=y_3 \\ x_4=y_4 \end{cases} \Rightarrow
\begin{aligned}
f &= 2(y_1+y_2)(y_1-y_2)+2(y_1+y_2)y_3-2(y_1+y_2)y_4 \\
&\cdots-2(y_1-y_2)y_3+2(y_1-y_2)y_4+2y_3y_4 \\
&= 2y_1^2-2y_2^2+4y_2y_3-4y_2y_4+2y_3y_4
\end{aligned}
\qquad ①
$$

经过变量代换后的 f 是 y 的平方项的形式，然后采用配方法将其转化成标准型：

$$
\begin{aligned}
f &= 2y_1^2-2(y_2-y_3+y_4)^2+\left(y_3-\frac{1}{2}y_4\right)^2+\frac{3}{2}y_4^2 \\
&= 2z_1^2-2z_2^2+2z_3^2+\frac{3}{2}z_4^2
\end{aligned}
\text{，其中}
\begin{cases} z_1=y_1 \\ z_2=y_2-y_3+y_4 \\ z_3=y_3-\frac{1}{2}y_4 \\ z_4=y_4 \end{cases}
\qquad ②
$$

由式①、式②可得二次型 f 的标准型为

$$f=2z_1^2-2z_2^2+2z_3^2+\frac{3}{2}z_4^2$$

其中

$$\begin{cases} x_1=z_1+z_2+z_3-\dfrac{1}{2}z_4 \\ x_2=z_1-z_2-z_3+\dfrac{1}{2}z_4 \\ x_3=z_3+\dfrac{1}{2}z_4 \\ x_4=z_4 \end{cases}$$

而各式中的线性代换可以用矩阵的形式表示如下：

令

$$\boldsymbol{x}=\begin{pmatrix} x_1 \\ x_2 \\ x_3 \\ x_4 \end{pmatrix},\quad \boldsymbol{y}=\begin{pmatrix} y_1 \\ y_2 \\ y_3 \\ y_4 \end{pmatrix},\quad \boldsymbol{z}=\begin{pmatrix} z_1 \\ z_2 \\ z_3 \\ z_4 \end{pmatrix}$$

$$\boldsymbol{C}_1=\begin{pmatrix} 1 & 1 & 0 & 0 \\ 1 & -1 & 0 & 0 \\ 0 & 0 & 1 & 0 \\ 0 & 0 & 0 & 1 \end{pmatrix},\quad \boldsymbol{C}_2=\begin{pmatrix} 1 & 0 & 0 & 0 \\ 0 & 1 & 1 & -\dfrac{1}{2} \\ 0 & 0 & 1 & \dfrac{1}{2} \\ 0 & 0 & 0 & 1 \end{pmatrix}$$

则 $\boldsymbol{x}=\boldsymbol{C}_1\boldsymbol{y}$，$\boldsymbol{y}=\boldsymbol{C}_2\boldsymbol{z}$，故 $\boldsymbol{x}=(\boldsymbol{C}_1\boldsymbol{C}_2)z$，若记 $\boldsymbol{C}=\boldsymbol{C}_1\boldsymbol{C}_2$，则

$$\boldsymbol{C}=\boldsymbol{C}_1\boldsymbol{C}_2=\begin{pmatrix} 1 & 1 & 1 & -\dfrac{1}{2} \\ 1 & -1 & -1 & \dfrac{1}{2} \\ 0 & 0 & 1 & \dfrac{1}{2} \\ 0 & 0 & 0 & 1 \end{pmatrix}$$

习题 17(李尚志编《线性代数学习指导》第八章习题 8.1.1) 用配方法将下列二次型变换成标准型：

(1) $Q=x_1^2+x_2^2-2x_3^2+2x_1x_2-4x_2x_3$；

(2) $Q=-4x_1x_2+2x_1x_3+2x_2x_3$；

(3) $Q=x_1^2+5x_2^2-4x_3^2+2x_1x_3-4x_2x_3$；

(4) $Q=x_1x_2+x_2x_3+x_3x_4+x_4x_1$.

解：(1) $Q=(x_1+x_2)^2-4x_2x_3-2x_3^2=(x_1+x_2)^2-2(x_2+x_3)^2+2x_2^2=y_1^2-2y_2^2+2y_3^2$

其中

$$\begin{pmatrix} y_1 \\ y_2 \\ y_3 \end{pmatrix}=\begin{pmatrix} x_1+x_2 \\ x_2+x_3 \\ x_2 \end{pmatrix}=\begin{pmatrix} 1 & 1 & 0 \\ 0 & 1 & 1 \\ 0 & 1 & 0 \end{pmatrix}\begin{pmatrix} x_1 \\ x_2 \\ x_3 \end{pmatrix}$$

(2) 令 $x_1=y_1+y_2, x_2=y_1-y_2$，即 $y_1=\frac{1}{2}\left(x_1+x_2\right), y_2=\frac{1}{2}\left(x_1-x_2\right)$，则

$$\begin{aligned} Q&=-4(y_1+y_2)(y_1-y_2)+2(y_1+y_2)x_3+2(y_1-y_2)x_3 \\ &=-4y_1^2+4y_2^2+4y_1x_3=-4(y_1-\frac{1}{2}x_3)^2+4y_2^2+x_3^2=-4z_1^2+4z_2^2+z_3^2 \end{aligned}$$

其中，$z_1=y_1-\frac{1}{2}x_3=\frac{1}{2}(x_1+x_2-x_3), z_2=y_2=\frac{1}{2}\left(x_1-x_2\right), z_3=x_3$，即

$$\begin{pmatrix} z_1 \\ z_2 \\ z_3 \end{pmatrix}=\begin{pmatrix} \frac{1}{2} & \frac{1}{2} & -\frac{1}{2} \\ \frac{1}{2} & -\frac{1}{2} & 0 \\ 0 & 0 & 1 \end{pmatrix}\begin{pmatrix} x_1 \\ x_2 \\ x_3 \end{pmatrix}$$

(3)
$$\begin{aligned} Q&=(x_1+x_3)^2+5x_2^2-4x_2x_3-5x_3^2 \\ &=(x_1+x_3)^2+5(x_2-\frac{2}{5}x_3)-\frac{29}{5}x_3^2=y_1^2+5y_2^2-\frac{29}{5}y_3^2 \end{aligned}$$

其中

$$\begin{pmatrix} y_1 \\ y_2 \\ y_3 \end{pmatrix} = \begin{pmatrix} x_1 + x_3 \\ x_2 - \frac{2}{5}x_3 \\ x_3 \end{pmatrix} = \begin{pmatrix} 1 & 0 & 1 \\ 0 & 1 & -\frac{2}{5} \\ 0 & 0 & 1 \end{pmatrix} \begin{pmatrix} x_1 \\ x_2 \\ x_3 \end{pmatrix}$$

(4) $Q = x_1(x_2 + x_4) + x_3(x_2 + x_4) = (x_1 + x_3)(x_2 + x_4)$

令 $\begin{cases} x_1 + x_3 = y_1 + y_2 \\ x_2 + x_4 = y_1 - y_2 \end{cases} \Rightarrow \begin{cases} y_1 = \frac{1}{2}(x_1 + x_2 + x_3 + x_4) \\ y_2 = \frac{1}{2}(x_1 - x_2 + x_3 - x_4) \end{cases}$

$y_3 = x_3, y_4 = x_4$，则

$$\begin{pmatrix} y_1 \\ y_2 \\ y_3 \\ y_4 \end{pmatrix} = \begin{pmatrix} \frac{1}{2} & \frac{1}{2} & \frac{1}{2} & \frac{1}{2} \\ \frac{1}{2} & -\frac{1}{2} & \frac{1}{2} & -\frac{1}{2} \\ 0 & 0 & 1 & 0 \\ 0 & 0 & 0 & 1 \end{pmatrix} \begin{pmatrix} x_1 \\ x_2 \\ x_3 \\ x_4 \end{pmatrix}$$

习题 18　合同变换方法将下面二次型变换成标准型，并求出合同变换矩阵：

$$f(x_1, x_2, x_3, x_4) = 2x_1x_2 + 2x_1x_3 - 2x_1x_4 - 2x_2x_3 + 2x_2x_4 + 2x_3x_4$$

解析：二次型的矩阵为

$$\boldsymbol{A} = \begin{pmatrix} 0 & 1 & 1 & -1 \\ 1 & 0 & -1 & 1 \\ 1 & -1 & 0 & 1 \\ -1 & 1 & 1 & 0 \end{pmatrix}$$

根据合同变换操作的对称性，有$\begin{pmatrix} \boldsymbol{A} \\ \boldsymbol{E} \end{pmatrix} \xrightarrow{\text{初等变换}} \begin{pmatrix} \boldsymbol{\Lambda} \\ \boldsymbol{C} \end{pmatrix}$.

解：$$\begin{pmatrix} \boldsymbol{A} \\ \boldsymbol{E} \end{pmatrix} = \begin{pmatrix} 0 & 1 & 1 & -1 \\ 1 & 0 & -1 & 1 \\ 1 & -1 & 0 & 1 \\ -1 & 1 & 1 & 0 \\ 1 & 0 & 0 & 0 \\ 0 & 1 & 0 & 0 \\ 0 & 0 & 1 & 0 \\ 0 & 0 & 0 & 1 \end{pmatrix} \xrightarrow{r_1 + r_2} \begin{pmatrix} 1 & 1 & 0 & 0 \\ 1 & 0 & -1 & 1 \\ 1 & -1 & 0 & 1 \\ -1 & 1 & 1 & 0 \\ 1 & 0 & 0 & 0 \\ 0 & 1 & 0 & 0 \\ 0 & 0 & 1 & 0 \\ 0 & 0 & 0 & 1 \end{pmatrix} \xrightarrow{c_1 + c_2} \begin{pmatrix} 2 & 1 & 0 & 0 \\ 1 & 0 & -1 & 1 \\ 0 & -1 & 0 & 1 \\ 0 & 1 & 1 & 0 \\ 1 & 0 & 0 & 0 \\ 1 & 1 & 0 & 0 \\ 0 & 0 & 1 & 0 \\ 0 & 0 & 0 & 1 \end{pmatrix}$$

$$\xrightarrow{r_2-r_1/2}\begin{pmatrix}2&1&0&0\\0&-\frac{1}{2}&-1&1\\0&-1&0&1\\0&1&1&0\\1&0&0&0\\1&1&0&0\\0&0&1&0\\0&0&0&1\end{pmatrix}\xrightarrow{c_2-c_1/2}\begin{pmatrix}2&0&0&0\\0&-\frac{1}{2}&-1&1\\0&-1&0&1\\0&1&1&0\\1&-\frac{1}{2}&0&0\\1&\frac{1}{2}&0&0\\0&0&1&0\\0&0&0&1\end{pmatrix}\xrightarrow[c_3-2r_2]{r_3-2r_2}\begin{pmatrix}2&0&0&0\\0&-\frac{1}{2}&0&1\\0&0&2&-1\\0&1&-1&0\\1&-\frac{1}{2}&1&0\\1&\frac{1}{2}&-1&0\\0&0&1&0\\0&0&0&1\end{pmatrix}$$

$$\xrightarrow[c_4+2c_2]{r_4+2r_2}\begin{pmatrix}2&0&0&0\\0&-\frac{1}{2}&0&0\\0&0&2&-1\\1&-\frac{1}{2}&-1&2\\1&\frac{1}{2}&-1&1\\0&0&1&0\\0&0&0&1\end{pmatrix}\xrightarrow[c_4+\frac{1}{2}c_3]{r_4+\frac{1}{2}r_3}\begin{pmatrix}2&0&0&0\\0&-\frac{1}{2}&0&0\\0&0&2&0\\0&0&0&\frac{3}{2}\\1&-\frac{1}{2}&1&-\frac{1}{2}\\1&\frac{1}{2}&-1&\frac{1}{2}\\0&0&1&\frac{1}{2}\\0&0&0&1\end{pmatrix}$$

$$\boldsymbol{C}=\begin{pmatrix}1&-\frac{1}{2}&1&-\frac{1}{2}\\1&\frac{1}{2}&-1&\frac{3}{2}\\0&0&1&\frac{1}{2}\\0&0&0&1\end{pmatrix},\quad \boldsymbol{X}=\boldsymbol{CY}\Rightarrow\begin{cases}x_1=y_1-\frac{1}{2}y_2+y_3-\frac{1}{2}y_4\\x_2=y_1+\frac{1}{2}y_2-y_3+\frac{1}{2}y_3\\x_3=y_3+\frac{1}{2}y_4\\x_4=y_4\end{cases}$$

$$\begin{aligned} f(x_1,x_2,x_3,x_4) &= 2x_1x_2+2x_1x_3-2x_1x_4-2x_2x_3+2x_2x_4+2x_3x_4 \\ &= 2y_1^2-\frac{1}{2}y_2^2+2y_3^2+\frac{3}{2}y_4^2 \end{aligned}$$

习题 19(陈治中编《线性代数与解析几何》第八章例 8-6)　用合同变换方法将下面二次型f变换成标准型，并求出合同变换矩阵：

$$f(x_1,x_2,x_3)=x_1^2+2x_2^2+2x_3^2-2x_1x_2+4x_1x_3-6x_2x_3$$

解：此题与习题 15 类似，同样采用合同变换操作，也可以依次对行(列)变换两次.

$$\begin{pmatrix} \boldsymbol{A} \\ \boldsymbol{E} \end{pmatrix} = \begin{pmatrix} 1 & -1 & 2 \\ -1 & 2 & -3 \\ 2 & -3 & 2 \\ 1 & 0 & 0 \\ 0 & 1 & 0 \\ 0 & 0 & 1 \end{pmatrix} \xrightarrow[c_3-2c_1]{c_2+c_1} \begin{pmatrix} 1 & 0 & 0 \\ -1 & 1 & -1 \\ 2 & -1 & -2 \\ 1 & 1 & -2 \\ 0 & 1 & 0 \\ 0 & 0 & 1 \end{pmatrix} \xrightarrow[r_3-2r_1]{r_2+r_1} \begin{pmatrix} 1 & 0 & 0 \\ 0 & 1 & -1 \\ 0 & -1 & -2 \\ 1 & 1 & -2 \\ 0 & 1 & 0 \\ 0 & 0 & 1 \end{pmatrix}$$

$$\xrightarrow{c_3+c_2} \begin{pmatrix} 1 & 0 & 0 \\ 0 & 1 & 0 \\ 0 & -1 & -3 \\ 1 & 1 & -1 \\ 0 & 1 & 1 \\ 0 & 0 & 1 \end{pmatrix} \xrightarrow{r_3+r_2} \begin{pmatrix} 1 & 0 & 0 \\ 0 & 1 & 0 \\ 0 & 0 & -3 \\ 1 & 1 & -1 \\ 0 & 1 & 1 \\ 0 & 0 & 1 \end{pmatrix} = \begin{pmatrix} \boldsymbol{\Lambda} \\ \boldsymbol{C} \end{pmatrix}$$

$$\boldsymbol{C} = \begin{pmatrix} 1 & 1 & -1 \\ 0 & 1 & 1 \\ 0 & 0 & 1 \end{pmatrix}, \quad \boldsymbol{X} = \boldsymbol{CY} \Rightarrow \begin{cases} x_1 = y_1 + y_2 - y_3 \\ x_2 = y_2 + y_3 \\ x_3 = y_3 \end{cases}$$

$$f(x_1,x_2,x_3)=x_1^2+2x_2^2+2x_3^2-2x_1x_2+4x_1x_3-6x_2x_3=y_1^2+y_2^2-3y_3^2$$

习题 20(陈治中编《线性代数与解析几何》第八章例 8-7)　用合同变换方法将二次型f变换成标准型，并求出合同变换矩阵：

$$f(x_1,x_2,x_3)=2x_1x_2+3x_1x_3-x_2x_3$$

解：$f(x_1,x_2,x_3)$的二次型矩阵为

$$A=\begin{pmatrix}0 & 1 & \frac{3}{2}\\ 1 & 0 & -\frac{1}{2}\\ \frac{3}{2} & -\frac{1}{2} & 0\end{pmatrix}$$

A 的对角线上元素都是0，不能进行行操作，所以先把 a_{11} 换成非零值，操作如下：

$$\begin{pmatrix}A\\ E\end{pmatrix}=\begin{pmatrix}0 & 1 & \frac{3}{2}\\ 1 & 0 & -\frac{1}{2}\\ \frac{3}{2} & -\frac{1}{2} & 0\\ 1 & 0 & 0\\ 0 & 1 & 0\\ 0 & 0 & 1\end{pmatrix}\xrightarrow{c_1+c_2}\begin{pmatrix}1 & 1 & \frac{3}{2}\\ 1 & 0 & -\frac{1}{2}\\ 1 & -\frac{1}{2} & 0\\ 1 & 0 & 0\\ 1 & 1 & 0\\ 0 & 0 & 1\end{pmatrix}\xrightarrow{r_1+r_2}\begin{pmatrix}2 & 1 & 1\\ 1 & 0 & -\frac{1}{2}\\ 1 & -\frac{1}{2} & 0\\ 1 & 0 & 0\\ 1 & 1 & 0\\ 0 & 0 & 1\end{pmatrix}$$

$$\xrightarrow[c_3-\frac{1}{2}c_1]{c_2-\frac{1}{2}c_1}\begin{pmatrix}2 & 0 & 0\\ 1 & -\frac{1}{2} & -\frac{1}{2}\\ 1 & -1 & -\frac{1}{2}\\ 1 & -\frac{1}{2} & -\frac{1}{2}\\ 1 & \frac{1}{2} & -\frac{1}{2}\\ 0 & 0 & 1\end{pmatrix}\xrightarrow{\substack{r_2-\frac{1}{2}r_1\\ r_3-\frac{1}{2}r_1}}\begin{pmatrix}2 & 0 & 0\\ 0 & -\frac{1}{2} & -1\\ 0 & -1 & -\frac{1}{2}\\ 1 & -\frac{1}{2} & -\frac{1}{2}\\ 1 & \frac{1}{2} & -\frac{1}{2}\\ 0 & 0 & 1\end{pmatrix}$$

$$\xrightarrow{c_3-2c_2}\begin{pmatrix} 2 & 0 & 0 \\ 0 & -\frac{1}{2} & 0 \\ 0 & -1 & \frac{3}{2} \\ 1 & -\frac{1}{2} & \frac{1}{2} \\ 1 & \frac{1}{2} & \frac{3}{2} \\ 0 & 0 & 1 \end{pmatrix}\xrightarrow{r_3-2r_2}\begin{pmatrix} 2 & 0 & 0 \\ 0 & -\frac{1}{2} & 0 \\ 0 & 0 & \frac{3}{2} \\ 1 & -\frac{1}{2} & \frac{1}{2} \\ 1 & \frac{1}{2} & -\frac{3}{2} \\ 0 & 0 & 1 \end{pmatrix}=\begin{pmatrix} \boldsymbol{\Lambda} \\ \boldsymbol{C} \end{pmatrix}$$

$$\boldsymbol{C}=\begin{pmatrix} 1 & -\frac{1}{2} & \frac{1}{2} \\ 1 & \frac{1}{2} & -\frac{3}{2} \\ 0 & 0 & 1 \end{pmatrix}，\quad \boldsymbol{X}=\boldsymbol{CY}\Rightarrow\begin{cases} x_1=y_1-\frac{1}{2}y_2+\frac{1}{2}y_3 \\ x_2=y_1+\frac{1}{2}y_2-\frac{3}{2}y_3 \\ x_1=y_3 \end{cases}$$

$$f\left(x_1,x_2,x_3\right)=2x_1x_2+3x_1x_3-x_2x_3=2y_1^2-\frac{1}{2}y_2^2+\frac{3}{2}y_3^2$$

第七章　行列式及矩阵在物理学中的应用分析

行列式与矩阵在物理学中有着非常重要的应用．我们可以利用行列式的交换反对称性来研究费米子体系。矩阵在物理学中应用更为广泛，比如表象变换、力学算符本征值及本征向量(即特征值、特征向量)、求解物理学中的常微分方程(比如薛定谔方程、平抛运动)等．

7.1　行列式在量子力学与电动力学中的应用

7.1.1 行列式在量子力学中的应用

宏观世界中，用经典力学研究粒子的运动．对宏观的粒子来说不具有全同性，通常意义上的两粒子质量、形状、电荷等相同并非真正的相同，它们是可以区分的，当粒子的属性不对运动有影响时，可将它们看作相同粒子，但也只是一种近似相同．而在微观世界中存在全同粒子，比如电子、中子等，全同粒子的固有属性是完全相同的，所以它们是无法区分的．全同粒子可分成玻色子和费米子，在量子力学中，在 r 处的原子可用波函数 $\psi(\boldsymbol{r})$ 来描述粒子的状态，$|\psi(\boldsymbol{r})|^2$ 代表粒子在 r 处出现的概率密度，波函数 $\psi(\boldsymbol{r})$ 具有归一性，即 $\int|\psi(\boldsymbol{r})|^2\mathrm{d}\boldsymbol{r}=1$．$N$ 原子体系中任意两个粒子交换，若描述体系的波函数 $\psi(\boldsymbol{r})$ 不变，那么这种粒子称为玻色子，若描述体系的波函数 $\psi(\boldsymbol{r})$ 变成了 $-\psi(\boldsymbol{r})$，那么这种粒子称为费米子．

1．电子自旋波函数的描述

电子属于费米子，单电子自旋沿 z 轴方向的算符 $s_z=\frac{\hbar}{2}\sigma_z=\frac{\hbar}{2}\begin{pmatrix}1 & 0\\ 0 & -1\end{pmatrix}$，其本征态 $s_z\boldsymbol{\varphi}=m_s\boldsymbol{\varphi}$，$m_s=\frac{\hbar}{2}$，$\boldsymbol{\varphi}_{1/2}=\begin{pmatrix}1\\0\end{pmatrix}=|\uparrow\rangle$ 自旋向上的态．$m_s=-\frac{\hbar}{2}$，$\boldsymbol{\varphi}_{-1/2}=\begin{pmatrix}0\\1\end{pmatrix}=|\downarrow\rangle$ 自旋向下的态．我们用 $|\uparrow\rangle_i$ 表示第 i 个电子处于 $|\uparrow\rangle$ 态上，那么二

电子体系的自旋态可表示为$\frac{1}{\sqrt{2}}\left(|\uparrow\rangle_1|\downarrow\rangle_2-|\downarrow\rangle_1|\uparrow\rangle_2\right)$，该态也被称为自旋单态.

2. N费米子体系的波函数

N 粒子体系的哈密顿量 $\hat{H}=\sum_{i=1}^{N}\hat{H}_i$，粒子体系所满足的定态薛定谔方程为 $\hat{H}\varphi(q_1,q_2,\cdots,q_N)=E\varphi(q_1,q_2,\cdots,q_N)$，$q_i$ 代表第 i 个粒子的坐标，由于粒子全同性，故波函数可分解为$\varphi(q_1,q_2,\cdots,q_N)=\varphi_1(q_1)\varphi_2(q_2)\cdots\varphi_N(q_N)$，系统的能量满足 $E=\sum_{i=1}^{N}\varepsilon_i$. 那么如何用单粒子体系的波函数构建 N 粒子体系的波函数？若 φ_N 是表示描述第 N 个粒子的波函数，有方程 $\hat{H}_i\varphi_i(q_i)=\varepsilon\varphi_i(q_i)$，那么体系波函数为

$$\varphi(q_1,q_2,\cdots,q_n)=\frac{1}{\sqrt{N!}}\begin{vmatrix}\varphi_1(q_1) & \varphi_1(q_2) & \cdots & \varphi_1(q_N)\\ \varphi_2(q_1) & \varphi_2(q_2) & \cdots & \varphi_2(q_N)\\ \vdots & \vdots & & \vdots\\ \varphi_n(q_1) & \varphi_n(q_2) & \cdots & \varphi_n(q_N)\end{vmatrix}$$

$\varphi_j(q_i)$ 表示第 j 个粒子出现在 q_i 的位置上，$\frac{1}{\sqrt{N!}}$ 为归一化系数，从 $\varphi(q_1,q_2,\cdots,q_n)$的表示形式来看，若任意两个粒子的位置交换，那么波函数变成其相反数，所以费米子体系的波函数具有反对称性，用行列式描述比较方便. $\varphi(q_1,q_2,\cdots,q_n)$是泡利原理的体系，从表示形式上来看，一个位置一次只能让一个电子存在，它不允许两个或更多的电子具有完全相同量子态. 例如 $N=3$ 体系有 3 个单粒子态 φ_1，φ_2，φ_3 可供 3 个电子占据，与这 3 个单粒子态相应的能量为 ε_1，ε_2，ε_3，对体系来说只存在一个态，波函数与能量分别为

$$\varphi_A=\frac{1}{\sqrt{6}}\begin{vmatrix}\varphi_1(q_1) & \varphi_1(q_2) & \varphi_1(q_3)\\ \varphi_2(q_1) & \varphi_2(q_2) & \varphi_2(q_3)\\ \varphi_3(q_1) & \varphi_3(q_2) & \varphi_3(q_3)\end{vmatrix}$$

$$E = \varepsilon_1 + \varepsilon_2 + \varepsilon_3$$

7.1.2 行列式在电动力学中的应用

电动力学研究电磁场属性和运动规律以及电磁场与带电粒子相互作用的一门学科．它涉及大量的矢量运算，比如$\nabla \times \boldsymbol{E} = \boldsymbol{0}$可用来证明静电场 $\boldsymbol{E}$ 是无旋场，$\nabla \cdot \boldsymbol{E} \neq 0$能判断电场$\boldsymbol{E}$ 是有源场，还有很多类似的矢量表示，这些矢量在计算过程中一般用行列式来计算．

三维直角坐标系$\left(\boldsymbol{e}_x, \boldsymbol{e}_y, \boldsymbol{e}_z\right)$中定义矢量算子(哈密顿算子)：

$$\nabla = \boldsymbol{e}_x \frac{\partial}{\partial x} + \boldsymbol{e}_y \frac{\partial}{\partial y} + \boldsymbol{e}_z \frac{\partial}{\partial z}$$

那么散度div $\boldsymbol{f}$ 、旋度rot $\boldsymbol{f}$ 、梯度**grad** φ($\boldsymbol{f}$ 矢量，φ标量)的表达方式为

$$\text{div } \boldsymbol{f} = \nabla \cdot \boldsymbol{f} = \left(\boldsymbol{e}_x \frac{\partial}{\partial x} + \boldsymbol{e}_y \frac{\partial}{\partial y} + \boldsymbol{e}_z \frac{\partial}{\partial z}\right)\left(\boldsymbol{e}_x f_x + \boldsymbol{e}_y f_y + \boldsymbol{e}_z f_z\right) = \frac{\partial f_x}{\partial x} + \frac{\partial f_y}{\partial y} + \frac{\partial f_z}{\partial z}$$

$$\text{rot } \boldsymbol{f} = \nabla \times \boldsymbol{f} = \begin{vmatrix} \boldsymbol{e}_x & \boldsymbol{e}_y & \boldsymbol{e}_z \\ \dfrac{\partial}{\partial x} & \dfrac{\partial}{\partial y} & \dfrac{\partial}{\partial z} \\ f_x & f_y & f_z \end{vmatrix} = \left(\frac{\partial f_z}{\partial y} - \frac{\partial f_y}{\partial z}\right)\boldsymbol{e}_x + \left(\frac{\partial f_x}{\partial z} - \frac{\partial f_z}{\partial x}\right)\boldsymbol{e}_y + \left(\frac{\partial f_y}{\partial x} - \frac{\partial f_x}{\partial y}\right)\boldsymbol{e}_z$$

$$\textbf{grad } \varphi = \nabla \varphi = \left(\boldsymbol{e}_x \frac{\partial}{\partial x} + \boldsymbol{e}_y \frac{\partial}{\partial y} + \boldsymbol{e}_z \frac{\partial}{\partial z}\right)\varphi = \boldsymbol{e}_x \frac{\partial \varphi}{\partial x} + \boldsymbol{e}_y \frac{\partial \varphi}{\partial y} + \boldsymbol{e}_z \frac{\partial \varphi}{\partial z}$$

其中旋度的证明涉及斯托克斯定理：光滑曲面 S 的边界线 C(C 光滑或分段光滑)，函数 $P(x，y，z)$，$Q(x，y，z)$，$R(x，y，z)$在曲面 S 和 C 上偏导数存在，则

$$\oint_C P\mathrm{d}x + Q\mathrm{d}y + R\mathrm{d}z = \iint_S \left(\frac{\partial R}{\partial y} - \frac{\partial Q}{\partial z}\right)\boldsymbol{e}_x + \left(\frac{\partial P}{\partial z} - \frac{\partial R}{\partial x}\right)\boldsymbol{e}_y + \left(\frac{\partial Q}{\partial x} - \frac{\partial P}{\partial y}\right)\boldsymbol{e}_z$$

旋度的计算与行列式相似，散度、梯度的计算与矩阵乘法相似．

例 1(郭硕鸿编《电动力学(第三版)》第一章习题 3)　设源点$P = \left(x', y', z'\right)$到场点$Q = \left(x, y, z\right)$的距离为$r = \sqrt{\left(x - x'\right)^2 + \left(y - y'\right)^2 + \left(z - z'\right)^2}$，方向由 P 指向 Q

点，证明$\nabla\times\boldsymbol{r}=0,\nabla\times\dfrac{\boldsymbol{r}}{r^3}=0$．

证明： r的矢量形式为

$$\boldsymbol{r}=(x-x')\boldsymbol{e}_x+(y-y')\boldsymbol{e}_y+(z-z')\boldsymbol{e}_z$$

$$\text{rot }\boldsymbol{r}=\nabla\times\boldsymbol{r}=\begin{vmatrix}\boldsymbol{e}_x & \boldsymbol{e}_y & \boldsymbol{e}_z\\ \dfrac{\partial}{\partial x} & \dfrac{\partial}{\partial y} & \dfrac{\partial}{\partial z}\\ x-x' & y-y' & z-z'\end{vmatrix}=0$$

$$\text{rot }\frac{\boldsymbol{r}}{r^3}=\nabla\times\frac{\boldsymbol{r}}{r^3}=\begin{vmatrix}\boldsymbol{e}_x & \boldsymbol{e}_y & \boldsymbol{e}_z\\ \dfrac{\partial}{\partial x} & \dfrac{\partial}{\partial y} & \dfrac{\partial}{\partial z}\\ \dfrac{x-x'}{r^3} & \dfrac{y-y'}{r^3} & \dfrac{z-z'}{r^3}\end{vmatrix}=\left(\frac{\partial\left(\dfrac{z-z'}{r^3}\right)}{\partial y}-\frac{\partial\left(\dfrac{y-y'}{r^3}\right)}{\partial z}\right)\boldsymbol{e}_x+$$

$$\cdots+\left(\frac{\partial\left(\dfrac{x-x'}{r^3}\right)}{\partial z}-\frac{\partial\left(\dfrac{z-z'}{r^3}\right)}{\partial x}\right)\boldsymbol{e}_y+\left(\frac{\partial\left(\dfrac{y-y'}{r^3}\right)}{\partial x}-\frac{\partial\left(\dfrac{x-x'}{r^3}\right)}{\partial y}\right)\boldsymbol{e}_z$$

其中$\dfrac{\partial\left(\dfrac{1}{r^3}\right)}{\partial x}=\dfrac{-3}{r^4}\dfrac{\partial r}{\partial x}=\dfrac{-3}{r^4}\dfrac{\partial\sqrt{(x-x')^2+(y-y')^2+(z-z')^2}}{\partial x}=\dfrac{-3(x-x')}{r^5}$

以此类推

$$\frac{\partial\left(\dfrac{1}{r^3}\right)}{\partial y}=\frac{-3(y-y')}{r^5},\quad \frac{\partial\left(\dfrac{1}{r^3}\right)}{\partial z}=\frac{-3(z-z')}{r^5}$$

将其代入上式，由于

$$\frac{\partial\left(\dfrac{z-z'}{r^3}\right)}{\partial y}-\frac{\partial\left(\dfrac{y-y'}{r^3}\right)}{\partial z}=(z-z')\frac{-3(z-z')}{r^5}-(y-y')\frac{-3(z-z')}{r^5}=0$$

$$\frac{\partial\left(\dfrac{x-x'}{r^3}\right)}{\partial z}-\frac{\partial\left(\dfrac{z-z'}{r^3}\right)}{\partial x}=\left(x-x'\right)\frac{-3\left(z-z'\right)}{r^5}-\left(z-z'\right)\frac{-3\left(x-x'\right)}{r^5}=0$$

$$\frac{\partial\left(\dfrac{y-y'}{r^3}\right)}{\partial x}-\frac{\partial\left(\dfrac{x-x'}{r^3}\right)}{\partial y}=\left(y-y'\right)\frac{-3\left(x-x'\right)}{r^5}-\left(x-x'\right)\frac{-3\left(y-y'\right)}{r^5}=0$$

故
$$\mathrm{rot}\ \frac{\boldsymbol{r}}{r^3}=\nabla\times\frac{\boldsymbol{r}}{r^3}=0$$

洛伦兹变换的矩阵形式(见郭硕鸿编《电动力学(第三版)》第六章第二节)：根据事件间隔不变性导出相对论时空坐标变换关系．同一事件在四维时空惯性系Σ中用$\boldsymbol{x}_\mu=\left(x,y,z,\mathrm{i}ct\right)$描述，在另一惯性系$\Sigma'$中用$\boldsymbol{x}'_\mu=\left(x',y',z',\mathrm{i}ct'\right)$描述．在$\Sigma$坐标系中$\Sigma'$坐标系以速度$v$沿$x$方向运动，其相对论时空坐标变换公式为

$$x'=\frac{x-vt}{\sqrt{1-\dfrac{v^2}{c^2}}},\quad y'=y',\quad z'=z,\quad t'=\frac{t-\dfrac{v}{c^2}t}{\sqrt{1-\dfrac{v^2}{c^2}}}$$

为了观察$\boldsymbol{x}_\mu\to\boldsymbol{x}'_\mu$线性变换矩阵形式上对称性，令$\beta=\dfrac{v}{c}$，$\gamma=\dfrac{1}{\sqrt{1-\dfrac{v^2}{c^2}}}$，则

$$\begin{pmatrix}x'\\y'\\z'\\\mathrm{i}ct'\end{pmatrix}=\begin{pmatrix}\gamma&0&0&\mathrm{i}\beta\gamma\\0&1&0&0\\0&0&1&0\\-\mathrm{i}\beta\gamma&0&0&\gamma\end{pmatrix}\begin{pmatrix}x\\y\\z\\\mathrm{i}ct\end{pmatrix}$$

中间的 4 阶矩阵就是坐标系以速度v沿x方向运动时洛伦兹变换矩阵，它的逆矩阵为

$$\begin{pmatrix}\gamma&0&0&\mathrm{i}\beta\gamma\\0&1&0&0\\0&0&1&0\\-\mathrm{i}\beta\gamma&0&0&\gamma\end{pmatrix}^{-1}=\begin{pmatrix}\gamma&0&0&-\mathrm{i}\beta\gamma\\0&1&0&0\\0&0&1&0\\\mathrm{i}\beta\gamma&0&0&\gamma\end{pmatrix}$$

可以看出，洛伦兹变换矩阵其行列式值为 1，这个与相对论的时空存在间隔不变性要求一致，即

$$(x,y,z,\mathrm{i}ct)^2=(x',y',z',\mathrm{i}ct')^2 \Rightarrow x^2+y^2+z^2-c^2t^2=x'^2+y'^2+z'^2-c^2t'^2$$

7.2　矩阵在量子力学与计算物理学中的应用

7.2.1 矩阵在量子力学中的应用

习题 1 力学算符的本征值问题(陈鄂生编《量子力学习题与解答》例 3.9)　厄米算符 $\hat{\boldsymbol{A}}$ 与 $\hat{\boldsymbol{B}}$ 满足 $\hat{\boldsymbol{A}}^2=\hat{\boldsymbol{B}}^2=1$，且 $\hat{\boldsymbol{A}}\hat{\boldsymbol{B}}+\hat{\boldsymbol{B}}\hat{\boldsymbol{A}}=0$．求

(1) 在 $\hat{\boldsymbol{A}}$ 表象中算符 $\hat{\boldsymbol{A}}$ 与 $\hat{\boldsymbol{B}}$ 的矩阵表示；

(2) 在 $\hat{\boldsymbol{A}}$ 表象中算符 $\hat{\boldsymbol{B}}$ 的本征值与本征态矢；

(3) 由 $\hat{\boldsymbol{A}}$ 表象到 $\hat{\boldsymbol{B}}$ 表象的幺正变换 $\boldsymbol{S}$ 矩阵，并把 $\hat{\boldsymbol{B}}$ 对角化.

解 (1)注：力学量算符在自身表象中的矩阵表示为对角矩阵，所以只需求其本征值，即可求出其矩阵表示，设 $\hat{\boldsymbol{A}}$ 的本征值为 α，所对应的本征态为 φ，有

$$\hat{A}\boldsymbol{\varphi}=\alpha\boldsymbol{\varphi},\hat{A}^2\boldsymbol{\varphi}=\alpha^2\boldsymbol{\varphi}=\boldsymbol{\varphi},a^2=1,\alpha=\pm1$$

类似地，$\hat{\boldsymbol{B}}$ 的本征值 $\beta=\pm1$，在 $\hat{\boldsymbol{A}}$ 表象中，$\hat{\boldsymbol{A}}$ 的矩阵表示为对角矩阵，而 $\hat{\boldsymbol{B}}$ 未知，则有

$$\hat{\boldsymbol{A}}=\begin{pmatrix}1&0\\0&-1\end{pmatrix},\ \hat{\boldsymbol{B}}=\begin{pmatrix}a&b\\c&d\end{pmatrix}$$

其中 a,b,c,d 为待定参数，它们可由 $\hat{\boldsymbol{A}}\hat{\boldsymbol{B}}+\hat{\boldsymbol{B}}\hat{\boldsymbol{A}}=0$ 确定，经计算可得 $a=0,d=0$，则有

$$\hat{\boldsymbol{B}}=\begin{pmatrix}0&b\\c&0\end{pmatrix}$$

另外，力学量算符具有共轭性，即 $\hat{\boldsymbol{B}}^+=\hat{\boldsymbol{B}}$(转置后取复共轭仍为自身)，$c=b^*$，即

$$\hat{\boldsymbol{B}}=\begin{pmatrix}0&b\\b^*&0\end{pmatrix}$$

由 $\hat{\boldsymbol{B}}^2=1$ 得 $|b|^2=1,b=\mathrm{e}^{\mathrm{i}\varphi}$，其中 φ 是任意实数，取 $\varphi=0$，便有 $b=1$.

$$\hat{\boldsymbol{B}}=\begin{pmatrix}0 & 1\\ 1 & 0\end{pmatrix}$$

(2) 由力学量算符 $\hat{\boldsymbol{B}}$ 的本征方程

$$\hat{\boldsymbol{B}}\boldsymbol{\varphi}=\beta\boldsymbol{\varphi} \text{ 或} \begin{pmatrix}0 & 1\\ 1 & 0\end{pmatrix}\begin{pmatrix}c_1\\ c_2\end{pmatrix}=\beta\begin{pmatrix}c_1\\ c_2\end{pmatrix}$$

可以解得

$$\beta=1,\ \boldsymbol{\varphi}=\frac{1}{\sqrt{2}}\begin{pmatrix}1\\ 1\end{pmatrix};\ \beta=-1,\ \boldsymbol{\varphi}=\frac{1}{\sqrt{2}}\begin{pmatrix}1\\ -1\end{pmatrix}$$

(3) 由上面的两个矩阵，可以得到 $\hat{A}$ 表象到 $\hat{\boldsymbol{B}}$ 表象的幺正变换 $\boldsymbol{S}$ 矩阵($\hat{\boldsymbol{B}}$ 的本征态构成的，量子力学中的本征态具有满足正交归一化，所以 $\boldsymbol{S}^{+}\boldsymbol{S}=\boldsymbol{E}$，即 $\boldsymbol{S}^{+}=\boldsymbol{S}^{-1}$)，有

$$\boldsymbol{S}=\frac{1}{\sqrt{2}}\begin{pmatrix}1 & 1\\ 1 & -1\end{pmatrix}$$

$$\hat{\boldsymbol{B}}^{'}=\boldsymbol{S}^{+}\hat{\boldsymbol{B}}\boldsymbol{S}=\frac{1}{2}\begin{pmatrix}1 & 1\\ 1 & -1\end{pmatrix}\begin{pmatrix}0 & 1\\ 1 & 0\end{pmatrix}\begin{pmatrix}1 & 1\\ 1 & -1\end{pmatrix}=\begin{pmatrix}1 & 0\\ 0 & -1\end{pmatrix}$$

习题 2 力学算符的矩阵表示问题(陈鄂生编《量子力学习题与解答》例 3.10)　在 $l=1$ 的 $\left(\hat{\boldsymbol{L}}^2,\boldsymbol{L}_z\right)$ 表象中基矢为 $\left(\boldsymbol{\varphi}_1,\boldsymbol{\varphi}_2,\boldsymbol{\varphi}_3\right)$，其中

$$\varphi_1=Y_{11}(\theta,\varphi),\varphi_2=Y_{10}(\theta,\varphi),\varphi_3=Y_{1-1}(\theta,\varphi)$$

求角动量算符 $\hat{\boldsymbol{L}}_x,\hat{\boldsymbol{L}}_y,\hat{\boldsymbol{L}}_z$ 的矩阵表示.

解：角动量算符 $\hat{\boldsymbol{L}}_x,\hat{\boldsymbol{L}}_y$ 是在 $\left(\hat{\boldsymbol{L}}^2,\boldsymbol{L}_z\right)$ 的矩阵元，这个线性变换的矩阵表示相似，求解方法也类似，$\hat{\boldsymbol{L}}_x,\hat{\boldsymbol{L}}_y$ 与基的本征值是用升降算符 $\hat{\boldsymbol{L}}_{\pm}=\hat{\boldsymbol{L}}_x+\mathrm{i}\hat{\boldsymbol{L}}_y$ 来计算的，因此此题求解过程为

$$\left(\boldsymbol{L}_x\right)_{mn}=\int\boldsymbol{\varphi}_m^*\hat{\boldsymbol{L}}_x\boldsymbol{\varphi}_n\mathrm{d}\Omega=\frac{1}{2}\boldsymbol{\varphi}_m^*(\hat{\boldsymbol{L}}_{+}+\hat{\boldsymbol{L}}_{-})\boldsymbol{\varphi}_n\mathrm{d}\Omega$$

$$\left(\boldsymbol{L}_y\right)_{mn}=\int\boldsymbol{\varphi}_m^*\hat{\boldsymbol{L}}_y\boldsymbol{\varphi}_n\mathrm{d}\Omega=\frac{1}{2\mathrm{i}}\boldsymbol{\varphi}_m^*(\hat{\boldsymbol{L}}_{+}+\hat{\boldsymbol{L}}_{-})\boldsymbol{\varphi}_n\mathrm{d}\Omega$$

其中 $\hat{L}_{\pm}=\hat{L}_x+\mathrm{i}\hat{L}_y$， $m,n=1,2,3$. $\hat{L}_+,\hat{L}_-$ 分别对应量子力学的升降算符，它们与球谐函数 Y_{lm} 作用满足：

$$\hat{L}_{\pm}Y_{lm}=\sqrt{l(l+1)-m(m\pm1)}\hbar Y_{lm\pm1}$$

由此可以算出：

$$(L_x)_{11}=\frac{1}{2}\int Y_{11}^*(\hat{L}_++\hat{L}_-)Y_{11}\mathrm{d}\Omega=0，\ (L_x)_{12}=\frac{1}{2}\int Y_{11}^*(\hat{L}_++\hat{L}_-)Y_{10}\mathrm{d}\Omega=\frac{\hbar}{\sqrt{2}}$$

$$(L_x)_{13}=\frac{1}{2}\int Y_{11}^*(\hat{L}_++\hat{L}_-)Y_{1-1}\mathrm{d}\Omega=0,\ (L_x)_{21}=(L_x)_{12}^*=\frac{\hbar}{\sqrt{2}},(L_x)_{22}=0,(L_x)_{23}=\frac{\hbar}{\sqrt{2}}$$

$$(L_x)_{31}=0,(L_x)_{32}=(L_x)_{23}=\frac{\hbar}{\sqrt{2}},(L_x)_{33}=0$$

同样的方法可以算出 $\hat{L}_y$ 的所有矩阵元，而算符 L_z 是在自身本征值表象中，所以为对角矩阵， $\hat{L}_x,\hat{L}_y,\hat{L}_z$ 最后的矩阵表示为

$$\hat{L}_x=\frac{\hbar}{\sqrt{2}}\begin{pmatrix}0&1&0\\1&0&1\\0&1&0\end{pmatrix},\hat{L}_y=\frac{\hbar}{\sqrt{2}}\begin{pmatrix}0&-\mathrm{i}&0\\\mathrm{i}&0&-\mathrm{i}\\0&\mathrm{i}&0\end{pmatrix},\hat{L}_z=\hbar\begin{pmatrix}1&0&0\\0&0&0\\0&0&-1\end{pmatrix}$$

习题 3 表象变换问题(陈鄂生编《量子力学习题与解答》例 3.11)　已知 $l=1$ 的 $(\hat{L}^2,L_z)$ 表象中角动量算符 $\hat{L}_x,\hat{L}_y,\hat{L}_z$ 的矩阵表示，求它们的本征值和本征态：

$$\hat{L}_x=\frac{\hbar}{\sqrt{2}}\begin{pmatrix}0&1&0\\1&0&1\\0&1&0\end{pmatrix},\hat{L}_y=\frac{\hbar}{\sqrt{2}}\begin{pmatrix}0&-\mathrm{i}&0\\\mathrm{i}&0&-\mathrm{i}\\0&\mathrm{i}&0\end{pmatrix},\hat{L}_z=\hbar\begin{pmatrix}1&0&0\\0&0&0\\0&0&-1\end{pmatrix}$$

(1) 求它们的本征值和本征态；

(2) 写出 $(\hat{L}^2,L_z)$ 表象到 $(\hat{L}^2,L_x)$ 表象变换的矩阵 S，利用 S 矩阵求在 $(\hat{L}^2,L_x)$ 表象中 $\hat{L}_x,\hat{L}_y,\hat{L}_z$ 的矩阵表示及它们的本征值和本征态.

解：(1) 求 $\hat{L}_x,\hat{L}_y$与$\hat{L}_z$ 的本征值和本征态，即求 $\hat{F}\psi=f\psi$ 特征值和特征向量问题，有

$$\hat{L}_x\psi=l_x\psi,\ \hat{L}_y\psi=l_y\psi,\ \hat{L}_z\psi=l_z\psi$$

通过矩阵变换可解得

$$l_x=\hbar,\boldsymbol{\psi}_+=\frac{1}{2}\begin{pmatrix}1\\\sqrt{2}\\1\end{pmatrix};l_x=0,\boldsymbol{\psi}_0=\frac{1}{2}\begin{pmatrix}1\\0\\-1\end{pmatrix};l_x=-\hbar,\boldsymbol{\psi}_-=\frac{1}{2}\begin{pmatrix}1\\-\sqrt{2}\\1\end{pmatrix}$$

$$l_y=\hbar,\boldsymbol{\psi}_+=\frac{1}{2}\begin{pmatrix}1\\\sqrt{2}\mathrm{i}\\1\end{pmatrix};l_y=0,\boldsymbol{\psi}_0=\frac{1}{2}\begin{pmatrix}1\\0\\-1\end{pmatrix};l_x=-\hbar,\boldsymbol{\psi}_-=\frac{1}{2}\begin{pmatrix}1\\-\sqrt{2}\mathrm{i}\\1\end{pmatrix}$$

$$l_z=\hbar,\boldsymbol{\psi}_+=\begin{pmatrix}1\\0\\0\end{pmatrix};l_z=0,\boldsymbol{\psi}_0=\begin{pmatrix}0\\1\\0\end{pmatrix};l_x=-\hbar,\boldsymbol{\psi}_-=\begin{pmatrix}0\\0\\1\end{pmatrix}$$

(2) 由$\left(\hat{\boldsymbol{L}}^2,\boldsymbol{L}_z\right)$表象到$\left(\hat{\boldsymbol{L}}^2,\boldsymbol{L}_x\right)$表象变换的$\boldsymbol{S}$矩阵，即$\hat{\boldsymbol{L}}_x$的本征态组成的矩阵为

$$\boldsymbol{S}=\left(\boldsymbol{\psi}_+,\boldsymbol{\psi}_0,\boldsymbol{\psi}_-\right)=\frac{1}{2}\begin{pmatrix}1&\sqrt{2}&1\\\sqrt{2}&0&-\sqrt{2}\\1&-\sqrt{2}&1\end{pmatrix}$$

不同表象中，算符的矩阵与本征态的矩阵表示满足$\hat{\boldsymbol{F}}_x^{'}=\boldsymbol{S}^{+}\hat{\boldsymbol{F}}_x\boldsymbol{S},\boldsymbol{\psi}^{'}=\boldsymbol{S}^{+}\boldsymbol{\psi}$，因此可得$\left(\hat{\boldsymbol{L}}^2,\boldsymbol{L}_x\right)$表象中三个算符$\hat{\boldsymbol{L}}_x,\hat{\boldsymbol{L}}_y,\hat{\boldsymbol{L}}_z$的矩阵表示和与之对应的本征值和本征态矢，有

$$\hat{\boldsymbol{L}}_x^{'}=\hbar\begin{pmatrix}1&0&0\\0&0&0\\0&0&-1\end{pmatrix},\hat{\boldsymbol{L}}_y^{'}=\frac{\hbar}{\sqrt{2}}\begin{pmatrix}0&\mathrm{i}&0\\-\mathrm{i}&0&\mathrm{i}\\0&-\mathrm{i}&0\end{pmatrix},\hat{\boldsymbol{L}}_z=\frac{\hbar}{\sqrt{2}}\begin{pmatrix}0&1&0\\1&0&1\\0&1&0\end{pmatrix}$$

$$l_x=\hbar,\boldsymbol{\psi}_+^{'}=\begin{pmatrix}1\\0\\0\end{pmatrix};\ l_x=0,\boldsymbol{\psi}_0^{'}=\begin{pmatrix}0\\1\\0\end{pmatrix};\ l_x=-\hbar,\boldsymbol{\psi}_-^{'}=\begin{pmatrix}0\\0\\1\end{pmatrix}$$

$$l_y=\hbar,\boldsymbol{\psi}_+^{'}=\frac{1}{2}\begin{pmatrix}\mathrm{i}\\\sqrt{2}\\-\mathrm{i}\end{pmatrix};\ l_x=0,\boldsymbol{\psi}_0^{'}=\frac{1}{\sqrt{2}}\begin{pmatrix}1\\0\\1\end{pmatrix};\ l_x=-\hbar,\boldsymbol{\psi}_-^{'}=\frac{1}{2}\begin{pmatrix}-\mathrm{i}\\\sqrt{2}\\\mathrm{i}\end{pmatrix}$$

$$l_z=\hbar,\boldsymbol{\psi}_+^{'}=\frac{1}{2}\begin{pmatrix}1\\\sqrt{2}\\1\end{pmatrix};l_z=0,\boldsymbol{\psi}_0^{'}=\frac{1}{\sqrt{2}}\begin{pmatrix}1\\0\\-1\end{pmatrix};l_x=-\hbar,\boldsymbol{\psi}_-^{'}=\frac{1}{2}\begin{pmatrix}1\\-\sqrt{2}\\1\end{pmatrix}$$

$\hat{\boldsymbol{L}}_x$ 在 $\left(\hat{\boldsymbol{L}}^2,\boldsymbol{L}_x\right)$ 的矩阵表示为对角矩阵，对角线元素即本征值.

习题 4(三维坐标系中的旋转矩阵求解)

由第二章习题 1 可知，二维直角坐标系逆时针转动 φ 时，有

$$\begin{cases}x'=x\cos\varphi-y\sin\varphi\\y'=x\sin\varphi+y\cos\varphi\end{cases}\begin{pmatrix}x'\\y'\end{pmatrix}=\begin{pmatrix}\cos\varphi&-\sin\varphi\\\sin\varphi&\cos\varphi\end{pmatrix}\begin{pmatrix}x\\y\end{pmatrix}$$

转动矩阵为

$$\boldsymbol{R}=\begin{pmatrix}\cos\varphi&-\sin\varphi\\\sin\varphi&\cos\varphi\end{pmatrix}$$

以此类推，可以导出三维直角坐标系绕某一坐标轴转动时坐标变换情况.

绕 Z 轴逆时针转动 γ 角时转动矩阵，此时 Z 轴不变，其他跟二维转动相同，故

$$\begin{cases}x'=x\cos\gamma-y\sin\gamma\\y'=x\sin\gamma+y\cos\gamma\\z'=z\end{cases},\quad\begin{pmatrix}x'\\y'\\z'\end{pmatrix}=\begin{pmatrix}\cos\gamma&-\sin\gamma&0\\\sin\gamma&\cos\gamma&0\\0&0&1\end{pmatrix}\begin{pmatrix}x\\y\\z\end{pmatrix},\quad\boldsymbol{R}_z(\gamma)=\begin{pmatrix}\cos\gamma&-\sin\gamma&0\\\sin\gamma&\cos\gamma&0\\0&0&1\end{pmatrix}$$

绕 X 轴逆时针转动 α 角时转动矩阵，此时 X 轴不变，其他跟二维转动相同，此时的 Y 轴相当于绕 Z 轴转动情况时的 X 轴，此时的 Z 轴相当于绕 Z 轴转动情况时的 Y 轴，故

$$\begin{cases}x'=x\\y'=y\cos\alpha-z\sin\alpha\\z'=y\sin\alpha+z\cos\alpha\end{cases},\quad\begin{pmatrix}x'\\y'\\z'\end{pmatrix}=\begin{pmatrix}1&0&0\\0&\cos\alpha&-\sin\alpha\\0&\sin\alpha&\cos\alpha\end{pmatrix}\begin{pmatrix}x\\y\\z\end{pmatrix},\quad\boldsymbol{R}_x(\alpha)=\begin{pmatrix}1&0&0\\0&\cos\alpha&-\sin\alpha\\0&\sin\alpha&\cos\alpha\end{pmatrix}$$

绕 Y 轴逆时针转动 β 角时转动矩阵，此时 Y 轴不变，其他跟二维转动相同，与绕 Z 轴相比较，此时的 Z 轴相当于绕 Z 轴时的 X 轴，此时的 X 轴相当于绕 Z 轴时的 Y 轴，则有

$$\begin{cases}x'=z\sin\beta+x\cos\beta\\y'=y\\z'=z\cos\beta-x\sin\beta\end{cases}\Rightarrow\begin{pmatrix}x'\\y'\\z'\end{pmatrix}=\begin{pmatrix}\cos\beta&0&\sin\beta\\0&1&0\\-\sin\beta&0&\cos\beta\end{pmatrix}\begin{pmatrix}x\\y\\z\end{pmatrix}$$

$$
\boldsymbol{R}_y(\beta)=\begin{pmatrix} \cos\beta & 0 & \sin\beta \\ 0 & 1 & 0 \\ -\sin\beta & 0 & \cos\beta \end{pmatrix}
$$

7.2.2 矩阵在计算物理学中的应用

计算物理学是一门借助计算机来实现计算和研究的一门学科，它涉及模型建立，计算方法的选取，编程实现，结果分析．它是当今时代重要的一门学科，是物理学研究生必修课程．常用的编程软件 MATLAB、FORTRAN．FORTRAN 属于编译语言，其语言的逻辑性强，程序结构清晰，语法简单易懂，适合于科学计算，特别是并行计算，但是它不具有可视化的界面，因此使用范围相对较窄．与 FORTRAN 相比，MATLAB 是一门高级语言，其程序语言编写可采用数学形式，更接近书写数学公式的方式，因此编写简单，易学易懂．另外 MATLAB 有着丰富的库函数，在进行数学运算时可直接调用．MATLAB 还具有可视化操作，编程结果可直接呈现，因此使用范围更广．现在主要介绍行列式及矩阵的 MATALB 实现方法以及 MATALB 求解运动方程．在 MATLAB 中行列式、矩阵的存储都是采用数值方式，因而输入方式相同．

习题 5　行列式及矩阵的 MATLAB 求值(注“>>”表示运行，“%”注释作用).

MATLAB 求解线性方程组(第二章习题 4)：

$$
\begin{cases} 2x_1+x_2-5x_3+x_4=8 \\ x_1-3x_2-6x_4=9 \\ 2x_2-x_3+2x_4=-5 \\ x_1+4x_2-7x_3+6x_4=0 \end{cases}.
$$

>>A=[2，1，−5，1；1，−3，0，−6；0，2，−1，2；1，4，−7，6]%同一行的元素之间用逗号“，”隔开，不同行之间的元素用分号“；”隔开．

```
A =
    2    1   -5    1
    1   -3    0   -6
    0    2   -1    2
    1    4   -7    6
>> D=det(A)%矩阵的行列式值
D =
  27.0000
```

%行列式的值 D=27，所以可逆，方程有唯一解.

```
>> b=[8；9；-5；0]%b 为列向量
b =
     8
     9
    -5
```

解法一：用克拉默法则求解.

>>D1=A；D1(：，1)=b %D1 的输入方式可按照矩阵的输入方式重新输入，也可以先将系数 A 赋值到 D1 参量上，然后让 D1 的第一列元素变成常数矩阵 b

```
D1 =
     8     1    -5     1
     9    -3     0    -6
    -5     2    -1     2
     0     4    -7     6
>>x1=det(D1)/det(D)
x1 =
    3.0000
```

同理可得其他

```
>> D2=A；D2(：，2)=b；D3=A；D3(：，3)=b；D4=A；D4(：，4)=b；
>> x2=det(D2)/det(D)%命令窗口的换行操作为 shift+enter
x3=det(D3)/det(D)
x4=det(D4)/det(D)
x2 =
   -4.0000
x3 =
   -1.0000
x4 =
    1.0000
```

解法二：利用 $\boldsymbol{X}=\boldsymbol{A}^{-1}*\boldsymbol{b}$ 求解.

```
>> x=inv(A)*b %inv(A)求 A 矩阵的逆矩阵
x =
    3.0000
   -4.0000
   -1.0000
    1.0000
```

(1) 行矩阵的输入：①无规律的情况，如 A=[8，8，5，1]；②有规律的情况，如 A=[1：2：10]，生成以 1 为起点间距为 2 的矩阵，矩阵元素小于等于 10.

(2) 列矩阵的输入：无规律的情况，如 B= [7；9；8；1]或 B= [7，9，8，1]'(单撇号“'”代表矩阵的转置).

(3) 利用库函数生成矩阵：①zeros(3，1)生成 3 行 1 列的 0 矩阵，ones(4，2)生成 4 行 2 列的 1 矩阵，eyes(5，3)生成 5 行 3 列的单位矩阵，rand(6，1)生成 6 行 1 区间[0，1]均匀分布的随机矩阵，randn(7，1) 生成 7 行 1 列均值为 0 且方差为 1 的标准正态分布的随机矩阵；②D=linspace(a，b，n)：a 与 b 分别是矩阵 D 的第一个与最后一个元素，即 D(1)=a，D(n)=b，矩阵 D 相邻两个元素的间距为(b−a)/(n−1)，因此其等价于 a：(b−a)/(n−1)：b，其中 a 是初始值，(b−a)/(n−1)是步长，b 为中止值.

(4) 矩阵对角元素与对角矩阵：

$$\boldsymbol{A}=\begin{pmatrix} a_{11} & a_{12} & \cdots & a_{1n} \\ a_{21} & a_{22} & \cdots & a_{2n} \\ \vdots & \vdots & & \vdots \\ a_{n1} & a_{n2} & \cdots & a_{nn} \end{pmatrix}$$

对角线元素调用命令 diag($\boldsymbol{A}$)= $\begin{pmatrix} a_{11} \\ a_{22} \\ \vdots \\ a_{nn} \end{pmatrix}$ 生成 n 行一列的列矩阵.

diag($\boldsymbol{A}$，1)= $\begin{pmatrix} a_{12} \\ a_{23} \\ \vdots \\ a_{n-1,n} \end{pmatrix}$ 生成 n−1 行一列的列矩阵.

diag($\boldsymbol{A}$，−1)= $\begin{pmatrix} a_{21} \\ a_{32} \\ \vdots \\ a_{n,n-1} \end{pmatrix}$ 生成 n−1 行一列的列矩阵.

同理若已知 diag(A，1)上的元素，可生成矩阵 $\boldsymbol{A}$.

习题 6(MATLAB 求解齐次线性方程组的基础解系) 对下面(第三章习题 6)齐

次线性方程组求解：

$$\begin{cases}x_1+x_2-3x_4-x_5=0\\x_1-x_2+2x_3-x_4=0\\4x_1-2x_2+6x_3+3x_4-4x_5=0\\2x_1+4x_2-2x_3+4x_4-7x_5=0\end{cases}，其中 \boldsymbol{A}\to\begin{pmatrix}1&1&0&-3&-1\\0&2&-2&-2&-1\\0&0&0&3&-1\\0&0&0&0&0\end{pmatrix}, R(\boldsymbol{A})=3<5$$

注：矩阵化简命令 rref，将矩阵化简为梯形最简形式.

```
>>A=[1，1，0，-3，-1；1，-1，2，-1，0；4，-2，6，3，-4；2，4，-2，4，-7]；% rank(A)=3
>> a1=rref(A)% 梯形最简形式也可以看出 rank(A)=3，与化简结果一致
a1 =
    1.0000         0    1.0000         0   -1.1667
         0    1.0000   -1.0000         0   -0.8333
         0         0         0    1.0000   -0.3333
         0         0         0         0         0
X=null(A，'r')%该结果与理论计算结果一致
X =
   -1.0000    1.1667
    1.0000    0.8333
    1.0000         0
         0    0.3333
         0    1.0000
```

习题 7(MATLAB 求解非齐次线性方程组的基础解系) (第三章习题 7)非齐次线性方程组求解：

$$\begin{cases}x_1+x_2+x_3+x_4+x_5=2\\2x_1+3x_2+x_3+x_4-3x_5=0\\x_1+2x_3+2x_4+6x_5=6\\4x_1+5x_2+3x_3+3x_4-x_5=4\end{cases}，其中 R(\boldsymbol{A})=R(\boldsymbol{B})=2<5$$

$$\boldsymbol{B}=(\boldsymbol{A},\boldsymbol{b})=\begin{pmatrix}1&1&1&1&1&2\\2&3&1&1&-3&0\\1&0&2&2&6&6\\4&5&3&3&-1&4\end{pmatrix}\to\begin{pmatrix}1&0&2&2&6&6\\0&1&-1&-1&-5&-4\\0&0&0&0&0&0\\0&0&0&0&0&0\end{pmatrix}$$

$$\begin{pmatrix} x_1 \\ x_2 \\ x_3 \\ x_4 \\ x_5 \end{pmatrix} = \begin{pmatrix} 6 \\ -4 \\ 0 \\ 0 \\ 0 \end{pmatrix} + \tilde{x}_3 \begin{pmatrix} -2 \\ 1 \\ 1 \\ 0 \\ 0 \end{pmatrix} + \tilde{x}_4 \begin{pmatrix} -2 \\ 1 \\ 0 \\ 1 \\ 0 \end{pmatrix} + \tilde{x}_5 \begin{pmatrix} -6 \\ 5 \\ 0 \\ 0 \\ 1 \end{pmatrix}$$

注：方程组求解 AX=b，命令 A\b 可求特解.

```
>> A=[1，1，1，1，1；2，3，1，1，-3；1，0，2，2，6；4，5，3，3，-1]；% rank(A)=2
>>b=[2，0，6，4]'
>>B=[A b]；% rank(B)=2
>> a=rref(B)%与矩阵的初等变换结果一致.
a =
     1     0     2     2     6     6
     0     1    -1    -1    -5    -4
     0     0     0     0     0     0
     0     0     0     0     0     0
>>X0=A\b   %经验证 X0 是方程的特解
X0 =
          0
     1.0000
          0
          0
     1.0000
>>X=null(A，'r')%该结果与理论计算结果一致
X =
    -2    -2    -6
     1     1     5
     1     0     0
     0     1     0
     0     0     1
```

习题 8(MATLAB 求矩阵秩、迹、特征值、特征向量及对角化)

不同基下线性变换的矩阵表示(第五章习题 3)：

$$\boldsymbol{M}=\begin{pmatrix}1&1&1\\1&1&0\\1&0&0\end{pmatrix},\ \boldsymbol{M}^{-1}=\begin{pmatrix}0&0&1\\0&1&-1\\1&-1&0\end{pmatrix},\ \boldsymbol{A}=\begin{pmatrix}-1&2&0\\1&1&-1\\0&1&-1\end{pmatrix}$$

$$\boldsymbol{B}=\boldsymbol{M}^{-1}\boldsymbol{AM}=\begin{pmatrix}0&0&1\\0&1&-1\\1&-1&0\end{pmatrix}\begin{pmatrix}-1&2&0\\1&1&-1\\0&1&-1\end{pmatrix}\begin{pmatrix}1&1&1\\1&1&0\\1&0&0\end{pmatrix}=\begin{pmatrix}0&1&0\\1&1&1\\0&-1&-2\end{pmatrix}$$

```
>>M=[1，1，1；1，1，0；1，0，0]；　A=[−1，2，0；1，1，−1；0，1，−1]；
%rank(M)=3 满秩，A 可逆．采用 M^-1=inv(M)实现 M 逆矩阵求解．
>>B=inv(M)*A*M
B =
     0     1     0
     1     1     1
     0    −1    −2
```

矩阵秩与迹：矩阵 A 求秩函数 rank(A)，代表线性无关的行数和列数；矩阵 A 求迹的命令 trace(A)，代表矩阵 A 的对角线上所有元素之和，也等于矩阵 A 的特征值之和．

矩阵特征征值与特征向量：特征向量 V 和特征值 D 命令为[V，D]= eig(A)，其中 D 为特征值所组成的对角矩阵．

习题 9　特征值不相同的情况(第六章习题 5)，矩阵 $\boldsymbol{A}$ 对角化：

$$\boldsymbol{A}=\begin{pmatrix}2&3&4\\0&-6&8\\0&8&6\end{pmatrix}$$

解析：在此题中，$\boldsymbol{A}$ 矩阵的本征值 $(\lambda_1,\lambda_2,\lambda_3)=(2,10,-10)$，本征向量为 $(\boldsymbol{x}_1,\boldsymbol{x}_2,\boldsymbol{x}_3)$，

$$\boldsymbol{M}=(\boldsymbol{x}_1,\boldsymbol{x}_2,\boldsymbol{x}_3)=\begin{pmatrix}1&11/8&1/6\\0&1&-2\\0&2&1\end{pmatrix},\ \boldsymbol{M}^{-1}\boldsymbol{AM}=\begin{pmatrix}2&&\\&10&\\&&-10\end{pmatrix}$$

```
>>A=[2，3，4；0，−6，8；0，8，6]；
>>　[V，D] = eig(A)　　%本征向量 V 列向量是归一化的，与 M 的结果求解
```

一致.

```
V =

    1.0000    0.0743   -0.5238
         0   -0.8920   -0.3810
         0    0.4460   -0.7619

D =

     2     0     0
     0   -10     0
     0     0    10

.>>    B=inv(V)*A*V

B =

    2.0000   -0.0000   -0.0000
         0  -10.0000    0.0000
         0   -0.0000   10.0000
```

习题 10　**特征值有重根的情况**(第六章习题 6)，矩阵 $\boldsymbol{A}$ 对角化：

$$\boldsymbol{A}=\begin{pmatrix}-2 & 1 & 1\\ 0 & 2 & 0\\ -4 & 1 & 3\end{pmatrix}$$

解析：$\lambda_1=-1$, $\boldsymbol{x}_1=\begin{pmatrix}1\\0\\1\end{pmatrix}$，$\lambda_2=\lambda_3=2$，$\boldsymbol{x}_2=\begin{pmatrix}1\\0\\4\end{pmatrix}$，$\boldsymbol{x}_3=\begin{pmatrix}1\\4\\0\end{pmatrix}$

当 $\boldsymbol{M}=\begin{pmatrix}1 & 1 & 1\\ 0 & 0 & 4\\ 1 & 4 & 0\end{pmatrix}$ 时，$\boldsymbol{M}^{-1}\boldsymbol{A}\boldsymbol{M}=\begin{pmatrix}-1 & & \\ & 2 & \\ & & 2\end{pmatrix}$；

当 $\boldsymbol{M}=\begin{pmatrix}1 & 1 & 1\\ 0 & 4 & 0\\ 4 & 0 & 1\end{pmatrix}$ 时，$\boldsymbol{M}^{-1}\boldsymbol{A}\boldsymbol{M}=\begin{pmatrix}2 & & \\ & 2 & \\ & & -1\end{pmatrix}$.

\>\>A=[-2，1，1；0，2，0；-4，1，3]；

\>\>　[V，D] = eig(A)　　%本征向量 V 列向量是归一化的，与 M 的结果求解一致.

```
V =
    -0.7071    -0.2425    0.3015
          0          0    0.9045
    -0.7071    -0.9701    0.3015
D =
    -1     0     0
     0     2     0
     0     0     2
>> B=inv(V)*A*V
B =
    -1.0000    0.0000   -0.0000
    -0.0000    2.0000    0.0000
          0         0    2.0000
```

与计算的 M 不同的地方只有 $\boldsymbol{x}_3$ 的选取方法，将计算取值 M=[1，1，1；0，0，4；1，4，0]代入验证：

```
>>C=inv(M)*A*M
C =
    -1     0     0
     0     2     0
     0     0     2
```

虽然选取的本征值不同，但是对矩阵的对角化无影响.

习题 11　特征值为复数的情况(第六章习题 7)，矩阵 $\boldsymbol{A}$ 对角化：

$$\boldsymbol{A}=\begin{pmatrix} 3 & 3 & 2 \\ 1 & 1 & -2 \\ -3 & -1 & 0 \end{pmatrix}$$

解析：在此题中，$\boldsymbol{A}$ 矩阵的本征值 $(\lambda_1,\lambda_2,\lambda_3)=(4,2\mathrm{i},-2\mathrm{i})$，本征向量为 $(\boldsymbol{x}_1,\boldsymbol{x}_2,\boldsymbol{x}_3)$.

$$\boldsymbol{M}=(\boldsymbol{x}_1,\boldsymbol{x}_2,\boldsymbol{x}_3)=\begin{pmatrix} -1 & -1 & -1 \\ -1 & 1 & 1 \\ 1 & -\mathrm{i} & \mathrm{i} \end{pmatrix},\ \boldsymbol{M}^{-1}=\frac{1}{4}\begin{pmatrix} -2 & -2 & 0 \\ -1+\mathrm{i} & 1+\mathrm{i} & 2\mathrm{i} \\ -1-\mathrm{i} & 1-\mathrm{i} & -2\mathrm{i} \end{pmatrix},\ \boldsymbol{M}^{-1}\boldsymbol{A}\boldsymbol{M}=\begin{pmatrix} 4 & & \\ & 2\mathrm{i} & \\ & & -2\mathrm{i} \end{pmatrix}$$

>>A=[3，3，2；1，1，−2；−3，−1，0]；　% det(A)=16 可逆

>>　[V，D] = eig(A)　　%本征向量 V 列向量是归一化的，与 M 的结果求解一致.

```
V =
   -0.5774 + 0.0000i   -0.5774 - 0.0000i   -0.5774 + 0.0000i
   -0.5774 + 0.0000i    0.5774 + 0.0000i    0.5774 + 0.0000i
    0.5774 + 0.0000i    0.0000 - 0.5774i    0.0000 + 0.5774i
D =
    4.0000 + 0.0000i    0.0000 + 0.0000i    0.0000 + 0.0000i
    0.0000 + 0.0000i    0.0000 + 2.0000i    0.0000 + 0.0000i
    0.0000 + 0.0000i    0.0000 + 0.0000i    0.0000 - 2.0000i
>> B=inv(V)*A*V
B =
    4.0000 + 0.0000i   -0.0000 + 0.0000i   -0.0000 - 0.0000i
    0.0000 - 0.0000i   -0.0000 + 2.0000i   -0.0000 + 0.0000i
    0.0000 + 0.0000i   -0.0000 - 0.0000i    0.0000 - 2.0000i
```

将 M 计算取值代入验证：

```
M=[-1，-1，-1；-1，1，1；1，-i，i]；%det(M)= 0.0000 - 4.0000i 可逆
>> B=inv(M)   %与计算结果一致
B =
   -0.5000 + 0.0000i   -0.5000 + 0.0000i    0.0000 + 0.0000i
   -0.2500 + 0.2500i    0.2500 + 0.2500i    0.0000 + 0.5000i
   -0.2500 - 0.2500i    0.2500 - 0.2500i    0.0000 - 0.5000i
>> c=inv(M)*A*M
c =
    4.0000 + 0.0000i    0.0000 + 0.0000i    0.0000 + 0.0000i
    0.0000 + 0.0000i    0.0000 + 2.0000i    0.0000 + 0.0000i
    0.0000 + 0.0000i    0.0000 + 0.0000i    0.0000 - 2.0000i
```

两种结果一致，MATLAB 的引入，将计算量交给计算机，大大缩短了计算工作时间，对矩阵对角化更加方便.

7.2.3 算法精析及 MATLAB 在矩阵问题中的应用

1．数值积分算法

在物理学领域经常能遇到一些无法找到被积分函数的原函数的积分，此时数值求解定积分则非常有必要，常用的数值积分方法有矩形法、梯形法、辛普生法等．对于任意函数 $\boldsymbol{S}=\int_a^b f(x)\mathrm{d}x$，数值积分的思想是将整个积分区间 $[a,b]$ 分成 n

等份，步长$h=(b-a)/n$，x取值$x_0=a$，$x_i=x_0+(i-1)h(i=1,2,\cdots,n)$，每一个区间$[x_i,x_{i+1}]$上的积分可近似为$\int_{x_i}^{x_{i+1}}f(x)\mathrm{d}x\approx f(x_{i+1})h$，即用矩形面积代替函数的积分．因此整个积分可转化成对每一个小区间的积分，故当步长h足够小时，总积分$S=\int_a^b f(x)\mathrm{d}x=\sum_{i=1}^{n}f(x_i)\cdot h$，这就是矩形积分法．矩形积分方法虽然简单，但是计算精度不够，要想提高计算精度必须让步长h变小，这会引起n变大，从而求和多项式变多，计算机存储数据时，存储空间变大，计算效率变低，为此对矩形积分法进行改进，从而引出梯形积分法：对区间$[x_i,x_{i+1}]$上的积分变成$\int_{x_i}^{x_{i+1}}f(x)\mathrm{d}x\approx h\left(f(x_{i+1})+f(x_{i+1})\right)/2$，即用梯形面积代替函数的积分，总积分公式变成

$$S=\int_a^b f(x)dx=\sum_{i=0}^{n-1}\frac{f(x_i)+f(x_{i+1})}{2}\cdot h=\left(\frac{f(x_0)+f(x_n)}{2}+\sum_{i=1}^{n-1}f(x_i)\right)\cdot h$$

即梯形积分公式．数值积分时还存在更高精度的辛普生公式，其详细讨论参考彭芳麟编《计算物理基础》．

2．常微分方程的数值算法

在物理学领域通常采用常微分方程求质点运动描述，比如描述自由落体速度变化满足$\frac{\mathrm{d}v}{\mathrm{d}t}=g$，$g$为重力加速度，且其运动方程为$m\frac{\mathrm{d}^2y}{\mathrm{d}t^2}=mg$；有阻尼(阻尼系数$\beta$)有驱动外力(外力$f(t)$)情况下单摆的运动方程形式为$\ddot{\theta}=\beta\cdot\dot{\theta}-\sin\theta+f(t)$；这都是物理学中常见的运动方程，它们大多数不存在精确解，采用数值算法求解这些方程就尤为必要，数值算法中最基本的是龙格库塔法．

(1) 一阶常微分方程的数值算法.以方程(7.1)为例：

$$\begin{cases}\mathrm{d}y/\mathrm{d}t=f(t,y)\\ y(t_0)=y_0\end{cases}\quad(a\leqslant t\leqslant b)\tag{7.1}$$

首先对时间t离散，时间步长$h=(b-a)/n$，将区间$[a,b]$分成n等份，此时时间 t 的取值为 $t=a:h:b$，即一行 $n+1$ 列的矩阵，设$t_i=a+i\cdot h(i=0,1,\cdots,n)$．在$t_0$处方程(7.1)给出了其对应的初值$y(t_0)$，对于其他的$t_i$点可采用欧拉法近似求出$y_i=y(t_i)$值．

$$\begin{cases}\left.\dfrac{\mathrm{d}y}{\mathrm{d}t}\right|_{t_i}=\dfrac{y(t_{i+1})-y(t_i)}{t_{i+1}-t_t} \\ f(t,y)\big|_{t=t_i,y=y_i}=f(t_i,y_i)\end{cases}\Rightarrow y(t_{i+1})=y(t_i)+hf(t_i,y_i) \tag{7.2}$$

若将$f(t,y)\big|_{t=t_i,y=y_i}=\left(f(t_i,y_i)+f(t_{i+1},y_{i+1})\right)/2$近似为$y$在$t$时刻的导数$\mathrm{d}y/\mathrm{d}t\big|_{t_i}$项，则

$$\left.\begin{aligned}y(t_{i+1})&=y(t_i)+h\left(f(t_i,y_i)+f(t_{i+1},y_{i+1})\right)/2\\ f(t_{i+1},y_{i+1})&=f\left(t_i+h,y_i+hf(t_i,y_i)\right)\end{aligned}\right\} \tag{7.3}$$

公式(7.2)称为欧拉公式，公式(7.3)称为改进欧拉公式．采用式(7.2)或式(7.3)，可以由$(t_0,y(t_0))\to(t_1,y(t_1))\to\cdots\to(t_n,y(t_n))$即完成对式(7.1)的数值求解．每一项$(t_i,y(t_i))$都可以看作是一个一行两列的矩阵，整个方程(7.1)的解则是一个$n+1$行两列的矩阵．改进欧拉公式(7.3)与欧拉公式(7.2)相比精度更高，这是由于对斜率$\mathrm{d}y/\mathrm{d}t\big|_{t_i}$的计算采取的是加权平均，这是龙格库塔法的基本思想，最常用的是四阶龙格库塔法，其对应的计算公式为

$$\left.\begin{aligned}y(t_{i+1})&=y(t_i)+\frac{1}{6}(K_1+2K_2+2K_3+K_4)\\ K_1&=h\cdot f(t_i,y_i)\\ K_2&=h\cdot f\left(t_i+\frac{h}{2},y_i+\frac{K_1}{2}\right)\\ K_3&=h\cdot f\left(t_i+\frac{h}{2},y_i+\frac{K_2}{2}\right)\\ K_4&=h\cdot f(t_i+h,y_i+K_3)\end{aligned}\right\} \tag{7.4}$$

其对应的 MATLAB 程序为

(1) 建立 $\mathrm{d}y/\mathrm{d}t = f(t,y)$ 函数，其变量为 t 和 y.

function　$\mathrm{dfun} = \mathrm{fdot}(\mathrm{t},\mathrm{y})$　%dfun 是 f 函数的导数文件

$\mathrm{dfun} = \mathrm{f}(\mathrm{t},\mathrm{y})$ 的数学表达式，例如 $\mathrm{dfun} = \mathrm{y}^3 - \mathrm{y}^2$

(2) 编写龙格库塔法程序

function　$[\mathrm{t},\mathrm{y}] = \mathrm{lgktf4}(\mathrm{t0},\mathrm{tn},\mathrm{h},\mathrm{y0})$ %t 的初值 t0、终值 tn、步长 h、y 的初值 y0

$\mathrm{t} = \mathrm{t0}:\mathrm{h}:\mathrm{tn};$ %给出时间 t 的范围，t 是一个数组或者矩阵．注意 $\mathrm{t}(1) = \mathrm{t0},\ \mathrm{t}(\mathrm{n}+1) = \mathrm{tn},$ 数据存储第一个位置是 $\mathrm{t}(1)$ 而不是 $\mathrm{t}(0)$，调用方式为 $\mathrm{t}(\mathrm{i})$.

$\mathrm{n} = \mathrm{length}(\mathrm{t});$ %给出时间 t 的维数，即数组 t 中元素的个数.

$\mathrm{y}(1) = \mathrm{y0};$ %对 y 赋初值，y 的其他数值需要用龙格库塔法计算

for　$\mathrm{i} = 1:1:\mathrm{n}-1$

$\mathrm{K1} = \mathrm{fdot}(\mathrm{t}(\mathrm{i}),\mathrm{y}(\mathrm{i}))$

$\mathrm{K2} = \mathrm{fdot}(\mathrm{t}(\mathrm{i}) + \mathrm{h}/2, \mathrm{y}(\mathrm{i}) + \mathrm{h}/2\cdot\mathrm{K1})$

$\mathrm{K3} = \mathrm{fdot}(\mathrm{t}(\mathrm{i}) + \mathrm{h}/2, \mathrm{y}(\mathrm{i}) + \mathrm{h}/2\cdot\mathrm{K2})$　　　%程序与算法一致.

$\mathrm{K2} = \mathrm{fdot}(\mathrm{t}(\mathrm{i}) + \mathrm{h}, \mathrm{y}(\mathrm{i}) + \mathrm{h}\cdot\mathrm{K3})$

$\mathrm{y}(\mathrm{i}+1) = \mathrm{y}(\mathrm{i}) + \mathrm{h}/6\cdot(\mathrm{K1} + 2\mathrm{K2} + 2\mathrm{K3} + \mathrm{K4})$

end

(3) 编写运行程序文件.

function　main %建立主程序运行函数 main

clear　all %清空所有的变量存储

t0 = 常数1；tn = 常数2；h = 常数3；y0 = 常数4; %对初始变量赋初值

$[\mathrm{t},\mathrm{y}] = \mathrm{lgktf4}(\mathrm{t0},\mathrm{tn},\mathrm{h},\mathrm{y0})$ %运行程序，将初值输入 4 阶龙格库塔法程序中运行，t 储存的是时间取值 $\mathrm{t}(\mathrm{i})$，y 存储的是运行结果 $\mathrm{y}(\mathrm{i})$.

例如：初值速度为 $v_0 = 20$，加速度 $g = 9.8$ 的落体运动，速度满足 $\dot{v} = g$．将函数 $\mathrm{dfun} = \mathrm{f}(\mathrm{t},\mathrm{y}) \Rightarrow \mathrm{dfun} = 9.8$．假设时间取值 $t = 0:0.1:10;$ 则初值 $t0 = 0,\ \ h = 0.1,$ $tn = 10,\ \mathrm{y0} = 20$，$[\mathrm{t},\mathrm{y}] = \mathrm{lgktf4}(\mathrm{t0},\mathrm{tn},\mathrm{h},\mathrm{y0}) \Rightarrow [\mathrm{t},\mathrm{y}] = \mathrm{lgktf4}(0,10,0.1,20)$，y 存储的是速度随时间的变化值，速度随时间的变换图像如图 7.1 所示，对应 MATLAB 的运行命令为 plot(t，y).

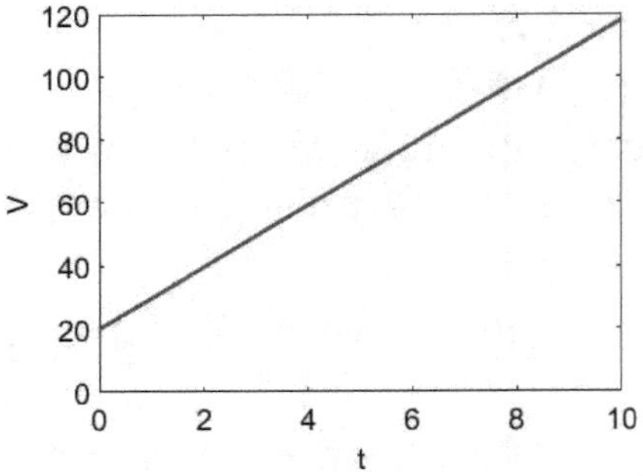

图 7.1 初速度 $v_0 = 20$ 自由落体运动速度变换图

从物体运动状态来看，其速度满足 $v_t = v_0 + g \cdot t = 20 + 9.8t$，这是一条纵轴起点为(0，20)，斜率为 9.8 的直线，这个与图像 7.1 所示结果一致.

(2) 二阶常微分方程的数值算法．以方程(7.5)为例：

$$\left.\begin{aligned} &\frac{\mathrm{d}^2 x}{\mathrm{d}t^2} = c_1\left(\frac{\mathrm{d}x}{\mathrm{d}t}\right)^m + f(t,x) \\ &x(t_0) = c_2,\quad \left.\frac{\mathrm{d}x}{\mathrm{d}t}\right|_{t=t_0} = c_3 \quad \left(m, c_i\text{为常数，}f(t,x)\text{不包含}\frac{\mathrm{d}x}{\mathrm{d}t}\text{项}\right) \end{aligned}\right\} \tag{7.5}$$

二阶常微分方程是物理学中最常见的方程，比如谐振子运动方程 $\ddot{x} = -\omega^2 x$，其中 ω 震动频率；自由落体的运动方程 $\ddot{x} = -g$，有阻尼情况下单摆的运动方程 $\ddot{\theta} = \beta \cdot \dot{\theta} - \sin\theta$，$\beta$ 为阻尼系数．像这些的二阶常微分方程是物理学运动方程的普遍形式，很多情况下它们是没有精确解的，因此数值方法成为主要的解决二阶微分方程的手段．MATLAB 对式(7.5)采用指令 ode45，它使用的是龙格库塔法四阶五级的算法，适用于非刚性问题．式(7.5)与式(7.1)不同，它有存在二阶导数，所以要对其降阶：

$$\left.\begin{aligned} y_1 &= x \\ y_2 &= \frac{\mathrm{d}x}{\mathrm{d}t} \end{aligned}\right\} \xrightarrow{\text{方程（7.5）简化}} \left.\begin{aligned} &\dot{y}_1 = \frac{\mathrm{d}x}{\mathrm{d}t} = y_2 \\ &\dot{y}_2 = \frac{\mathrm{d}^2 x}{\mathrm{d}t^2} = c_1\left(\frac{\mathrm{d}x}{\mathrm{d}t}\right)^m + f(t,x) = c_1 y_2^m + f(t,y_1) \\ &y_1(0) = x(t_0) = c_2 \\ &y_2(0) = \left.\frac{\mathrm{d}x}{\mathrm{d}t}\right|_{t=t_0} = c_3 \end{aligned}\right\} \tag{7.6}$$

变量代换后，二阶常微分方程(7.5)通过变量代换变成了一阶常微分方程

(7.6)，与此同时，变量由 $x \to (y_1, y_2)$，若令 $y=\begin{pmatrix} y_1 \\ y_2 \end{pmatrix}$ 即采用列向量(矩阵)标记，则方程(7.6)可改写为

$$y=\begin{pmatrix} y_1 \\ y_2 \end{pmatrix} \xrightarrow{\text{方程（7.6）简化}} \dot{y}=\begin{pmatrix} \dot{y}_1 \\ \dot{y}_2 \end{pmatrix}=\begin{pmatrix} y_2 \\ c_1 y_2^m + f(t, y_1) \end{pmatrix} \oplus y(0)=\begin{pmatrix} y_1(0) \\ y_2(0) \end{pmatrix}=\begin{pmatrix} c_2 \\ c_3 \end{pmatrix} \quad (7.7)$$

式(7.7)可以用四阶龙格库塔法式(7.4)求解，一般而言，对非刚性的常微分方程采用 ode45 命令求解，其语句格式为 $[\mathrm{T}, \mathrm{Y}]=\mathrm{ode45}(\mathrm{odefun}, \mathrm{tspan}, \mathrm{y0})$，以有阻尼情况下单摆情况为例讨论此语句，单摆满足运动方程 $\ddot{\theta}=\beta \cdot \dot{\theta}-\sin\theta$，且 $\theta(0)=0, \dot{\theta}(0)=2, \beta=-0.2$． 令

$$y=\begin{pmatrix} \theta \\ \dot{\theta} \end{pmatrix}=\begin{pmatrix} y_1 \\ y_2 \end{pmatrix} \to \dot{y}=\begin{pmatrix} \dot{\theta} \\ \ddot{\theta} \end{pmatrix}=\begin{pmatrix} \ddot{\theta} \\ -0.2 \cdot \dot{\theta}-\sin\theta \end{pmatrix}=\begin{pmatrix} y_2 \\ y_2-\sin(y_1) \end{pmatrix} \oplus y(0)=\begin{pmatrix} \theta(0) \\ \dot{\theta}(0) \end{pmatrix}=\begin{pmatrix} 0 \\ 2 \end{pmatrix}$$

(1) 建立 $\mathrm{d}y/\mathrm{d}t=f(t,y)$ 函数，其变量为 t 和 y.

function　$\mathrm{dfun}=\mathrm{odefun}(\mathrm{t}, \mathrm{y})$ %默认二阶常微分方程的是对 t 求导，y 是一个二维数值(矩阵)，dfun 是用来定义二阶常微分方程的导数函数文件.

$\mathrm{dfun}=\begin{pmatrix} \dot{y}_1 \\ \dot{y}_2 \end{pmatrix}$ %dfun 存储变量 y 导数的表达式，上面的单摆 $\mathrm{dfun}=\begin{pmatrix} y_2 \\ -4y_2-\sin(y_1) \end{pmatrix}$.

(2) 编写运行程序.

[T, Y] = ode45 (@odefun,[0　10Π],[0,2])，其中 odefun 是所求解的常微分方程转化的一阶常微分方程即①所编写的导数函数文件． tspan 表示单调递增(递减)的 t 函数，[0　10Π]代表初值为 t0=0；终值为 t(end)=10π；t 为步长，程序默认；$y0$ 为初值即 $(y_1(0), y_2(0))=[0,2]$.

为了更好对单摆的运动状态进行分析，采用 plot(T，Y(：，1))和 plot(T，Y(：，2))分别画出单摆的摆角和角速度随时间的变化图像，具体如图 7.2 所示.

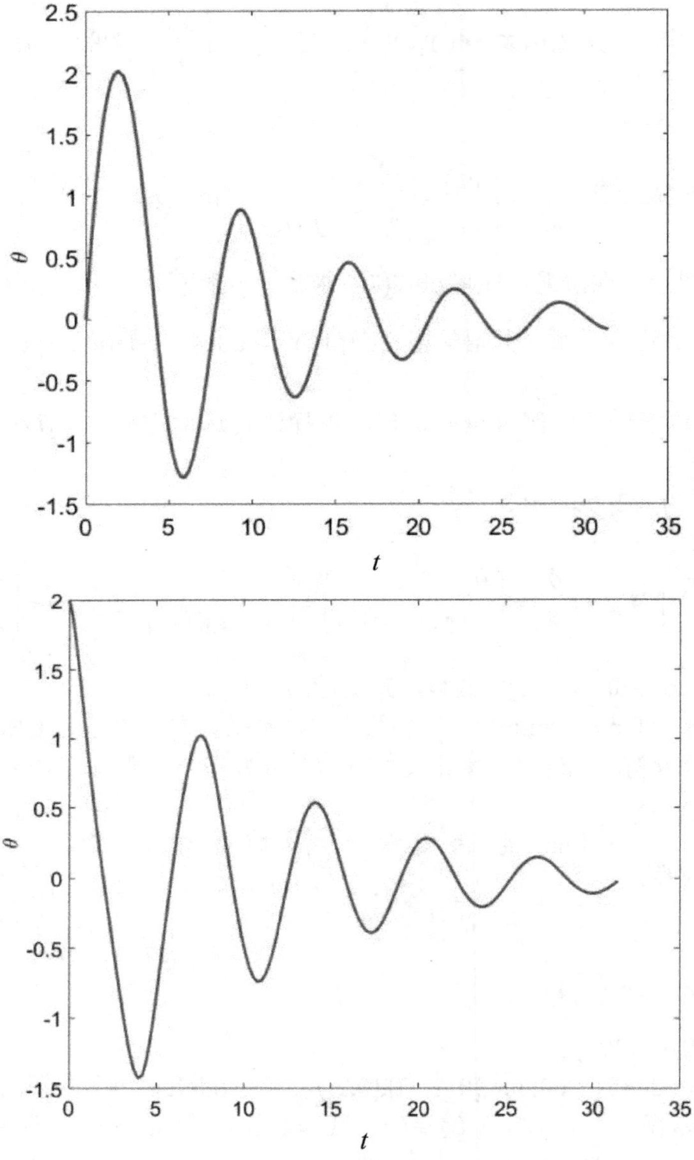

图 7.2　有阻尼单摆的摆角和角速度

单摆有阻尼时，能量被消耗，单摆的振幅越来越小，如 $\theta=\theta(t)$ 图像所示．单摆的速度也越来越小，如 $\dot{\theta}=\dot{\theta}(t)$ 所示单摆的最大角速度越来越小．此外通过模拟数据还可直接分析单摆周期及能力的具体变化情况，在很多情况下通过单摆运动的相图得出(如图 7.3 所示，所用的命令 plot(Y(：，1)，Y(：，2)))．

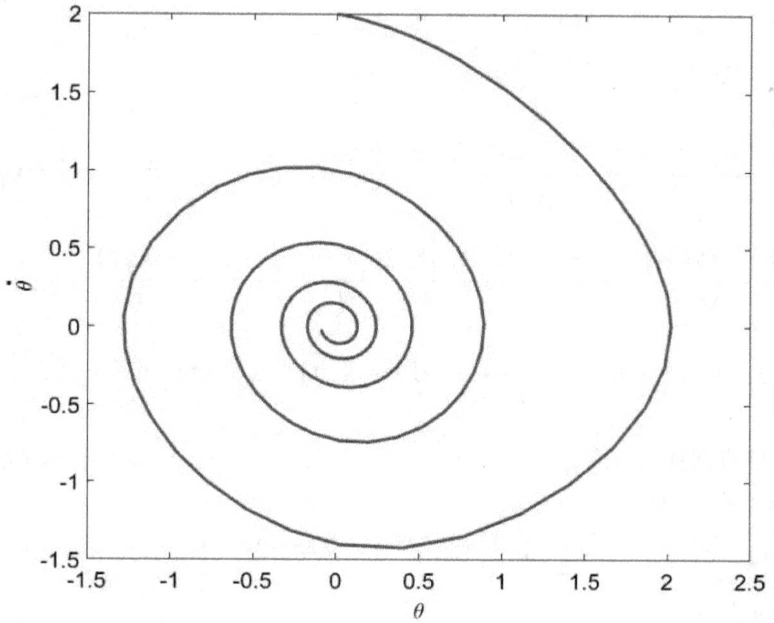

图 7.3　有阻尼单摆的运动的相图

由相图 7.3 所示，单摆能量的耗散使其相轨迹的半径变小，单摆的轨迹也不是封闭的曲线．当角速度 $\dot{\theta}=0$，单摆动能为零，单摆的摆角振幅越来越小，即摆的势能越来越低，单摆总的能量越来越低；相反，$\theta=0$ 时单摆的势能为零，单摆的角速度 $\dot{\theta}=\dot{\theta}(t)$ 也越来越小，单摆的动能越来越小，单摆总能量越来越低．

3．偏微分方程的数值算法

在物理学领域还有另外一种方程：偏微分方程，它一般是时间和空间的函数，比如两端固定的弦的振动方程满足 $u_{tt}-a^2u_{xx}=0$ 形式，细杆热传导方程满足 $u_t-a^2u_{xx}=0$ 形式，一维薛定谔方程满足 $i\hbar\frac{\partial}{\partial t}\psi=\left[-\frac{\hbar^2}{2m}\frac{\partial^2}{\partial x^2}+V(x)\right]\psi$ 形式，这些都是偏微分方程，与常微分方程一样，它们大多没有解析解，所以数值方法成为研究偏微分方程的重要手段．常见的数值算法有显式差分法、隐式差分法、Crank-Nicolson 算法．本节重点讨论显示差分法求解热传导方程．

(1) 热传导方程的显式差分法．研究对象热传导方程 $u_t-a^2u_{xx}=0$，具体求解算法如下：

根据一阶、二阶导数的差分公式可得

$$\left.\begin{aligned} u_t &\approx \frac{u(x,t+\Delta t)-u(x,t)}{\Delta t} \\ u_{xx} &\approx \frac{u(x+\Delta x,t)-2u(x,t)+u(x-\Delta x,t)}{(\Delta x)^2} \end{aligned}\right\} \xrightarrow[(t\text{时刻的值})]{\text{代入}} u_t - a^2 u_{xx} = 0 \tag{7.8}$$

$$\frac{u(x,t+\Delta t)-u(x,t)}{\Delta t} \approx a^2 \frac{u(x+\Delta x,t)-2u(x,t)+u(x-\Delta x,t)}{(\Delta x)^2}$$

$$\Rightarrow u(x,t+\Delta t) \approx u(x,t) + \frac{\Delta t}{(\Delta x)^2}\left[u(x+\Delta x,t)-2u(x,t)+u(x-\Delta x,t)\right] \tag{7.9}$$

为了更方便观察，令 $x = i\cdot\Delta x,\ t = j\cdot\Delta t,\ i,j = 0,1,2\cdots,n-1,\ r = a^2\cdot\Delta t/(\Delta x)^2$，则式(7.9)可简化成

$$u_{i,j+1} = u_{i,j} + r\left(u_{i+1,j} - 2u_{i,j} + u_{i-1,j}\right) \Rightarrow u_{i,j+1} = (1-2r)u_{i,j} + r\left(u_{i-1,j} + u_{i+1,j}\right)$$

$$\Rightarrow \begin{pmatrix} u_{1,j+1} \\ u_{2,j+1} \\ u_{3,j+1} \\ u_{4,j+1} \\ \vdots \end{pmatrix} = \begin{pmatrix} 1-2r & r & & & \\ r & 1-2r & r & & \\ & r & 1-2r & r & \\ & & r & 1-2r & r \\ \vdots & \vdots & \vdots & \vdots & \vdots \end{pmatrix} \begin{pmatrix} u_{1,j} \\ u_{2,j} \\ u_{3,j} \\ u_{4,j} \\ \vdots \end{pmatrix} = L_1 \begin{pmatrix} u_{1,j} \\ u_{2,j} \\ u_{3,j} \\ u_{4,j} \\ \vdots \end{pmatrix} \tag{7.10}$$

由于 j 表示时间变化，i 表示空间变化，式(7.10)阐述了如何由 j 时刻 $i-1$，i，$i+1$ 点的函数 u 的值确定 $j+1$ 时刻函数 u 的值，所以只需告知初始时刻 $u(x,t=0)$ 的值，就计算出 $u(x,t)$ 的值，从而完成对传导方程 $u_t - a^2u_{xx} = 0$ 的数值求解.

(2) 热传导方程的隐式差分法. 在式(7.8)中用 t 时刻的 $u(x,t)$ 计算 u_{xx} 称为显示差分，若用 $t+\Delta t$ 时刻的 $u(x,t+\Delta t)$ 计算 u_{xx}，则对应的是另一种差分格式，称为隐式差分.

$$\frac{u(x,t+\Delta t)-u(x,t)}{\Delta t} \approx a^2 \frac{u(x+\Delta x,t+\Delta t)-2u(x,t+\Delta t)+u(x-\Delta x,t+\Delta t)}{(\Delta x)^2} \tag{7.11}$$

$$\Rightarrow \frac{u_{i,j+1}-u_{i,j}}{\Delta t} = a^2 \frac{u_{i+1,j+1}-2u_{i,j+1}+u_{i-1,j+1}}{(\Delta x)^2} \Rightarrow (1+2r)u_{i,j+1} - r\left(u_{i-1,j+1}+u_{i+1,j+1}\right) = u_{i,j}$$

$$\Rightarrow \boldsymbol{L}_2\begin{pmatrix}u_{1,j+1}\\u_{2,j+1}\\u_{3,j+1}\\u_{4,j+1}\\\vdots\end{pmatrix}=\begin{pmatrix}1+2r & -r & & & \\ -r & 1+2r & -r & & \\ & -r & 1+2r & -r & \\ & & -r & 1+2r & -r\\ \vdots & \vdots & \vdots & \vdots & \vdots\end{pmatrix}\begin{pmatrix}u_{1,j+1}\\u_{2,j+1}\\u_{3,j+1}\\u_{4,j+1}\\\vdots\end{pmatrix}=\begin{pmatrix}u_{1,j}\\u_{2,j}\\u_{3,j}\\u_{4,j}\\\vdots\end{pmatrix} \tag{7.12}$$

$$\Rightarrow \begin{pmatrix}u_{1,j+1}\\u_{2,j+1}\\u_{3,j+1}\\u_{4,j+1}\\\vdots\end{pmatrix}=\boldsymbol{L}_2^{-1}\begin{pmatrix}u_{1,j}\\u_{2,j}\\u_{3,j}\\u_{4,j}\\\vdots\end{pmatrix}=\begin{pmatrix}1+2r & -r & & & \\ -r & 1+2r & -r & & \\ & -r & 1+2r & -r & \\ & & -r & 1+2r & -r\\ \vdots & \vdots & \vdots & \vdots & \vdots\end{pmatrix}^{-1}\begin{pmatrix}u_{1,j}\\u_{2,j}\\u_{3,j}\\u_{4,j}\\\vdots\end{pmatrix}$$

(3) 热传导方程的隐式差分. 显式差分法式(7.10)与隐式差分法式(7.12)加权平均，即

$$\frac{u(x,t+\Delta t)-u(x,t)}{\Delta t}=\frac{1}{2}a^2\frac{u(x+\Delta x,t)-2u(x,t)+u(x-\Delta x,t)}{(\Delta x)^2}+\frac{1}{2}a^2\frac{u(x+\Delta x,t+\Delta t)-2u(x,t+\Delta t)+u(x-\Delta x,t+\Delta t)}{(\Delta x)^2}$$

$$\Rightarrow \frac{u_{i,j+1}-u_{i,j}}{\Delta t}=\frac{a^2}{2(\Delta x)^2}\left(u_{i+1,j}-2u_{i,j}+u_{i-1,j}+u_{i+1,j+1}-2u_{i,j+1}+u_{i-1,j+1}\right)$$

$$\Rightarrow (1+r)u_{i,j+1}-\frac{r}{2}\left(u_{i-1,j+1}+u_{i+1,j+1}\right)=(1-r)u_{i,j}+\frac{r}{2}\left(u_{i+1,j}+u_{i-1,j}\right)$$

$$\begin{pmatrix}1+r & \frac{-r}{2} & & & \\ \frac{-r}{2} & 1+r & \frac{-r}{2} & & \\ & \frac{-r}{2} & 1+r & \frac{-r}{2} & \\ & & \frac{-r}{2} & 1+r & \frac{-r}{2}\\ \vdots & \vdots & \vdots & \vdots & \vdots\end{pmatrix}\begin{pmatrix}u_{1,j+1}\\u_{2,j+1}\\u_{3,j+1}\\u_{4,j+1}\\\vdots\end{pmatrix}=\begin{pmatrix}1-r & \frac{r}{2} & & & \\ \frac{r}{2} & 1-2r & \frac{r}{2} & & \\ & \frac{r}{2} & 1-2r & \frac{r}{2} & \\ & & \frac{r}{2} & 1-2r & \frac{r}{2}\\ \vdots & \vdots & \vdots & \vdots & \vdots\end{pmatrix}\begin{pmatrix}u_{1,j}\\u_{2,j}\\u_{3,j}\\u_{4,j}\\\vdots\end{pmatrix} \tag{7.13}$$

从式(7.13)可以看出计算每一个点都涉及相邻的 5 个点，并且这个公式是对称格式，这个公式也是最长用的算法之一，称为 Crank−Nicolson 公式，它对任何步长都是稳定的.

例如：(彭芳麟编《计算物理基础》第七章习题 4) 显示差分格式解方程：

$$\begin{cases} u_t = u_{xx}\left(0 < x < 1, 0 < t < 0.5\right) \\ u\left(x,0\right) = \sin\left(\pi x\right) \\ u\left(0,t\right) = u\left(1,t\right) = 0 \end{cases}$$

数值离散时 $\Delta t = 0.01, \Delta x = 0.1$，该方程解析解为

$$u\left(x,t\right) = \exp(-\pi^2 t)\sin\left(\pi x\right)$$

```
x=0：0.1：1；        r=1；
u=zeros(11，51)；
u(1：11，1)=sin(pi*x)；
for j=1：50
u(2：10，j+1)=(1-2*r)*u(2：10，j)+r*(u(1：9，j)+ u(3：11，j))；
end
[T，X]=meshgrid(0：0.01：0.5，0：0.1：1)；
%contourf(T，X，u)
Z=exp(-pi*pi*T).*sin(pi*X)；
```

为了观察数值解与精确解的区别，画出 $u\left(x,t=0.01\right)$, $u\left(x,t=0.05\right)$, $u\left(x,t=0.1\right)$, $u\left(x,t=0.5\right)$，如图 7.4 所示，其中数值解用虚线表示，精确解用点表示．分别对应作图命令 plot(x，u(：，2)，x，Z(：，2)，'.')；plot(x，u(：，6)，x，Z(：，6)，'.')；plot(x，u(：，11)，x，Z(：，11)，'.')； plot(x，u(：，51)，x，Z(：，51)，'.').

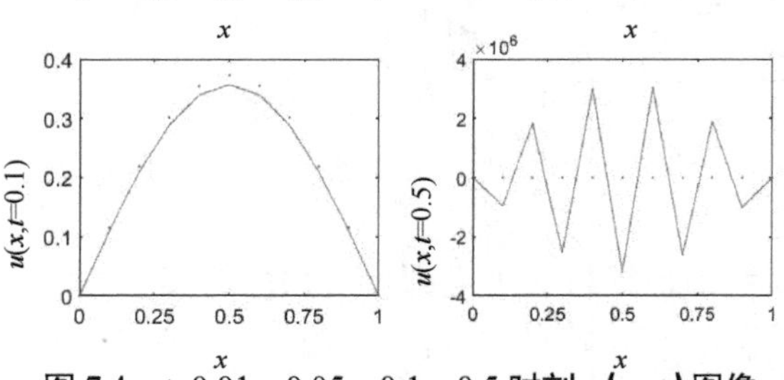

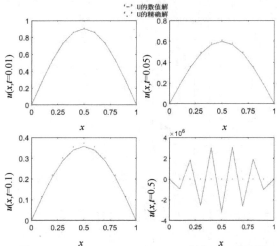

图 7.4　t=0.01，0.05，0.1，0.5 时刻 $u\left(x,t\right)$ 图像

从图 7.4 可以看出，刚开始的时候，u 的数值解与解析解的函数图像一致，但是随着时间变长，数值解与解析解的差别越来越明显．这是由于显示差分格式对时间步长 Δt 和空间步长 Δx 依赖性比较高，它们的选取直接影响数值计算结果．要想达到更高的精度可采用 Crank-Nicolson 算法．

4．MATLAB 中矩阵处理及绘图

(1) 矩阵处理：数据在 MATLAB 中一般是以矩阵的形式存储，在进行运算时需要对其操作，MATLAB 对矩阵 $A=\left(a_{ij}\right)_{m\times n}$ 的处理命令主要有以下几种情况：

1) 矩阵 A 内部元素的调用命令：

① 单独元素及行调用：A[i，j]调用矩阵 A 第 i 行 j 列的一个元素 a_{ij}．

② A[1，：]调用其第一行的所有元素，同理 A[m，：]为最后一行元素，其等价于 A[end，：]，A[end-1，：]= A[m-1，：]，end 命令的使用可以辅助更好地处理未知矩阵；矩阵行与列元素的调用命令项类似，比如 A[：，n]=A[：，end]调用其第 n 列或者最后一列元素．

③ 多行元素或者内部矩阵调用：A[1：4，：]调用 1 至 4 行所有元素，A[1：2：m，：]调用奇数行所有元素，A[1：4，2：4]调用 A 矩阵第 1 至 4 行，且在 2 至 4 列的所有元素．

2) 矩阵 A 基本操作命令：

① 矩阵 A 的转置命令：transpose(A) 或者“A”，此时等价于 transpose(A)= A^T．

② 矩阵 $A=\left(a_{ij}\right)_{m\times n}$ 行数、列数命令：[m，n]=size(A)；其中 m 返回的是 $A=\left(a_{ij}\right)_{m\times n}$ 的行数，n 返回的是 A 的列数；length(A)返回矩阵 A 中行列数较大的值，即 length(A)=max(size(A))，此命令在求行矩阵或列矩阵时非常方便．

③ 矩阵的加减法运算：当 A、B 为同型矩阵时，可实现 A+B 或 A-B 运算，即对应元素的相加减．在 MATLAB 计算 $A=\left(a_{ij}\right)_{m\times n}$ 与数 λ 相加减时，$A-\lambda=\left(a_{ij}-\lambda\right)_{m\times n}$ 即矩阵 A 所有元素都与数 λ 相减．

④ 矩阵乘法 $A=\left(a_{ij}\right)_{m\times n}$ 与 $B=\left(b_{ij}\right)_{n\times l}$ 乘法 $C=AB$，其中 $C=\left(c_{ij}\right)_{m\times l}=\left(\sum_{k=1}^{n}a_{ik}b_{kj}\right)_{m\times l}$，矩阵 C 是矩阵 A 与 B 按照矩阵乘法运算法则相乘而

得出.

⑤ 矩阵除法：左除运算 $A\backslash B$ 与右除运算 B/A，求解AX=B，当A为满秩时，x=inv(A)*B 或者 x=A\B(左除)，而 XA=B，X=B/A(右除)或者 x=B*inv(A)，矩阵求逆时需注意若 A 为非满秩矩阵，则采用的是 pinv(A)求 A 的逆(又被称为伪逆).

⑥ 矩阵点乘运算：$A=\left(a_{ij}\right)_{m\times n}$ 与 $B=\left(b_{ij}\right)_{m\times n}$ 点乘，$C=A.*B$ 为对应元素相乘，即 $C=\left(c_{ij}\right)_{m\times n}=\left(a_{ij}b_{ij}\right)_{m\times n}$，例如：A=[1，2，3]；B=[4，5，6]，C=A.*B=[1*4，2*5，3*6]=[4，10，18]，这种运算法则在 MATLAB 中最为常用；比如 7.5 图 $y_2=x^2 \Leftrightarrow y_2=x.*x$.

⑦ 矩阵求和：每一列元素之和命令：sum(A)，每一行元素之和为 sum(A，2)；当矩阵 A 为行矩阵或列矩阵时，sum(A)则为矩阵 A 所有元素之和，即 $A=\left(a_i\right)_{n\times 1}$ 或 $A=\left(a_i\right)_{1\times n}$，$\text{sum}(A)=\sum_{k=1}^{n}a_i$.

⑧ 矩阵旋转：rot90(A，k)，将 A 矩阵按逆时针方向转动 90*k 度，且 rot90(A)= rot90(A，1). 例如 A=[1，2，3；2，4，6]， rot90(A)=[3，6；2，4；1，2]， rot90(A，2)=[6，4，2；3，2，1].

⑨ 矩阵的左右翻转与上下翻转命令：fliplr(A)与 flipud(A)，其中 fliplr(A)可将矩阵 A 的第一列与最后一列对换，第二列与倒数第二列对换，以此类推.

⑩ 差分运算(diff)与梯度运算(gradient)： A=[1，2，5，7，10]，diff(A)矢量的差分是后一项减去前一项，所以 diff(A)=[1，3，2，3]与 A 相比维数变少(减1)，若 B=[1，2，3；4，8，9；10，11，12]是 3 行 1 列的矩阵，diff(B)=[3，6，6；6，3，3]为下面的列减去上面的列. 矩阵B的梯度命令[px，py]=gradient(B)，其中 px=[1，1，1；4，2.5，1；1，1，1]， py=[3，6，6；4.5，4.5，4.5；6，3，3]，默认 gradient(B)求 px，即行方向的偏导数. 梯度是相邻两个差商的算数平均，即导数的中心差分公式，而端点处直接用差商代替. 在 px 中 4=8−4，2.5=((9−8)+(8−4))/2.

(2) 矩阵的逻辑运算与关系运算. 在 MATLAB 中有三种逻辑运算符：与(A&B)、或(A|B)、非(~A)，逻辑运算中非零元素为真用 1 表示，零元素为假，用 0 表示. MATLAB 有 6 种关系运算符：大于(>)，大于等于(>=)，小于(<)，小于等于(<=)，等于(==)，不等于(~=). 关系表达式中若关系成立，结果为 1，否则为 0.

(3) 二维数据作图. 在MATLAB程序中，二维平面上的绘图需提供相应的数据，然后采用描点法绘制图像，MATLAB 软件中数据以矩阵的形式存储，绘图最基本的命令 plot(x，y)，x 和 y 为数据矩阵.

1) 当 x 为一行 m 列的矩阵，即 $x = X_{1\times m}$，则 y 必须是 n 行 m 列的矩阵即 $y = Y_{n\times m}$，n 只少为 1，此时 plot(x，y) 相当 $plot(X_{1\times m}, Y_{1\times m})$，$plot(X_{1\times m}, Y_{2\times m})\ldots$；

2) 同样若 x 是 m 行 1 列的矩阵 $x = X_{1\times m}$，则 y 必须是 m 行 n 列的矩阵 $y = Y_{n\times m}$，此时 plot(x，y)相当 $plot(X_{1\times m}, Y_{1\times m})$，$plot(X_{1\times m}, Y_{2\times m})\ldots$；

3) x，y 为同型矩阵，则以 x 数据为横坐标，y 数据为纵坐标，绘制曲线，曲线的数目等于矩阵的列数.

(4) 连续性函数的二维图像：$1 \leqslant x \leqslant 3$，绘制 $y_1 = x, y_2 = x^2, y_3 = \ln(x), y_4 = e^x$ 四条曲线．假设步长 $h = 1$ (步长 h 任意的，也可取 $h = 0.1, h = 0.5$ 等数值).

MATLAB 运行命令为 $x = 1{:}1{:}3$，$y_1 = x, y_2 = x^2, y_3 = \log(x), y_4 = \exp(x)$，其中 x 为矩阵，$y_2 = x^2 \Leftrightarrow y_2 = x * x$ 采用的矩阵点乘运算，而不是矩阵乘法运算，以 e(或者 10)为底的对数函数命令为 log(或 log10)．作图命令为 $plot(x, y_1, x, y_2, x, y_3, x, y_4)$ 或者 $plot([x;x;x;x]', [y_1;y_2;y_3;y_4]')$，如图 7.5 所示.

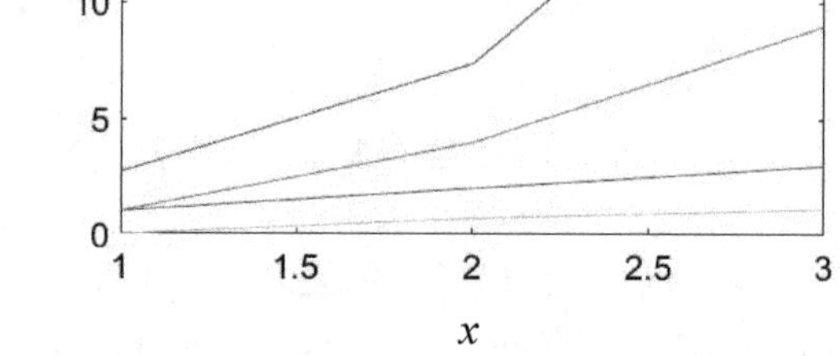

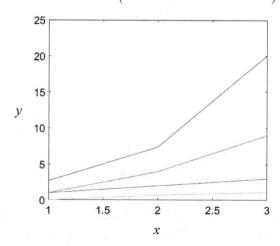

图 7.5　$1 \leqslant x \leqslant 3$ 绘制 $y_1 = x, y_2 = x^2, y_3 = \ln(x), y_4 = e^x$

注意：矩阵 $[x;x;x;x]'$ 的每一列为自变量 x 的存储数据，它是 $[x;x;x;x]$ 的转置矩阵.

MATLAB **运行数据**：

[x； x； x； x]=

1	2	3
1	2	3
1	2	3
1	2	3

(5) 分段函数的二维图像.

$$y=\begin{cases} x^2, & |x|>1 \\ x^4, & |x|\leqslant 1 \end{cases}$$

选取 $-1.5\leqslant x\leqslant 1.5$ 作图，选取步长 $h=0.1$，其对应的 MATLAB 命令为 x=-1.5：0.1：1.5；y=x.^4.*(abs(x)>1)+x.^2.*(abs(x)<=1)；plot(x，y)，如图 7.6 所示. 在计算 y 值的时候一定要注意使用的是矩阵的点乘运算.

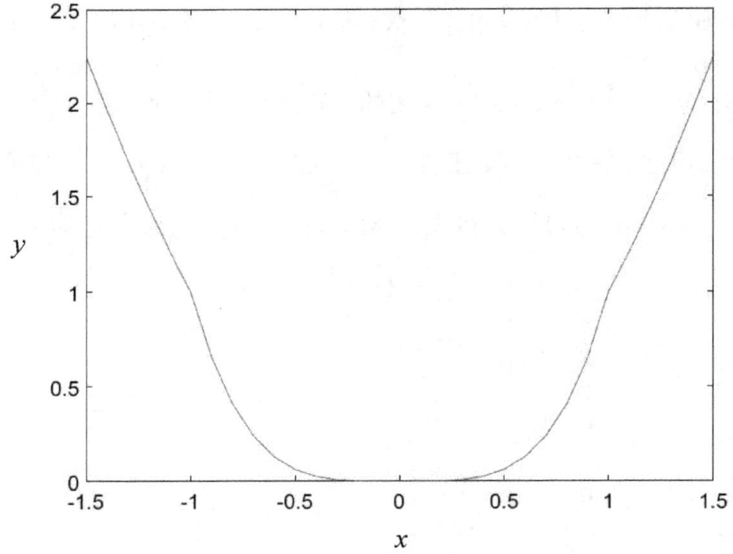

图 7.6　$-1.5\leqslant x\leqslant 1.5$ 绘制 $y=\begin{cases} x^2, & |x|>1 \\ x^4, & |x|\leqslant 1 \end{cases}$

(6) 三维图像：三维数据作图也采用的是描点法作图，如 $z=f(x,y)$ 三维曲线，先将 x 方向 m 等分，y 方向 n 等分，Z 为 m 行 n 列的矩阵，例如 $z=\sqrt{x^2+y^2}$，$0\leqslant x\leqslant 3, 1\leqslant y\leqslant 6$. 假设 x，y 的间距取 $h=1$. 首先生成与 z 相

应的 x 与 y 坐标．相应的 MATLAB 命令为 x=0：1：3；y=1：1：6；[X，Y]=meshgrid(x，y)；z=sqrt(X.^2+Y.^2)；plot3(X，Y，z)

X =

0	1	2	3
0	1	2	3
0	1	2	3
0	1	2	3
0	1	2	3
0	1	2	3

Y =

1	1	1	1
2	2	2	2
3	3	3	3
4	4	4	4
5	5	5	5
6	6	6	6

从中可以看出，数据网格命令[X，Y]=meshgrid(x，y)生成 X 的每一行均是 x=0：1：3，Y 的每一列均是 y=1：1：6．

此时的 $z=\sqrt{x^2+y^2}$ 图像如图 7.7 所示．

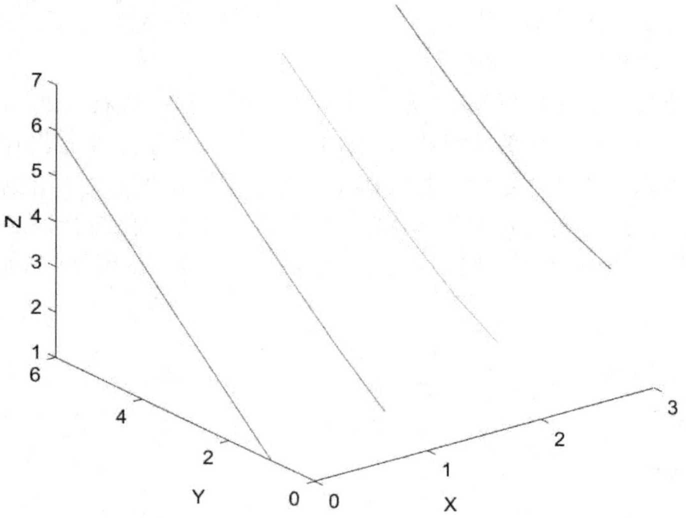

图 7.7　$0 \leqslant x \leqslant 3, 1 \leqslant y \leqslant 6$ 绘制 $z=\sqrt{x^2+y^2}$

参 考 文 献

[1] 四川大学数学学院高等数学教研室．高等数学：第三册[M]．3 版．北京：高等教育出版社，2010．

[2] 同济大学数学系．线性代数[M]．6 版．北京：高等教育出版社，2014．

[3] 同济大学数学系．线性代数附册学习辅导与习题全解[M]．6 版．北京：高等教育出版社，2014．

[4] 张克新，邓乐斌．应用高等数学[M]．北京：高等教育出版社，2010．

[5] 薛定宇，陈阳泉．高等应用数学问题的 MATLAB 求解[M]．北京：清华大学出版社，2013．

[6] 刘卫国．MATALB 程序设计教程[M]．2 版．北京：中国水利水电出版社，2010．

[7] 程云鹏，张凯院，徐仲．矩阵论[M]．3 版．西安：西北工业大学出版社，2009．

[8] 陈鄂生，李明明．量子力学习题与解答[M]．北京：科学出版社，2012．

[9] 王纪林．线性代数解题方法与技巧[M]．上海：上海大学出版社，2011．

[10] 李启文，谢季坚．线性代数内容、方法与技巧[M]．2 版．武汉：华中科技大学出版社，2006．

[11] 彭芳麟．计算物理基础[M]．北京：高等教育出版社，2010．

[12] 陈治中．线性代数与解析几何[M]．北京：北方交通大学出版社，2003．

[13] 李尚志．线性代数学习指导[M]．合肥：中国科技大学出版社，2015．

[14] 马杰．线性代数复习指导[M]．北京：机械工业出版社，2002．

[15] 郭硕鸿．电动力学[M]．3 版．北京：高等教育出版社，2008．